安徽省高等学校"十一五"省级规划教材

主审 孔燕
主编 孔洁 丛山

心灵港湾
——大学生心理健康指南——

第2版

中国科学技术大学出版社

内 容 简 介

本书针对高职大学生的心理状态,以全面提高大学生心理素质为目标,探讨他们在自我意识、学习、人际关系、交往、择业及心理危机应对等方面经常遇到的困惑和障碍,帮助他们提高认知,学习应对方法。

本书可作为高职院校大学生心理健康教育的教材,亦可作为高职院校辅导员及心理健康教育工作者的参考读物。

图书在版编目(CIP)数据

心灵港湾:大学生心理健康指南/孔洁,丛山主编. —2版. —合肥:中国科学技术大学出版社,2012.8
ISBN 978-7-312-03110-6

Ⅰ.心⋯　Ⅱ.①孔⋯②丛⋯　Ⅲ.大学生—心理健康—健康教育
Ⅳ.B844.2

中国版本图书馆 CIP 数据核字(2012)第 195755 号

出版	中国科学技术大学出版社
	安徽省合肥市金寨路96号,邮编:230026
	http://press.ustc.edu.cn
印刷	安徽省瑞隆印务有限公司
发行	中国科学技术大学出版社
经销	全国新华书店
开本	710mm×960mm　1/16
印张	15
字数	291 千
版次	2006 年 8 月第 1 版　2012 年 8 月第 2 版
印次	2012 年 8 月第 10 次印刷
定价	18.00 元

《心灵港湾——大学生心理健康指南》编写委员会

主　审　孔　燕

主　编　孔　洁　丛　山

编　委（以姓氏笔画为序）

马莉莉　方立平　朱　浩

孙春晖　李　萍　李平权

陈　树　吴倩茹　张绍兰

张晓玲　夏　玲　崔　敏

喻小红　薛卫敏　薛天飞

前　言

　　大学阶段是青年大学生个性形成的关键时期,也是其个性心理转折的关键时期。当今社会已进入多元化时代,市场经济的迅速发展和就业竞争日趋激烈的社会环境所引发的心理冲突和心理危机在大学校园里也愈显突出,青年大学生中不断出现的心理困惑和心理危机也显而易见。高职大学生,作为一个特殊的群体在成长的过程中除与普通高校学生有很多共性外,还有一些自身的规律。在高职院校这样一个特殊的环境中,学生的心理也极易产生失衡,如果不能及时关注、辅导和调适,就可能给他们的健康成长带来很大的阻碍,也影响大学校园的和谐稳定。因此,如何培育高职大学生的健康心态,以应对日趋严峻的挑战,已经成为当前高等职业教育需要履行的、最为首要的职责和义务,培育大学生的健康心理也是我们能够给予大学生的最好礼物。

　　同时,把高职大学生心理健康教育作为德育工作、素质教育的重要内容,也是十分重要和必要的。《中国普通高等学校德育大纲(试行)》明确提出,要把心理健康教育作为学校德育的重要组成部分。安徽省教育厅关于"安徽省普通高等学校思想政治教育工作评估"的要求中也将心理健康教育作为重要的一级考核指标进行考核,并提出了开展日常性心理健康教育活动,以及开设心理健康教育课程或专题讲座的具体标准。

《心灵港湾——大学生心理健康指南》是一本教育、指导大学生塑造健康心理的读本,为同学们较为系统地剖析了各种心理失衡现象,并提出了切实可行的调适方法,具有很强的可操作性和自我指导意义。其最大的特点是:贴近高职大学生的生活实际,针对他们的心理状况,在给予心理健康指导的时候,剔除传统教材的说教色彩,不试图给学生一个多么有深度的结论,而是努力指导学生怎样学会自己去认知。因此,开放性探讨是本教材的最显著特征,而且附有生动典型的案例、实用的测试及精当的提示。本书注重可读性,注重趣味性,注重心灵的互动与感应,注重潜移默化的自然影响过程,并能有效地满足高职大学生自我探索的需要。

本书分为三个单元共十章,内容包括高职学生学习、生活、就业、人际交往、人格发展、危机干预等各方面,涉及不同群体大学生的心理及其调适,作为高职学生心理教育辅导或者心理教育指导教材,本书可以有效地帮助大学生们处理好环境适应、自我管理、学习成长、人际交往、交友恋爱、求职择业、人格发展、情绪调节等方面的困惑,提高自身心理健康水平,促进大学生德、智、体、美等方面全面发展。第一单元为前三章:第一章——大学生心理健康综述,主要阐述心理健康教育的发展、心理健康的标准、健康概念的演变以及心理健康和素质教育的关系;第二章——大学生的入学适应、第三章——大学生的自我意识与发展,主要对高职新生常见的不适应现象作了叙述,并给出了调适的方法。在第二单元中,第四章——大学生的学习与心理健康、第五章——大学生人际关系与心理健康、第六章——大学生爱情心理和性心理的健康维护以及第七章——大学生职业生涯设计,主要对高职学生最易发生的四类问题从理论上加以分析、归因,继而给出常用的调适方法。第三单元中,第八章——大学生情绪和情感的培养及挫折心理应对、第九章——大学生心理危机的干预、第十章——大学生病态心理的自我测试与调适,主要介绍心理健康教育的技术和方法,系统阐述了心理疾病产生的理论基础和过程,使从事心理健康教育的人们对心理疾病的产生过程有一个清晰的认识,从而准确把握心理问题的性质和特点。

在编写过程中,我们还注重了以下几个方面:

1. 加强针对性。本教材可作为高职大学生心理健康教育读本和教材,以高职院校学生作为描述对象,针对高职学生的心理状态,以全面提高大学生心理素质为目标,力求贴近高职学生的生活实际。各章均从高职学生最关注的问题开始,探讨他们在学习、生活、交往、择业等方面经常遇到的困惑和障碍,提高认知,学习应对方法。

2. 去繁图精。本教材不追求心理学知识体系的完整和全面,精心撷取高职学生心理中最有代表性的部分,概括他们最常见的心理问题,给出了具有广泛指导意义的认知方法,所以,学生完全能够借此自主认知其他相关问题。

3. 重实际应用。本教材遵循理论与实际相结合的编写原则,既重视应用有关心理学的知识原理,阐明大学生心理发展的规律与特点,又密切联系当前高职大学生心理问题的实际,阐明进行心理指导的理论和方法;既有案例分析、相关知识链接,又有实用性量表的辅助,最后还附有思考题及活动方案,学生可以从本教材中获得有价值的指导建议,能够及时用量表测查自己当前的心理健康状况,并进行一定的调适演练。

本教材是高职大学生心理健康教育读本,也适用于不同学时安排的课堂教学。对于从事心理健康教育的老师、辅导员以及从事学生管理工作的教育工作者来说,可以从此书中获得一些有用的资讯。

最后还要说明的是,本书在编撰的过程中参阅了一些国内外的科研成果、资料和书籍,对此我们已在参考文献中注明,在此表示感谢。尽管我们想给读者一本令人满意的书,但由于水平、精力、时间有限,书中难免存在许多疏漏和缺点,还请各位老师、同仁和年轻的朋友批评指正。

编　者
2012 年 2 月

目 录

前　言　　　　　　　　　　　　　　　　　　　　　　/ i
第一单元　大学生心理认知适应篇　　　　　　　　　　/1
　第一章　大学生心理健康综述　　　　　　　　　　　/1
　　第一节　大学生心理健康综述　　　　　　　　　　/2
　　第二节　高职大学生心理特征及常见心理问题　　　/9
　　第三节　高职大学生心理健康的培养　　　　　　　/14
　第二章　大学生的入学适应　　　　　　　　　　　　/22
　　第一节　高职新生的环境适应　　　　　　　　　　/23
　　第二节　高职新生的心理调适　　　　　　　　　　/32
　第三章　大学生的自我意识与发展　　　　　　　　　/43
　　第一节　高职大学生自我意识的发展及特点　　　　/44
　　第二节　高职大学生自我意识的矛盾与归因　　　　/47

    第三节 高职大学生的自我接受与完善　　/52

第二单元　大学生心理健康成长篇　　/62

第四章　大学生的学习与心理健康　　/62
    第一节 学习心理概述　　/63
    第二节 高等职业技术教育的学习特点　　/68
    第三节 高职大学生常见的学习心理问题及调适　　/72

第五章　大学生人际关系与心理健康　　/86
    第一节 大学生人际关系与心理健康　　/87
    第二节 高职大学生人际交往中存在的不良心理　　/91
    第三节 高职大学生良好人际关系的调整与建立　　/99

第六章　大学生爱情心理和性心理的健康维护　　/109
    第一节 高职大学生的恋爱心理　　/110
    第二节 高职大学生恋爱心理的困惑与调适　　/114
    第三节 高职大学生的性心理特征　　/119
    第四节 大学生性心理困扰的主要表现　　/122

第七章　大学生职业生涯设计　　/132
    第一节 高职大学生职业生涯规划　　/133
    第二节 就业信息的搜集和选择　　/140
    第三节 高职大学生职业设计的误区及矫正　　/147

第三单元　大学生心理问题调适篇　　/155

第八章　大学生情绪和情感的培养及挫折心理应对　　/155
    第一节 高职大学生情绪和情感的发展与特点　　/156
    第二节 高职大学生的挫折心理及其原因　　/165

第九章　大学生心理危机的干预　/176
　第一节　大学校园里的心理危机　/177
　第二节　高职大学生中的心理危机高发群体　/183
　第三节　高职大学生心理危机的干预　/188
第十章　大学生病态心理的自我测试与调适　/199
　第一节　自卑心理　/200
　第二节　虚荣心理　/204
　第三节　嫉妒心理　/207
　第四节　空虚心理　/213
　第五节　自私心理　/215
　第六节　浮躁心理　/217
　第七节　逃避心理　/219
　第八节　恐惧心理　/222

考文献　/226

第一单元　大学生心理认知适应篇

第一章　大学生心理健康综述

你知道吗？

1. 身体没有病就是健康吗？
2. 大学生的心理健康现状究竟如何？
3. 大学生的心理健康标准有哪些方面？
4. 高职大学生常见心理问题有哪些？
5. 大学生不良生活方式对身心健康有哪些危害？

> 案 例 引 入

某高职学院女学生张某，原有一个幸福的家庭，自己也活泼开朗、品学兼优。但在她刚上二年级时母亲却意外自杀，突然失去母亲使该同学受到强烈刺激，情感上不能接受这个残酷的事实，并陷入深深的自责之中，整天躺在床上昏睡，不起床、不梳洗、不正常饮食、不上课，精神萎靡不振，沉默寡言，不愿与人交流，无法正常学习、生活。家长、亲友轮流陪护、劝解，却没有多少效果。

后来，学院积极进行了危机干预。辅导员每天到宿舍帮助她按时起床，甚至买了录音机在宿舍为她播放轻音乐。每天还安排一位同学帮助她打饭，陪着她吃饭，陪着她去教室。在她生日那天，班级同学为她组织了生日庆祝会，每位同学都为她写了祝福语，准备了贴心小礼物，她终于流着眼泪第一次对同学们说出了感激之情。在辅导员和同学们的帮助下，经过一学期的调整，张某终于走出了困境，恢复了正常的学习、生活，一年后顺利毕业，并被一家不错的公司录用……

▷思考　作为一名高职大学生，不仅要有健康的身体、优秀的智力、良好的品德，还应该有一定的心理承受能力，来适应纷繁复杂的社会。因为在生活中，我们时常不得不面对逆境、挫折，甚至是困难和悲剧，我们不能逃避，或者无法逃避，这个时候我们如果能及时调整心态，寻求同学和老师的帮助，也许就不会被挫折打倒，从困境中走出来，迈向新的明天。

第一节　大学生心理健康综述

一、心理健康和心理健康的标准

1. 现代健康观

自古以来，人类对于自身的健康都是十分重视的。随着社会文明的进步，拥有健康是每个人的期盼。与此同时，人们对"健康"这一概念也有了更加深入的认识。人是一个整体的人，整体的各个部分为了适应生活环境而有形态与功能的分化，但并不表示各自是完全独立的。身体和心理实际上也应该是这个整体的两个方面，不能分开，所以健康也是一个整体。没有一种疾病是纯粹身体方面的，也没有一种疾病是纯粹心理方面的。许多身体疾病会引起行为和心理症状，而心理症状也能影响身体状况。因此，健康不仅指生理上的健康，还需要关注心理健康。早在1948年，世界卫生组织就给"健康"下了定义：健康不仅仅是没有疾病和虚弱现象，而且是一种生理上、心理上和社会诸方面的完好状态。

1981年,世界卫生组织在对健康人群进行大量调查后,对"健康"的概念又作了如下描述:健康就是能精力旺盛地、敏捷地、不感觉过分疲劳地从事日常活动,保持乐观、蓬勃向上及有应激能力。美国学者杜巴认为:"真正的健康并不是全无疾病的理想境界,而是在一个现有的环境中有效运作的能力。环境是在不断变化的,所谓健康也就是不断适应无数每日威胁人们的微生物、刺激物、压力和问题。"还有学者也提出了具有现代意义的新的健康观:健康应是能对抗紧张,经得住压抑和挫折,积极安排自己的各种生活及活动,智慧、情感和躯体能融为一体,物质生活和精神生活充满生机,且富有文明的意义。

1998年,世界卫生组织又对"健康"做出了进一步解释:健康应包括身体健康、心理健康、良好的适应能力和道德健康。由此可见,一个人健康与否应当从身体、心理、社会适应和道德品质四个方面来评价。

2. 心理健康

心理健康,包括两个方面的含义:

(1)指心理健康状态,个体处于这种状态时,不仅自我情况良好,而且与社会契合和谐;

(2)指维持心理健康、减少行为问题和精神疾病的原则和措施。

心理健康还有狭义和广义之分:狭义的心理健康,主要目的在于预防心理障碍或行为问题;广义的心理健康,则是以提高人们心理调节能力、发展更大的心理效能为目标,即使人们在环境中健康地生活,不断地提高心理健康水平,从而更好地适应社会生活,更有效地为社会和人类做出贡献。

心理健康这一术语是人们在认识和处理障碍的过程中提出来的。西方早期,凡行为古怪者均被视作"异人",遭到非人的待遇,有的被铁链锁起来,有的被作为展品在周末展出,尤其当社会发生变革或天灾人祸时,对异人的怀疑、蔑视、憎恨和迫害就会加剧。随着心理科学的出现和发展,人们对"异人"的看法逐步改变了,他们发现这些行为古怪者是可以医治的,于是各种专门收容"异人"的机构应运而生,治疗取代了惩罚。但当时的治疗机构大多设在修道院中,其方法也只是在为这些人提供阳光、空气、自由和一些生物性需要的基础上进行治疗。正是在这种医疗过程中,人们发现这种行为古怪者的心理活动障碍是导致精神不适和行为怪异的一个主要原因,而且这些心理活动障碍有时在正常的人,甚至医生身上也会出现,如焦虑、紧张、抑郁等。这说明每个人正确评价自己的重要性。这么一来,心理咨询和心理治疗就成为人一生中不得不问津的领域,而什么是心理健康的问题也随之提了出来。

3. 心理健康的标准

概括地说,心理健康的标准是:凡对一切有益于心理健康的事件或活动做出积极反应的人,其心理便是健康的。但由于个体在生活、学习诸方面遇到的这类事件和活动很多,不仅在积极反应上存在个体差异,而且个人面临的事件或活动也不尽相同,因此很难包揽无遗。

目前,心理健康判断的具体标准很多,还缺乏公认的标准。1946年,第三届国际心理卫生大会曾为心理健康下过这样的定义:"所谓心理健康是指在身体、智能以及感情上与他人的心理健康不相矛盾的范围内,将个人心境发展成最佳的状态下。"大会还具体地指明了心理健康的标志是:①身体、智力、情绪十分调和;②适应环境,人际关系中能彼此谦让;③有幸福感;④在工作和职业中,能充分发挥自己的能力,过有效率的生活。

自我检测

心理健康测验表

序号	项目	测验标准				
		无	轻	中	重	很重
1	身体衰弱感					
2	身体刺痛感					
3	怕痛					
4	皮肤破了不易好					
5	动作迟钝					
6	注意力难集中					
7	记忆不好					
8	丧失兴趣					
9	难摆脱苦恼					
10	为自己的病情烦躁					
11	常为一些小事而着急					
12	平时情绪易紧张					
13	关心身体程度超过了现在身体的实际健康程度					
14	遇到紧急的事心跳或出汗					
15	情绪易波动					
16	思维迟钝					
17	想象力贫乏					
18	容易发怒					
19	难以控制自己的情绪					

续表

序号	项目	测验标准					
		无	轻	中	重	很重
20	精神不能放松					
21	情绪易冲动					
22	难以入睡					
23	为自己的病情焦虑					

➢**结果解释** 测验时，在每一项目右边的五级标记栏中打"√"作记号。根据测验的结果，可将受测者的心理健康水平分为四类：

第一类：心理健康水平高——表中23个项目基本答"无"者。

第二类：心理健康水平一般——表中三分之二的项目答案为"无"，其余基本上为"轻"。

第三类：心理健康水平较低——表中半数左右答案为"无"，其余分布于各等级。

第四类：心理不健康——表中答案基本上分布于"重"、"很重"各栏。

➢**特别提示** 此表只用于粗略检查，不能用于正式诊断或筛选。

二、高职大学生心理健康标准

根据大学生所具备的年龄特征、心理特征和社会特征，大学生心理健康的基本标准可概括为以下几个方面：

1. 正常的智力

智力是指人们认识、理解客观事物并运用知识、经验等解决问题的能力，包括观察力、注意力、记忆力、思维能力和想象力。智力正常是人们从事一切活动的最基本的心理条件，它是大学生胜任学习任务、适应周围环境变化的心理保证，是大学生心理健康的首要标准。大学生智力正常主要表现在：能保持浓厚的学习兴趣和强烈的求知欲；智力因素在学习中能积极协调地发挥作用；能保持较高的学习效率，掌握有效的学习方法；能从学习中获得满足感和快乐感。

2. 稳定的情绪

情绪稳定是指有机体对外界刺激引起的生理和心理变化的一种态度体验，也是影响心理健康的一个重要因素，对人们的工作、学习和人际关系有着重要的影响。情绪异常往往是心理疾病的先兆。情绪稳定的大学生能经常保持积极愉快的心情，热爱生活，对未来充满希望；善于控制和调节自己的情绪，遇到挫折时，情绪反应适度并能泰然处之。

3. 健全的意志

意志是人自觉地确定目标并支配与调节其行动,克服困难达到预定目标的心理过程。意志健全主要体现在行动上的自觉性、果断性、顽强性和自制力等方面。对于大学生来讲,就应该有明确的学习和生活目的,并有坚定的信念和自觉的行动;在各项活动中具有坚韧性、果断性、独立性和较高的自制能力;具有充分的自信心、高度的责任感和使命感,能克服不良习惯,克制不良欲望,抵御不正当诱惑。

4. 良好的自我意识

自我意识是指人们对自己以及自己与周围关系的认识和体验,也是人们认识自己和对待自己的统一。大学生是在现实环境中通过与他人的相互关系认识自己的。心理健康的大学生在自我认知方面有"自知之明",能客观正确地评价自己,自信、乐观,既不妄自尊大,也不妄自菲薄、自暴自弃;在自我体验方面,自尊自爱,自我肯定而不是自轻自贱;在自我控制方面,自主、自强、自律,能促进自我全面发展与完善。

5. 完整统一的人格

人格通常也指个性,人格统一是指人格作为人的整体精神面貌能够完整和谐地表现出来。这是大学生心理健康的核心因素。大学生人格统一的标志是:有正确的信念体系和世界观、人生观,并以此为核心把需要、动机、兴趣、理想、气质、性格及能力统一起来,和谐发展;具有正确的自我意识,不产生自我同一性的混乱,表里如一;能够抵制口是心非、阳奉阴违等人格分裂的不良倾向,更不能出现双重人格与多重人格。

6. 和谐的人际关系

人际关系和谐是大学生心理健康的重要保证。心理健康的大学生敢于交往、乐于交往、善于交往;有着广泛而稳定的人际关系;在交往中能用真诚、宽容、理解和信任的态度与人相处;能理智地接受和给予爱;与集体保持协调的关系;在人际交往中能正确处理人际冲突,化解矛盾,处理好竞争与互助的关系。

7. 心理行为符合年龄特征

人的心理特征是随着年龄的增长而不断地发展变化的。在人生的不同年龄阶段,都应有相应的心理行为表现。心理健康的人,认识、情感、意志和行为都是符合其所处年龄阶段的基本特征的。大学生正处于朝气蓬勃的青年阶段,因此,心理健康的大学生应精力充沛、勤学多问、反应敏锐、积极探索、勇于创新、不断进取,而不应老成迂腐、保守落后、天真幼稚或过于依赖别人。

8. 社会适应能力良好

社会适应能力包括正确认识社会环境及处理个人和环境的关系。心理健康的大学生能在社会环境改变时面对现实,对环境做出客观的认识和评价,主动调整自我以积极地适应环境;能和社会保持良好的接触,不断调整自己对现实的期待及态度,使自己的思想、目标、行为和社会协调一致;当社会环境出现负面变化时,不是被动消极地去适应,而是积极主动地去影响周围的环境,保持头脑清醒,不随波逐流、人云亦云,等等。

同时,在判断大学生是否符合心理健康的标准时,还应注意以下几点:

(1)心理不健康与有一些不健康的心理不能等同。心理不健康是指一种持续的不良心理状态,而偶然出现的一些不健康的心理和行为,不能等同为心理不健康或心理疾病。

(2)心理健康与心理不健康或心理正常与心理异常之间没有绝对界限,在心理正常和心理异常之间有一个广阔的过渡带(包括心理健康状态)。

(3)心理健康状态是一个动态的变化过程,不是固定不变的,随着时间的推移、环境的变化以及人们自身的成长,每个人的心理健康状态都会不断地发生变化。

上述大学生心理健康的标准只是一种相对衡量尺度,它只反映了大学生在适应社会生活方面应具有的最基本的心理条件,而不是心理健康的最高境界。心理健康有三个层次:预防心理障碍的出现,即不患心理疾病是心理健康的最低要求;能够有效地学习、生活和交往是心理健康的第二境界;发挥自身潜能,促进自我价值实现,追求自身全面发展是心理健康的最高境界。

【案例】王某,某高职工科二年级学生,平时不善言谈,性格内向。来到学院后,他开始上网,最初仅仅是在周末、闲暇时间上网,但随着上网时间越来越长,"黑客攻击技术"、"色情图片"等让其痴迷不已,不分昼夜地和网友聊天,下载各种攻击软件和"有趣图片"。他已经无法自制,学习成绩一塌糊涂,六门功课补考后仍不及格,被学校留级。同时,他的身体也非常虚弱。最后,家长强行把他带到了医生那里,医生了解他的症状后诊断他为"网络综合征患者"。

三、高职大学生心理健康的意义

1. 心理健康对高职大学生成长具有重要意义

在我国高等职业技术教育大力发展的今天,以培养高层次、高技能的操作型和应用型人才为目的的高等职业教育,不仅要强化基础、拓宽专业、提高技能,而且要注重非智力因素的培养,其中心理健康是关系人才质量的重要问题。然而,目前正值世界飞速发展、我国经济转型和教育转轨时期,剧变的社会环境、不断深化改革的高等教育、竞争日益激烈的就业形势会使高职大学生面临着学习、就业、经济和人际关系等诸多方面的压力,必然在观念、学习和生活中比普通高校大学生遇到更多的矛盾、挫折、困惑和烦恼。从高中进入高职院校的大部分学生,在心理上尚未完全成熟,认识问题、自我调节和自我控制的能力还不强,在处理面临的矛盾和冲突时，往往会遇到障碍和挫折，从而产生忧虑、烦恼，造成心理压抑和心理紧张，出现种种心理障碍，甚至神经症和精神问题。其实，高职大学生遇到的问题，虽然是不可避免的，但并不是不能解决的。心理健康的学生能正视这些冲突和挫折，表现出积极的适应倾向，及时地进行自我调节，逐步克服心理障碍，及时解决心理问题，更好地适应学校生活和做好进入社会工作的准备。

2. 心理健康促进高职大学生健康成长

高职大学生将承受更多的就业竞争及心理压力，良好的性格，可以使其在社会化的过程中，自觉地接受社会道德规范的约束，有利于自身形成良好的道德品质；而不健康的性格，如狭隘自私、狂妄自大等，是形成其政治意识模糊、情绪消沉和道德品质低劣的源头。

对于一个大学生来说，心理健康是有效学习的基础，而各种学习的兴趣和自我提高则是心理健康的标志。一般来说，心理健康的大学生其大脑皮层神经活动的灵活性、强度、平衡性都比较强，分析综合能力也较强，能经常感到心情愉快、精神振奋，易于在大脑皮层形成优势兴奋中心，学习的效率也高。同时，坚强的意志品质又能使其主动积极地去克服困难，获得好的成绩。

心理健康和生理健康是互为因果，互相影响的。长期的焦虑、紧张、烦闷和绝望，会导致学生生理上的异常，产生身心疾病。心理健康可以减少或减轻病痛。

一般地说，重症心理疾病不仅会严重妨碍正常学习，还会导致不良社会后果，甚至轻生。至于在大学生中出现的偶然的、轻微的、局部的心理健康问题，也会影响和干扰大学生的正常学习效率、生活质量和社会适应能力。对此，应引起我们足够的重视。

【案例】 小赵，某高职院校二年级学生。他因两年前高考失利，一直都没有摆脱消极的心态。来到学院后心情压抑，失去了学习的目标和人生方向，整天上网聊天、玩游戏，时间就这样消磨过去了。由于一直沉溺于这种状态，经常旷课，上课睡觉，他的成绩每况愈下，转眼到了三年级，四门课程不及格的他，只能面对留级或者退学的选择。暑假回去他才知道，父亲春节在北京打工，没日没夜地干活给他挣学费，一年到头都没有穿过袜子，虚弱的母亲一个人在家里种几亩地，一天只吃两个馒头……他心疼得想哭，恨自己的无能，想想自己高中的誓言，真觉得没有资格再做父母的儿子，没有脸面面对父母的期望，也不能面对自己……高考失利带给他的挫折感到大学仍然没有完全消除，自己家境贫困，父母供他读书不容易，他也懂得只有付出才能得到回报。但到大学后，他没有及时调整自己，确立新的目标，而完全像一只大海中漂流的小船，随波逐流。是父母的爱与辛苦使他警醒，但当他希望改变时，大学生活已经快要结束，而且面临着留级的现实，这让他有些绝望。幸运的是，在接受老师辅导后，他开始积极面对自己并努力改变自己的现状，首先从学习上着手,找回自己的目标,开始重新树立正确的价值观与人生观。在老师的支持与帮助下,他走出了自己生活的阴影,两年后顺利毕业并找到了合适的工作。

第二节 高职大学生心理特征及常见心理问题

一、高职大学生心理健康现状

有研究表明,目前我国大学生尤其是高职学生的心理健康状况令人担忧,主要呈现以下几种倾向:

第一,心理健康状况不良者比例呈上升趋势。据有关统计资料表明,我国约有20%~25%的大学生存在不同程度的心理健康问题。据天津市统计:该市约有16%的学生存在不同程度的心理障碍,主要有神经衰弱、焦虑症、恐惧症、强迫症和抑郁症等。杭州市的"大学生心理问题和对策"研究结果表明:有16.79%的学生存在较严重的心理健康问题,并随着年龄的增长有呈正比例增长的趋势。其中,初中生为15%,高中生为18%,而大学生为25.4%。同时研究发现,女生的心理健康问题明显比男生严重,农村学生比城市学生严重,非重点院校学生比重点院校学生严重,而高职学生又比普通高校学生更严重。

第二,心理健康状况不良已成为大学生辍学的主要原因。据北京市 16 所普通高等院校调查分析表明:因心理疾病休学、退学人数分别占因病休学、退学人数的37.9%和64.4%;在因心理疾病休学、退学的学生中,神经症患者分别占76.1%和54.8%,而神经症中又以神经衰弱症为主。高职大学生的情况虽然还没有统计出数据,但据部分院校的调查统计,高职院校因心理障碍和心理疾病休学、退学的学生比例要高于普通高等院校。

第三,当前高职学生的总体心态是健康的,但很多学生心理压力很大,特别是在环境适应、自我管理、学习成才、人际交往、理想现实、交友恋爱、求职择业、人格发展和情绪调节等方面反映出来的心理困惑和问题日益突出。大学生中除了不少人对就业、学习、竞争、经济困难等问题感到苦恼外,有的学生还因"社会变化快,难以适应"而苦恼。近年来高职学生中由于心理问题或由心理因素引发的休学、退学等情况,乃至自杀、凶杀等恶性事件也呈上升趋势,这已严重影响了部分学生的健康成长,作为促进大学生全面发展重要途径和手段的大学生心理健康教育工作亟待进一步加强。

【案例】小林,女,20岁,某高职学院二年级学生,性格外向、开朗直爽。有一段时间她所在的寝室出现了丢东西、丢钱的现象。寝室另外两个女同学怀疑是她所为,于是常常嘀嘀咕咕、指桑骂槐,小林在和她们发生多次争吵后,非但没有解决问题,反使关系进一步恶化。愤怒至极的小林情绪冲动,准备制造事端,打算大家同归于尽。幸而,同学及时把情况反映给了辅导员,辅导员及时开展工作,进行引导,使小林情绪平稳下来,避免了一次恶性事件的发生。

二、大学生的生理发展对心理的影响

1. 体形对自我概念的影响

与中学生相比,大学生在身体的成长与心理的发展方面呈现出许多新的变化与特点。生物学和心理学的研究表明:人的身体生理机能的发展是心理发展的物质基础。人从出生到成熟,生长发育要经历两次高峰。第一次是一岁左右,第二次是十一二岁到十七八岁的青春期。大学生正处于身体生长发育的第二个高峰的后期。这一时期,骨骼趋于定型,各器官、各系统的机能日趋成熟,身体形态日趋稳定。体形对心理的特殊影响表现在促进自我概念的发展方面。

自我概念属自我意识的范畴,包含两个方面:一是对自己的体形、仪表和体力方面的综合看法;二是对自己智力、情操以及人格等方面的看法。这两个方面是互相联系和统一的。

在青年早期阶段,身体发育速度加快。青年开始对认识"自我"感兴趣,这种兴趣首先表现在关心自己身体的形象,喜欢受到好评。然而,由于发育速度因人而异,有的青年可能出现"形态不全恐惧症"。例如,有的男生身材不高,经常焦虑,似乎身高与"男子汉"的称号相关;有的女生常因体胖、脚大等而忧虑,不愿意参加体育锻炼;脸上长粉刺和身体肥胖,无论男孩和女孩都会感到痛苦;早熟的男生会因为在身高、体力方面都胜过同龄人,而引起周围人们的羡慕;晚熟的男生经常担心自己发育不全;等等。

到了青年中期,大学生一方面对自己的体形和仪表的特征非常敏感,另一方面能够综合个人的智能、情操和人格特点,进行自我评价。随着年龄的增长,为仪表和体形而忧虑的情绪逐渐减少,认为智能、情操和品格因素更重要,起主要作用。

体形、仪表对青年大学生自我概念的影响是很明显的。总之,大多数学生能够将外表观念和内在心灵统一起来,并开始认识到内心是决定人的成就的重要条件。

2. 性别差异对心理和行为的影响

个体间的性别差异,随着性的发育和成熟,对心理和行为的影响涉及两个方面:一是随着生理上性的发育和成熟出现了性意识的觉醒;二是在男女体质差异的基础上导致性别角色社会化的不同。

个体社会化是指一个人在成长的过程中随着认知能力的发展,知道自己所处的社会对各种事情都有一套模式化的价值观,在社会各种因素的影响下,逐渐将社会期望的价值观内化为他自己的行为标准或判断标准的过程。男女性别角色的分化,是个体基于自己的性别差异实现社会化的结果。每一种文化都有某些关于男性和女性的行为准则,即那种文化的性别角色标准。男性和女性的行为标准在不同的文化之间差异很大,并且在同一个文化中也随着时代发展而改变。当前社会,人们不再期望女性是依赖的、顺从的和不具竞争性的,男性也不再因乐于做家务和具有温柔感而受到非难。各种文化的性别角色标准,最初大部分是由父母传给子女的,男孩最了解的男人通常是他的父亲,女孩则通过她的母亲了解女人应该扮演什么角色,甚至在儿童成长到能认识有两种性别之前,他(她)们就可能因性别不同而受到不同的对待。总之,对于在有意无意之间,父母或抚养人对待孩子的态度以及相互对待的态度,对孩子性别角色社会化有很大的影响。

学校的教师、同伴和其他人以及书籍报刊、电影电视、网络等大众传播媒介对个体性别角色社会化也起着十分重要的作用。个体从各种渠道塑造着社会所期待的性别角色特征。随着性发育成熟所产生的性意识的觉醒以及自我意识的形成和发展,个体对社会期望的性别角色特征的学习具有自觉的行为特征。总之,人们在心理和行为上的性别差异,我们不能简单地归结于生物的原因,也不能简单地归结于环境的因素。心理和行为上的性别差异可能是由环境因素决定的,也可能是由生物因素决定的,更可能是由这两种因素共同决定的。

3. 生理成熟对心理成熟的影响

生理成熟是指身体各种器官发展到完成状态后,身体的生长即行停止。现在高职学生一般都在18~20岁,正处于身体迅速走向成熟的时期。这个时期的生理状态,对于他们心理成熟具有很大的影响。

首先,心理的成熟表现在智能的成熟方面。据琼斯和康德斯对10~60岁的人的研究结果表明,智力发育的顶点大约在19岁,之后下降。韦克斯勒对7~68岁的人进行了智力测验,其研究结果是22岁为智力发育的顶点,然后出现衰退。智力发育的高峰是与身体形态、机能发育的高峰密切相关的,但智力发育主要受环境和教育的影响。

其次,心理成熟的另一表现是情绪的成熟。据郝洛克和科尔等人的研究,情绪成熟在青年期结束时,即23~25岁。情绪成熟的标志是:能保持健康;能控制环境;能使情绪紧张缓解到无害程度,将情绪转变、升华到社会性高度;能洞察、理解社会,谋求自我的稳定等。然而,情绪成熟虽然与身体发育特别是神经系统的发育成熟有关,但起主导作用的仍然是社会影响与教育。

最后,心理成熟还表现为人格的再造与成熟。青年期身体发育成熟以及环境教育的作用,给人格带来重大的影响,即人格的再造。"我"的发现是青年期心理发展的重要成果。青年开始注意自己的内部世界,同时也发生了心理性"断乳",即要求摆脱对父母的依赖而独立。当主体开始自我观察、评价以至于监督和调节时,也就是自觉地改造自己、教育自己的时候,是人格的第二次重建时期。大学生恰恰处于这个时期,即青年中期前后。

在人格形成的过程中,离不开神经生理基础的作用。同时生理上逐步成熟的因素也在不断地同心理发生交互影响,参与人格的形成。个人的仪表、体形常常受到人们的品评和期望,在一定程度上决定了人际关系中对方的行为和态度,影响着人格的形成。有研究表明,身体机能发育有缺陷或有慢性病患的青少年,往往依赖性强,自理能力差;周围人际关系也往往对他产生两种态度:一是过分照顾,二是嫌弃,其结果会酿成病态人格。

总之,人的生理的发展和心理发展是不可分的。生理的发展对心理发展的特殊影响是不容低估的。

三、高职大学生心理问题的主要表现

1. 自卑心理

一方面,有些高职学生自认为他们进错了门,未能被录取成为本科生,而感觉低人一等,对自己的智力和能力产生怀疑和动摇。另一方面,有些学生来自于贫困地区的农村或城市低收入家庭,高等教育体制改革中的缴费上学带来的沉重经济压力,使他们徘徊于痛苦的边缘——欲学不能、欲罢不忍。加上周围学生出手大方、超前消费,更引起他们心理失衡,产生自卑心理。

2. 孤独心理

生活在高职院校的学生之间存在着各种各样的人际关系,对于学习、生活在"象牙塔"中的他们来说,人际关系表现为浓厚的理想色彩、强烈的独立意识、简单的交往对象、比较稳定的友谊和喜欢男女交往等特点。但是,有些学生性格内向,心灵自我封闭,不愿交际,因而显得古怪、孤僻;有些学生自命不凡,狂妄自傲,到头来只能孤芳自赏、形单影只;还有些学生因自卑而不敢与人交往,怕在众人面前暴露自己的弱点和不足,自动把自己游离于集体之外。

3. 焦虑心理

进入高职院校后,学习内容的专业化、深度和难度比以前加大,学习方法也较中学有所不同,这对学生提出了新的挑战,导致一部分学生学习缺乏动力,对专业不感兴趣,学习效果不理想,从而引起心理上的困惑和焦虑。还有部分学生,面对复杂多变的社会环境、严峻激烈的市场竞争,特别是即将毕业的学兄、学姐们在求职过程中处处碰壁的就业形势,使他们无所适从、紧张不安。长此下去,神经紧张、失眠、胸闷、心跳加剧等焦虑并发症就会相继出现。

4. 抑郁心理

当前,我国正处于社会转型时期,随着改革的深入,民族文化与西方文化、港台

文化广泛交流、相互影响,文化的撞击带来了心理的冲击,加上社会上的行贿受贿、欺诈勒索、损公利己、金钱至上、享乐主义等不正之风影响了校园内的学子,侵蚀了他们的心灵,使学生对社会产生悲观、失望的心理。有些学生在学习、生活中碰到挫折时,就会出现情绪低落、忧心忡忡、愁眉不展、唉声叹气等现象,长此以往,必将出现食欲不振、体重下降、失眠等心理问题,严重者甚至会感到"度日如年"、"生不如死",美好的世界在他眼前呈现出一片灰色。

5. 困惑心理

大学生已进入青年中期,性生理基本成熟,他们渴望与异性交朋友,迫切想得到异性的友谊甚至爱情。但由于性心理的不完全成熟和生活经验的欠缺,导致在实际生活中与异性交往困难,常出现因单相思而苦恼、因失恋而痛苦、因陷入多角关系而不能自拔等一系列心理问题,如有的女生刚入学就接二连三地受到高年级男生的邀请,因不知如何应付而陷入苦恼困惑之中。另一方面,青年大学生充满激情,富于幻想,但因认识偏差、阅历较浅,因而对当前社会现实中的问题和现象不能正确、客观地认识,出现了理想与现实的较大反差,产生心理的不平衡,导致迷茫、失落和困惑等心理问题。

6. 紧张心理

随着经济的迅速发展,社会竞争也日趋激烈,人们的工作强度和压力增大,这一点对于大学生产生了更多的影响。可以说学生在入学的第一天就开始考虑自己的出路问题,并不得不因此而放弃很多施展自己个性空间的机会,有的时候甚至不得不压抑自己的个性去做自己本不喜欢做的事,比如耗费大量的时间、精力去准备让自己感到非常烦躁的各类考证考试。神经长期处于紧张状态和精神长期处于压抑状态是大学生出现心理问题的一个重要因素,而一旦他们的这些努力不能取得其预期的结果时,心理疾病发生的概率就会更大。

7. 情绪、情感方面的心理问题

良好的情绪和情感状态是大学生心理健康的重要保证。良好的情绪和情感状态应以稳定、乐观的心态为主,对于不良情绪应具有调节、控制能力。但由于大学生的情绪、情感具有两极性、矛盾性的特点,情绪易波动起伏、好冲动、自制力不强,一旦遇到挫折,往往容易产生抑郁、焦虑、恐惧、紧张、妒忌等不良情绪,影响其心理健康。

8. 个性方面的心理问题

近年来,个性发展不良导致的心理问题逐渐增多。如在性格方面,许多高职大学生都存在不同程度的问题,主要表现为自卑、怯懦、猜疑、偏激、孤僻、抑郁、自私和任性等,有的甚至发展成为人格障碍。

【案例】一天,某高职院校心理咨询室来了一位一年级女生,她进屋后就愁容不展,说她近来心情非常压抑、焦虑,想退学。当问及原因时,女生泪如雨下。她说,她高考成绩不理想,没有考上本科,心情就非常不好。最近,她又与宿舍同学关系紧张,大家都孤立她。自己每天独来独往,形影相吊。一进宿舍,她就感到非常窒息、压抑。她说,一想到自己要过三年这样的生活,实在受不了。她还说,现在自己兴趣丧失、精力不足、悲观失望、自卑、失眠、学习效率下降,感觉对不起父母。咨询期间,女生不停地哭泣,不断地责备自己,认为自己是个无用的人、多余的人,还不如一死了之。

根据这位女生的倾诉,可以初步判断她得了抑郁症。抑郁症一般都源于青少年时期,该症发生与个人性格和所受挫折有一定关系。自尊心强的人在受挫折后一般会失望、自卑而诱发此症;性格内向、多愁善感、敏感性强和依赖性强的人,在精神因素的作用下,也容易导致抑郁症的发生。在抑郁症的治疗当中,劝慰、鼓励、支持是十分重要的。让当事人发现并证实自身的才能与力量,增强自信心,帮助其增强社会意识、参与意识和竞争意识是更重要的。有抑郁症症状的学生应学会宣泄情绪,以减轻心理压力,如倾诉、哭泣、写日记等。另外,还要多与人交往,尝试从另一个角度看自己所面临的问题,开阔视野。最后,要有意识地参加各项活动,转移注意力,摆脱不良情绪。

第三节　高职大学生心理健康的培养

一、影响高职大学生心理健康的主要因素

大学生心理问题产生的原因是多方面的,既有生理因素,也有心理因素和社会环境因素,是诸多因素共同作用于个体的结果。

1. 社会环境的影响

高校处在社会大环境中,社会的变化必然会影响校园,使身处其中的大学生在心理上受到冲击。社会种种现实对于大学生心灵的冲击是巨大的,社会竞争的压力、严峻的就业形势侵扰着每一个人,从而引发了他们自我意识的觉醒,表现是他们在各种活动中要显示自身价值的存在,有强烈的表现欲和参与意识。这对于意志薄弱的学生无疑是一种挑战,当遇到诸如考试的失败、择业的失败、评奖的落选等情况而受到挫折后,可能就会产生消极的心理状态,表现出自我怀疑的倾向。大学生是崇尚科学、善于思考、知识层次较高的青年群体,然而,随着改革开放的不断深入,在新旧体制转型时期社会存在诸多矛盾,个人至上、金钱至上、享乐至上的价值取向,在一定程度上也影响着那些应变能力差的学生,使他们的价值取向趋于功

利化、实用化。社会上表现的腐败、堕落的现象也摧残了一些大学生的心灵,使他们出现了道德的滑坡。部分学生对政治活动不感兴趣,尤其是对马列主义、共产主义理想和信念存在冷漠态度,藐视一切秩序和纪律,艰苦奋斗、勤俭节约不再受到推崇,取而代之的是享乐主义、功利主义。

2. 家庭环境的影响

家庭对一个人的成长有着巨大的影响作用,一个人对客观现实的认识,往往是从家庭环境、家长的言行举止开始的。大学生在步入社会之前,很大程度上受家庭环境和父母言谈举止的影响。不同的家庭教育与影响产生的结果,也是截然不同的,具体分析有以下几种情况:

(1)父母对子女管教特别严格。对子女的成长和前途特别关心,望子成龙心切,对孩子学习督促得很紧,但对于子女的其他兴趣、爱好不给予支持,缺乏沟通,经常用命令、指责的方式强迫孩子做事情。这样的孩子上大学以后,往往性格上很不独立,不能适应社会,特别是在人际交往过程中,表现得懦弱、自卑、唯唯诺诺,失去了个性和棱角。

(2)父母对子女百依百顺,过分溺爱。在孩子成长过程中,父母就像保护伞一样呵护子女,使他们没有受过挫折。这样的大学生依赖性极强,缺乏同情心,遇到挫折便不知所措,缺乏自制能力和自信心。

(3)父母对子女行为放任不管,很少约束。这样的大学生常以自我为中心,缺少家庭教养,不懂得尊重他人,比较任性,很难适应集体生活。有一些家庭因父母感情不和或离异等原因,造成孩子的性格暴躁,心理压抑,有逆反、自卑等不良心理反应。

3. 校园环境的影响

(1)环境、角色变化引起心理不适应。进入大学以后,以往生活由父母包办的状况被独立生活的方式代替,大学生活的每一件事情都需要自己处理,吃饭上食堂排队,衣服脏了自己洗,床自己铺,生活用品自己上街买,这种变化使得一些学生感到极不适应,依赖性和独立性的反差和矛盾造成了他们对以往生活方式的迷恋,对新生活感到迷茫。再加之大学生学习内容复杂,难度大,学习方法与中学时代变化很大,稍不注意,数科不及格,还面临着退学和留级的危险,这样的大学生活打破了他们梦中的浪漫想象,滋生了孤独情绪和怀旧情绪。

(2)单调的业余文化生活。大学生具有思维活跃、富于幻想、情感丰富、精力充沛等特点,入学前往往会把大学生活想象得浪漫美好,但当现实中"三点一线"式的单调生活与理想形成强烈反差时,会使其觉得大学生活枯燥乏味,甚至会产生厌烦、空虚、压抑、失望和苦闷等心理症状。长此以往,对心理健康极为不利。

(3)人际关系氛围的影响。大学生在校期间人际关系处理得好坏直接影响他们的学习、生活和工作。亲密、融洽的人际关系可以使人身心愉快、舒畅,从而促进学习,提高工作效率,使人感到生活轻松自如。但是,现在有相当数量的大学生处在冷漠、疏远的人际关系中,他们心情不愉快,与人交往处于紧张状态,有时还产生敌对、憎恶的态度,从而导致攻击性行为的发生,有损身心健康。

(4)不健康的校园文化的影响。转型时期社会变革的潮流和由此导致的强烈社会振荡,必然通过多种渠道向校园辐射,使原本清静的校园滋生了不健康现象。校园里出现了追求新潮热,一些学生热心于牌桌、酒楼,流连于花前月下,考试作弊、弄虚作假现象屡见不鲜,而"课桌文化"、"厕所文化"则更是不堪入目,这些现象影响了大学生的形象,更严重影响了广大学生的身心健康,使得一些大学生变得颓废,失去朝气和活力。

4. 大学生自身因素的影响

(1)自我评价不客观。大学生已经步入成年人行列,年龄的增长使大学生的自我意识、自我控制能力和自我评价能力发生了飞跃。但是,他们自我控制能力较弱,自我评价易受外界事物的影响,也受情感波动的影响,在对事物的看法和观察上容易片面化、理想化。也就是说,大学生心理并不十分成熟。这主要表现在:有的学生只看到自己的长处,自以为是,自视清高,看不起别人,遇事只相信自己的判断,听不进别人的意见,有时甚至显得十分傲慢;有的学生却只看到自己的不足,妄自菲薄,遇事悲观,信心不足;有的学生对自己期望值过高,给自己制订了不切实际的目标,拼命追求超出本身能力所及的东西;有的学生对自己不负责任,不抱任何希望,"当一天和尚撞一天钟",整天无所事事,懒懒散散。可见,自我评价的不客观、不实际对大学生的影响是很大的,对他们提高心理素质极为不利。

(2)情绪冲突。情绪冲突是大学生心理冲突的主要表现形式。大学生正处于情绪发展最丰富、最敏感也最动荡的时期。大学生情绪表现的两极性、矛盾性的特点,使他们在遭受挫折时,往往会产生种种不良的情绪反应,情绪容易冲动失控,导致不良后果。

(3)性的困惑。处于青春期的大学生,性生理已经发育成熟,性意识开始觉醒,在心理上已经有了性的欲望和冲动,很多大学生开始向往与介入朦胧的校园爱情。然而,由于社会道德、法律、学校制度和理智的约束,性的生物性与社会性有时会发生冲突,并由此引发一系列心理问题。

(4)个性缺陷。同样的环境,同样的挫折,不同的个体有着不同的反应模式,这与人的个性直接相关。有些学生存在不良性格,如自卑、怯懦、孤僻、冷漠、固执、急躁、鲁莽、虚荣、任性、忧郁、自私等,还有的学生存在人格障碍,如偏执型人格、强迫型人格等。这些个性缺陷都是有碍心理健康的,而其中有些缺陷本身就是心理障碍的典型表现。

(5)心理发展中的内在矛盾。青春期的大学生正处于迅速走向成熟而又未真正成熟的阶段,这是一个充满矛盾与危机的时期。诸如理想与现实的矛盾,情感与理智的矛盾,依赖性与独立性的矛盾,心理困惑与寻求理解的矛盾,性意识觉醒与性压抑的矛盾,等等。这些心理矛盾解决得好会转变为心理发展的动力;如果解决得不好,长期处于矛盾冲突中,就会破坏心理平衡从而引发心理问题。

二、高职大学生不良生活方式对身心健康的危害

生活方式作为一种健康因素是指个人和社会的行为模式。个人行为对健康的影响人们早已经认识,但全面系统的评价始于上世纪初。不健康的行为生活方式已成为影响人们身心健康的重要因素。高职院校的大学生中有的对形成良好生活方式的重要性认识不够,个别的已经沾染上不良的行为习惯。

1. 吸烟对身心健康的危害

吸烟对身体健康有很多的危害。第一,现已公认肺癌主要是吸烟造成的,根据医学研究发现,患肺癌的危险性与每天吸烟量和持续时间成正比。英国一组资料表明,戒烟5年后肺癌死亡率较吸烟者下降40%。世界各国资料几乎均支持吸烟是肺癌的主要原因的结论。喉癌、口腔癌等也明显与吸烟相关,有明确的剂量效应。第二,吸烟是导致冠心病首要的危险因素。据医学研究发现,吸烟者患冠心病和缺血性心脏病的死亡率高于不吸烟者70%。其严重性与开始吸烟年龄及数量等有关。高血压、高血脂也是导致冠心病的重要危险因素,吸烟与这两个危险还有协同作用。反之,戒烟能降低冠心病的危险性,但降低的程度取决于戒烟前吸烟时间的长短、量和戒烟时间。戒烟一年后可降低危险性近50%,但要达到不吸烟的水平,大约要戒烟10年以上。第三,慢性阻塞性肺部疾病,大约80%～90%是由吸烟引起的。由于气管纤毛的破坏,常有咳嗽、痰多,反复炎症产生慢性呼吸道阻塞症状,最后导致肺功能下降,其中最明显的症状是呼吸困难,尤其在行走活动后。戒烟能迅速改善呼吸道症状。

吸烟对学生学习也有影响。吸烟后在尼古丁等刺激下,血管收缩,血液流动慢,脑血流量减少,影响到神经和血液系统功能,使记忆力减退,注意力分散,智力活动降低,思维能力衰退。据对北京地区中学生吸烟情况的调查结果显示:吸烟学生的学习成绩明显低于不吸烟学生;吸烟学生的记忆力也明显低于不吸烟学生。

2. 过量饮酒对身心健康的危害

对于正处于青春期的大学生来说,过量饮酒对身体健康有很大的危害。目前,大学生饮用含低度酒精饮料的情况甚为普遍,饮用烈性酒或有较明显饮酒欲望者显著增加。高校内常年均有学生醉酒就医。

酒精对中枢神经系统的毒性会使大脑、小脑等组织损伤变性,大学生长期过量

饮酒会出现记忆力减退、意识障碍、反应迟钝等现象。酩酊状态与过度兴奋常使个体失去常态，丧失自制能力；共济失调，易致意外伤害，甚至死亡。

过量饮酒还会引起心、肝、肾等多脏器损害，导致这些器官的功能减退。尤其是对肝的损伤，将造成酒精性肝硬化。此外，酒精中含有亚硝胺等致癌物质。酒精又是多种化合物的溶剂，能增加一些致癌物溶解度，使毒性增加。

酒后易兴奋，不能控制时，常有过激的言词和举动，思考和辨别是非能力下降，容易做出错误的决定。在酒醉或高度兴奋情况下，意识和自制能力下降，常使行为失常，易做出危害自己及社会安全的事。

三、高职大学生心理健康意识的强化

1. 养成健康的生活方式

生活方式对心理健康的影响已经被越来越多的人所关注，生活没有规律、随心所欲、懒散放荡与过度学习等都是不健康的生活方式。为完成繁重的学习任务，提高身体素质，一定要养成健康的生活方式，使自己身体强健、精力充沛、朝气蓬勃。这就要求我们注意以下几个方面：

(1)生活规律，合理安排时间；

(2)培养生活情趣，丰富业余生活；

(3)合理饮食，禁忌烟酒。

2. 提高心理健康水平

为了提高心理健康水平，必须不断提高自己的认识水平，调节情趣，完善自我意识，开发自我潜能，实现自我价值。

(1)调整认识结构，逐步形成科学思维方式；

(2)克服自我缺陷，完善自我意识；

(3)调节控制情绪，培养乐观精神；

(4)锻炼意志品质，树立远大理想；

(5)塑造健康人格，促进个性完善；

(6)克服社交障碍，改善人际关系；

(7)不断开发自我潜能。

歌德曾说过："凡自强不息的人，终能得救。"大学生要适应环境，就应积极进取，开拓创新，不断开发自我潜能，最大限度地实现自己的人生价值。面对瞬息万变的信息社会，墨守成规，故步自封，不思进取，已越来越不合时宜了。当今社会需要的是开放的思想和进取的个性，更要有创造的精神和无畏的勇气。科学研究表明，人的大脑潜力还远没有被完全开发出来，我们只用了其中很少的一部分。因此，大学生要相信自己的潜能，不断追求，敢于实践，不怕困难，全面发展自己。如果说走出心理误区、防治心理疾病是心理健康的最低层次;完善自我、增强人际关系和社会适应能力是心理健康的一个中等要求;那么认清自己的潜力所在,保持良好的心理状态和积极的生活方式,高效率地学习知识与技能,全面而充分地发展自己,科学而有创造性地生活,便是心理健康的最高境界。

心理测试

你需要心理测试帮助吗

▶**指导语** 本测验将帮助你了解和判断自己目前的心理状态。请对下列问题做出最符合你的情况的选择。A 表示一直或大部分时间如此;B 表示时常如此;C 表示偶尔如此;D 表示很少或从不如此。

1. 在新的环境中,例如求职面谈或在陌生人众多的场合,你是否担心会遭遇难堪或不顺利的事?

2. 有人请你做你不愿意做的事情,例如替朋友看孩子或加班,你想拒绝,能说得出口吗?

3. 你是否会勃然大怒后感到那件事其实不值得那样生气?

4. 你和朋友在一起时,例如挑选餐厅或电影,你能使他们听从你的建议吗?

5. 在做决定时,你是否会感到困难?

6. 在宴会中,你是否会孤单地站立一旁?

7. 你做日常的活动或家务时是否征求别人的意见或需要别人的鼓励?

8. 别人占你便宜时,例如有人插队排在你前面,你能否表示不快?

9. 你是否满意与你关系最密切的人?

10. 在求职面谈或参加宴会之前,你是否需要喝杯酒或服镇静剂?

11. 你是否对自己不能控制的习惯(如吸烟或吃得太多)感到忧虑?

12. 你是否有时(如在听收音机或呆在什么狭小的地方时)会有无法控制的恐惧甚至吓得不能动弹?

13. 你出门后,是否必须再回来看看房门可曾锁好、炉子可曾熄灭及诸如此类的事?

14. 你是否需要一个多小时才能入睡,或醒得比你希望的早一个多小时?

15. 你是否非常关心清洁,或怕被你接触的东西弄脏了,或怕弄脏了你所接触的东西?

16. 你是否觉得前途无望,曾想过伤害自己或自杀?

17. 你是否能看到、听到或感到别人觉察不到的东西?

18. 你是否认为自己有高超的能力,或认为别人用高超的能力来对付你?

19. 你是否有不明原因的恐惧感?

▶结果解释　首先,我们要知道,本测验的这些问题是不能以"对"或"错"来回答的,每个人都时常会为小事发脾气,即使对关系最亲密的人有时也会感到不满,但在通常情况下,适应良好的人多半会对本测验的题目做如下回答:

1. C 或 D,2. A 或 B,3. C 或 D,4. B 或 C,5. C 或 D,6. C 或 D,7. C 或 D,8. A 或 B,9. A 或 B,10. C 或 D,11. C 或 D,12. C 或 D,13. C 或 D,14. C 或 D,15. C 或 D,16. D,17. D,18. D,19. D。

问题 1~10:评估你能把感情表达到什么程度以及你的自信心如何。如果你大部分答案与上述答案不同,那只是表明你在表达感情上有问题,或对自己缺乏信心。你可以针对自己的问题采取适当措施进行自我调整和改善。

问题 11~13:这里所提到的行为通常都与情绪问题有关。如果你的大部分答案与上述不同,并觉得你的问题已干扰了你的日常生活,最好去找心理咨询专家,听听他们的意见。

问题 14~19:这里所提及的行为可能是严重情绪问题的早期信号。如果你的答案与上述不同,你应该立即去请教专家。若需要治疗,就应及早,这样效果会更好些。

▶说明　类似的心理测试很多,但测试的结果仅供参考,心理测试不是心理健康的唯一标准,心理测试细节应由专家再分析。因为心理测试是以心理健康社会常模为标准测试,心理测试的常模标准是动态的。另一方面,当事人在心理测试的时候是一种心态,测试以后可能又是一种心态。还有心理测试题是否恰当,是否有暗示性,当事人对心理测试的态度,测试答案怎么分析等都是影响心理测试的因素。所以,其结果并不具有决定性,因而不必有心理负担,同时希望大家重视自己的心理状况,积极主动联系心理辅导老师,更好地促进自身的成长和发展。

◇相　关　链　接◇

吃饱的小兔子

有位心理学家找来两个 7 岁的孩子进行一项心理测试。

汤姆是一个来自贫穷家庭的孩子,全家共有六个孩子,安迪则是个来自医生家庭的独生子。

心理学家让两个孩子看一幅图画,画里是一只小兔子坐在餐桌旁边哭,兔子妈妈板着面孔,站在一旁。于是心理学家叫他们把画中的意思说出来。

汤姆立刻说:"小兔子为什么在哭,是因为它没有吃饱,还想要东西吃,但是家里已经没有吃的东西了,兔妈妈也觉得很难过。"

"不是这样的，"安迪接着说："它为什么在哭，是因为它已经不想再吃东西了，但它妈妈还要强迫它非吃下去不可。"

➤点评　生活在什么环境，就习惯用什么样的角度看事情，而每一件事情从不同的角度来看时，总会有不同的体验。所谓"仁者见仁，智者见智"。有些事情并不一定是对或者错，而是因为眼光不同，看法也就不一样，让我们学会以宽容的态度接纳不同的人、事、物，以至能彼此体谅和尊重。

◇学◇生◇活◇动◇

➤心理沙龙　你或你所认识的人，是否存在心理问题或心理障碍？有了问题该怎么办？

第二章　大学生的入学适应

你知道吗？

1. 高职新生一般面临哪些环境上的变化?
2. 高职新生心理上有哪些变化?
3. 刚入学的高职大学生常见的心理困扰有哪些?
4. 产生这些困扰的原因有哪些?
5. 面对这些困扰怎样调适?
6. 你对今后的高职大学生活有具体的计划吗?

案例引入

来自南方富裕家庭的李某,在高考后被合肥某高职学院录取,当他满怀欣喜来到学校报到后才发现,自己不适应学校集体生活。8个人一间的宿舍让他觉得拥挤、嘈杂,晚上熄灯后有人聊天使他难以入睡,夜里也常常被声音惊醒,夜夜难眠;在饮食上也觉得不习惯,菜又咸又辣,不合口味,走进食堂却找不到想吃的食物,没有一点食欲;每天进进出出的同学也让他心烦意乱,不能安心看书、学习,和同学们在一起感到没有共同语言,甚至觉得有的同学的生活习惯让他难以容忍,使自己无法正常生活。他申请外出租借民房居住,学院以理由不够充分没有批准。开学3个月后,他身心疲惫、面容憔悴,向家长说要退学。学院了解情况后,积极进行干预,辅导员和同学们都对他给予了关心、关注。在辅导员指导下,同宿舍的同学坐在一起开了一个座谈会,大家真诚交流,有同学坦诚地向他表示歉意,说过去不够注意个人行为,影响了他的生活,他也真实地感受到不仅是自己不适应集体生活,同学们都还不能很好地适应集体共同生活,于是出现互相影响的现象。后来,大家共同商定了熄灯时间,制定了宿舍文明管理规定,相互督促,做到按时熄灯,轮流值日管理,相互关心、相互帮助,营造文明寝室文化。一个学期后,李某逐渐适应了集体生活,饮食正常,睡眠充足,身体健康,学习成绩也进步很快,并能积极参加学院和系部组织的各项活动,成为班级的文体骨干、活跃分子。

第一节　高职新生的环境适应

高职新生面临的第一个巨大的变化就是环境的变化。多数学生从中小城市、乡镇农村到大城市读书,在家庭所在地就读的大学生也从走读变成住校。如何适应新环境就成了高职新生们必须迎接的第一个挑战。

据某大学心理卫生协会对12所高校800名学生的心理状态抽样调查结果表明:新生从"陷入彷徨迷失"到"走出困境"这段时间,32%的学生需要3~5个月就可完成,54%的学生需要1~2年,还有14%的学生则需要更长时间。由于每个学生的生活经历不同,人格特点的差异,应激和自我调适能力的不同,在适应新生活的过程中显示出明显的差别性。新入学的大学生们,他们一般面临着生活环境、人际环境、学习环境、语言环境等方面的变化,如对这些变化不能很好地适应,就可能产生各种心理问题。因此,了解这一特定时期高职学生的心理特点及调试方法,使之能尽快适应校园生活,有着重要的意义。

一、自然环境的适应

1. 校园环境的适应

从高中升入高职的新生,首先面对的是一个陌生的校园环境。入校后能否迅速了解和熟悉校园环境,决定了新生能否在这个环境中自如地生活、学习。一个陌生的环境往往是心理上的"盲区",会使人产生诸多行动上的不便与心理上的不安。所以到学校以后,首先要尽快了解你所处的"校园环境",了解教室、图书馆、运动场、商店、电话亭和洗衣房在什么地方,了解食堂什么时候开饭,如何购买澡票,怎样搭乘公共汽车,学校哪些部门与自己的生活、学习有密切的关系……对日常生活中将会遇到的各个环节都要尽快熟悉。这样,在办理各种手续、解决各种问题的时候就会比别人更顺利、更节省时间。另外,积极为班级承担一定的工作,也能帮助你尽快适应校园生活,因为与老师、同学接触得越多,掌握的信息越多,锻炼的机会也越多,能力提高得也越快。对环境适应快的高职新生,很快就能成为班级中的核心人物,自信心也就逐渐建立起来了。遇到问题要多向高年级的同学请教,直接向高年级同学请教是熟悉校园环境的一个最快捷的方法,一般来说,多数高年级的同学都比较愿意把他们的经验传授给新生,以帮助他们尽快适应校园生活,尽量少走弯路。另外,向自己的同乡请教也是不错的选择。

2. 生活环境的适应

【案例】小王,高职一年级学生。过去由于父母的溺爱,他在家连一双袜子都没洗过,几乎不会照顾自己。到学校后,起初一个阶段不能进行正常的集体生活,衣服不会洗,生活用品丢三落四,起居饮食没有规律,不久又把生活费弄丢了,生活顿时陷入困境。

大学生正处于长身体长知识的阶段,身心健康是确保顺利、成功度过学习阶段的一个重要基础。为了达到身心健康的目的,从进入学校起,就该切实重视这个问题,防止不良生活习惯的形成,培养良好的生活习惯和生活自理能力。现在独生子女越来越多,升学压力越来越大,这使得大多数家长几乎不让孩子们做家务,甚至连必要的生活琐事都代为处理。有的学生每周或每月一次性把脏衣服、换洗的床单背回家去洗,也有的花钱请人洗。除此之外,不会收拾房间的学生有,不会自己缝被子的学生有,不会邮寄东西的学生有,甚至有的学生入学半年后还要家长在信中不断提醒什么时间该理发。

生活自理能力差,是现代学生较为普遍的情况,但这些情况一般在集体生活一段时间后,就能逐渐好转。对于新入学的高职新生,在开始独立的集体生活时要注意如下几点:

(1)严格合理的作息时间。生活的高度规律性是身体健康的保证,因为有规律的生活能使大脑和神经系统的兴奋和抑制交替进行,天长日久,能在大脑皮层上形成动力定型,这对促进身心健康是非常有利的。学生自己可以安排和利用的时间较多,生活内容较为丰富多彩,如果不能妥善计划,生活的杂乱无章就会使人精疲力竭,学业成绩的下降是必然的。

(2)良好的饮食习惯。营养学家们的研究证明:早餐吃饱、吃好,对维持血糖水平是很必要的;用餐时不能挑食偏食,要加强全面营养,还要多吃水果和蔬菜。有的同学饮食不规律,很多人早晨起床较晚,来不及吃早饭便去上课,有的就索性取消了早饭,有的则在课间饿时随便吃些零食,有的暴饮暴食。学生们主要在食堂就餐,但食堂的就餐时间比较固定,常有学生由于学习或其他原因错过了开饭时间,于是就吃点方便面等食品对付,等下一顿吃饭时再吃双份……这些对于正在长身体的同学来说都是十分有害的。青年大学生要保证合理的营养供应,养成良好的饮食习惯,改正吸烟、酗酒、沉溺于电子游戏等不良生活习惯。

(3)坚持锻炼身体。近几年,高校中因病休学、退学的人数很多。尽管校方常开展各种体育运动以增强学生体质,但真正重视身体锻炼的学生却并不多。"文武之道,一张一弛",学习之余参加一些文体活动,不但可以缓解刻板紧张的生活,还可以放松心情、增加生活乐趣,有助于提高学习效率。学生可以结合《大学生体质健康测试标准》进行针对性的体育锻炼。

(4)合理安排业余活动。大学生活的内容是丰富多彩的,除了教学活动以外,还有多种讲座、报告会、文体活动、实践活动、学生社团等。如果完全凭兴趣,随意性太大,就很难有效地调动和发挥自己的潜能。首先一定要对自己进行理智的分析,看看自己本阶段要达到哪些目标,自己最迫切需要的是什么,长远目标是什么,各种活动对自己发展的意义又有多大。然后做出计划,并且在计划执行中不断地修正和发展。

(5)管好自己的"钱袋子"。独立生活能力的一个重要方面体现在对钱的管理上。除了交学费买学习用品,一般高职新生没有太多"理财"的经验。一般家长都是每月或几个月给学生一次生活学习费用,这就需要自己独立计划如何进行消费。计划不当甚至没有计划的学生常常在最初的时间里大手大脚地"过度消费"、"超前消费"。花钱是要有计划的,要考虑在整个生活中哪些开支是必需的、基本的,哪些是可有可无的,还要了解自己父母的经济能力和自己挣钱的可能性。有了这些基本情况的分析,再确定自己的"花钱计划",使之切实可行。然后,尽量按照计划执行,多余的钱可以存入银行,以免丢失。

(6)适当参加勤工助学。在可能的情况下,大学生应该适当地参加一些勤工助学。勤工助学虽然会占去一定的时间和精力,但增加了个人的收入,减轻了家庭负担,同时又锻炼了个人能力。近年来,国家规定上大学要交纳一定的学费,再加上消费水平的提高,对于那些家庭经济条件不太好的同学,光靠父母支持,读书的经费不易解决。国家建立了贷款制度,允许毕业后偿还,但同时也提倡以勤工助学的方式来解决个人经费不足的问题。勤工助学是一个大的趋势,具体如何去做还需要学生根据自己实际的经济状况、学业情况并兼顾近期与长远利益来确定。

(7)保持乐观而平稳的心境,有积极向上的精神。生活中难免有各种各样的挫折、坎坷与困境。面对困难,要有乐观的态度;遇到逆境,不要失去信心。要学会自我调整,学会寻求帮助,学会向别人倾诉。有些性格内向的同学遇到事情总爱憋在心里,不与人交流。倾诉不仅能宣泄、化解心中的郁闷,而且还会得到别人的帮助,迅速走出不良心境。

3. 语言环境的适应

在高职新生群体中,大多数学生是从中小城市或乡镇农村到大城市来读书的,由于部分地区基础教育实力的不平衡,许多新生入学时普通话水平不高,这样不仅会影响到他们的人际交往,更重要的是交往的不利将对其自尊心和自信心产生负面的影响,进而影响到学习、生活的方方面面。因此,高职新生对语言环境的适应是不可忽视的。

首先,在校园里应尽量用普通话进行交流,使自己消除陌生感,这样有利于高职新生角色的转变。此外,在发音准确的基础上,还要进行不懈的练习,发现错误及时纠正。有些同学出错的时候生怕别人笑话,因此尽量减少开口说话的机会,结果几年的大学生活下来,仍然是一口家乡话。如果能和其他同学结伴练习普通话,互相纠正、互相促进、提高,效果就更好了。在校期间可以报名参加普通话等级考试,这对学习普通话是一个很好的促进。同时,掌握一些必要的当地方言也有助于适应环境。比如出门办事或上街买东西都可能与讲方言的当地人打交道,如果会说当地的方言,交流起来更方便,也能避免可能会发生的"欺生"现象。

二、人际环境的适应

在高职新生的人际关系中,问题最多的还是同学之间的关系。同学之间的关系,尤其是同一寝室同学的关系,是困扰新生的一个比较严重的问题。有的同学在入学后第一个月,寝室里几个同学亲密无间,大家生活也整齐划一。但到了第二个月,同学之间的各种差异就显现出来,从而产生同学之间的人际关系障碍。由于大学生基本上脱离了对教师、家长的依赖,生活的主要场合转移到了宿舍,那么能否与同学建立良好的人际关系就成为一个关键。

一个班、一个宿舍的同学分别来自不同的地域、不同的家庭,他们在许多方面都存在着明显的差异。首先,是思想观念、价值标准的不同,有的人看重能力,有的人看重品行;有的人信奉人之初性本善,有的人相信人在潜意识里都有犯罪动机;

有的人追求学业上的成就,有的人追求人际关系的和谐。于是,在遇到实际问题时观点常常发生冲突,行为的倾向性也有不同,争论甚至争吵在校园里屡见不鲜,因为大学生的自我意识很强,都想证明自己的观点并坚持自己的立场。其次,在高职学院开始新的学习,大家也都在意自己的学习成绩会处在一个什么位次上,同学们聚集在一起,谁都不服别人,或者害怕落后于别人而有一种紧张感,心理压力很重。但是,机会并不会光顾每个人,所以嫉妒、不公平感就造成更多人际关系的紧张。另外,生活方式、习惯的不同也是高职学生人际适应的一个障碍。对于每个人来讲,生活习惯也是千差万别的:有的人外向,整天说个不停,有的人内向,少言寡语;有的人早起早睡,有的人早上不起晚上不睡;有的人独善其身,有的人广交朋友。这样一来,晚上看书的人影响早睡的人休息,爱卧谈的人搅扰不善言辞的人,爱静的人被朋友多的人搞得烦躁。而每个人的生活习惯又一时难以改变。所以,有相当一部分人因生活习惯相差太多而要求调整宿舍,严重者导致神经衰弱、抑郁症,有的甚至休学、退学。

　　差异是客观存在的,每个高职新生都必须面对它,接受它。对待新的环境要以一种积极的态度去适应。良好的人际关系包括两方面:一方面是适应对方,宽容对方;另一方面又要维护自己的权利。良好的人际关系的建立,可以从下面三点做起:

1. 主动交往

　　要想处理好同学之间的关系,还要做到对人宽、对己严,切忌以自我为中心。在平时的生活中,主动与同学打招呼,主动和同学讲话,主动帮助别人。在帮助别人的时候,不要过于计较别人能不能、会不会报答你。此外,要主动去做些公共工作,以增加同学们的好感。

2. 学会包容

　　要学会承认各人有各人的生活习惯和价值体系,很多同学没有住校经历,突然要和几个人共用一个寝室,就必须包容别人的生活方式。如果你与别人生活在一起,你就得连同他(她)的生活方式一起接受。如果别人的生活方式有碍于你的生活(如夜里看电视影响你的休息,未经允许随便动你的东西等),你就需要委婉地提出意见,并适当地进行自我调整(如调整作息时间、调整宿舍等)。

3. 讲究技巧

　　在与同学相处时应坦诚相待,但在给同学提意见时,必须动脑筋,讲究方法和技巧。比如,同宿舍的人爱彻夜卧谈,影响了大家的休息。直接提意见制止他们难以奏效,那么可以相应地调节自己的计划,或推迟上床的时间,或听听英语磁带。需要注意的一点是,给别人提意见一定不能当着众人的面,以免使对方难堪、丢面子。

另外，在高职院校中，班主任或辅导员对学生的管理不同于中学，师生关系将变得离散。在学习和生活上，老师只把握大的方向，具体的工作大多由学生自己或班干部组织完成，学生需要学习做自己的老师了。为了能够较好地适应这种新的师生关系，高职新生要学会自己确定学习目标，自己制订学习计划，自己安排学习时间，自己选课，自己检查学习效果，并且主动找教师征询意见，请老师帮助解决困难，定期向老师汇报学习状况，提出自己的计划并与教师共同探讨。难以适应这种师生关系的学生，表现为事事等着老师决定、安排，保持着对老师的依赖和顺从，缺乏主动性和独立性，老师没安排的课不主动选，老师没指定的书不主动读。这些学生以完成基本的学分为目的，缺少与教师的主动交往，对自己没有进一步发展、提高的要求。

自我检测

人际关系诊断量表

本量表一共有28个问题，请你根据自己的实际情况，逐一对每个问题做"是"或"否"的回答。为了保证测验的准确性，请认真作答。

1. 关于自己的烦恼有口难开。
2. 和生人见面感觉不自然。
3. 过分地羡慕和嫉妒别人。
4. 与异性交往太少。
5. 对连续不断的会谈感到困难。
6. 在社交场合，感到紧张。
7. 时常伤害别人。
8. 与异性来往感觉不自然。
9. 与一大群朋友在一起，常感到孤寂或失落。
10. 极易受窘。
11. 与别人不能和睦相处。
12. 不知道与异性交往中如何适可而止。
13. 当不熟悉的人对自己倾诉他（她）的生平遭遇以求同情时，自己常感到不自在。
14. 担心别人对自己有什么坏印象。
15. 总是尽力使别人赏识自己。
16. 暗自思慕异性。
17. 时常避免表达自己的感受。

18. 对自己的仪表(容貌)缺乏信心。
19. 讨厌某人或被某人所讨厌。
20. 瞧不起异性。
21. 不能专注地倾听。
22. 自己的烦恼无人可倾诉。
23. 受别人排斥,感到冷漠。
24. 被异性瞧不起。
25. 不能广泛地听取各种意见和看法。
26. 自己常因受伤害而暗自伤心。
27. 常被别人谈论、愚弄。
28. 与异性交往不知如何更好地相处。

➤ 计分方法 选择"是"的加 1 分,选择"否"的给 0 分。

➤ 结果解释 如果你的总分在 0~8 分之间,说明你在与朋友相处上的困扰较少。你善于交谈,性格比较开朗,主动关心别人。你对周围的朋友都比较好,愿意和他们在一起,他们也都喜欢你,你们相处得不错。而且,你能从与朋友的相处中得到许多乐趣。你的生活是比较充实而且丰富多彩的,你与异性朋友也相处得很好。一句话,你不存在或较少存在交友方面的困扰,你善于与朋友相处,人缘很好,能获得许多人的好感与赞同。

如果你的总分在 9~14 分之间,那么,你与朋友相处存在一定程度的困扰。你的人缘一般,换句话说,你和朋友的关系并不牢固,时好时坏,经常处在一种起伏之中。

如果你的总分在 15~28 分之间,那就表明你同朋友相处的行为困扰比较严重。分数超过 20 分,则表明你的人际关系行为困扰程度很严重,而且在心理上出现较为明显的障碍。你可能不善于交谈,也可能是一个性格孤僻的人,不开朗,或者有明显的自高自大、讨人嫌的行为。

三、学习环境适应

学习是学生的主要任务。然而高职的学习不完全是高中学习的延续,很多刚进入高职院校的学生都有如下的体会。

1. 学习环境的变化

高职学习与中学时期的学习相比,存在着许多不同之处,其中最主要的区别是学习内容、学习方法上发生了较大变化:

(1)内容多。中学阶段,一般只学习 10 门左右的课程,老师主要讲授一般性的基础知识。而高职 3 年(或 2 年)需要学习的课程却在 30 门以上,每一个学期学习的课程都不相同,内容多,学习任务远比中学重得多。

(2)专业性强。中学教育是普通教育、基础教育,高职教育中的专业基础课和专业课都有明显的专业特征。

(3)自习多。中学里,经常有老师占用自习课,在高职学习中这种情况几乎不存在。因为高职教学过程中,课堂讲授相对减少,自学时间大量增加。同时,学院为学生学习提供了较好的环境,有藏书丰富的图书馆,有设备先进的实验室和专业实训基地,有丰富多彩的课外活动。

(4)老师管得少。在学习方法上,中学时期,只要跟着老师走就可以了,一切听从老师指挥,老师教学生是"手拉手"领着教,而高职则是"老师在前,学生在后引着走",提倡学生自主学习,课外时间要自己安排,逐渐地从"要我学"向"我要学"转变,不采用题海战术和死记硬背的方法,提倡生动活泼地学习,提倡勤于思考,提倡动手能力的培养。

(5)讲课快。高职教师讲课是介绍思路多,详细讲解少。主要讲授重点、难点内容,而且许多教师都使用多媒体授课,实现了授课手段多样化,授课进度比较快,一节课可能要讲授一章或几章的内容,听课的同学连翻书的时间都没有。

(6)没教室。中学时期,我们有固定的教室、固定的座位,听课的是固定的同学,但是在高职里,每个班没有固定的属于自己独享的教室,有时一二节课可能在这一栋楼的某个教室学习,但三四节课又会到另一栋楼去听课,与自己一起上课的可能还会有不同专业的同学,上自习也要自己找教室。

【案例】 骆某,男,某高职院校一年级学生,他在咨询信中写道:我进校才两个月,就已经感觉到学校的特点了,不过和我理想的学校相距实在太远!我一直都自以为是一个适应性、独立性都很强的学生,现在我却无法说服自己,无法给自己一直坚持的理想大学生活一个说法。以前总以为大学与高中不一样,可以自由地学习,可以自主地做很多学习以外的事情,可以说任何自己想说的话,可以发表任何自己的观点,等等。现在,发现自己原来不过是在读高四,学习的都还是基础知识,一点新意也没有,各种活动也很少,每天教室、食堂、宿舍三点一线。辅导员可以随心所欲地管你,什么地方都有人定了规矩,而你非照着做不可!我实在无法适应,老师你说我该给自己一个什么理由呢?我真的好想回去!

【建议】 (1)高职院校也是社会中的一个部门,是教育机构。它离不开社会这个大系统,它需要有各种管理制度,这样学校才能正常运转。自由是相对的,绝对的自由是没有的。如同交通,你想自由行走,必须人人遵守规则,否则,谁也别想自由。

(2)确定学习目标。目标要小要细,才会不断有成就感,才会对学习始终保持一种激情。

(3)寻找适合自己的学习方法。入学伊始,最重要的是根据所学专业找到合适的学习"切入点",应该不急不躁地摸索学习方法,逐渐调整状态,达到平衡。

(4)不把分数看得太重。在高职学习中,分数并不能代表一切,更要学会思考问题的方式,善于从学习知识的过程中学习多角度思考问题。

(5)重新审视上高职到底为什么。上高职首先学的是做人,二是要培养自己的各种能力。在高职你有明确的专业学习任务,与高中阶段的学习区别是很大的。要把上课时学习到的理论与实际应用结合起来通过实践和创造变成能力和智慧。

(6)明确学习第一,合理安排时间,你的大学生活就会很充实。

2. 适应新的学习环境

(1)要对整个学习过程的课程、考试方法和学籍管理规定作些了解。包括有关本专业公共课程、专业课程、专业基础课和选修课的设置情况,了解获得毕业证书和各种技能证书的必要条件。例如有的学院规定不及格科目超过三科就没有毕业证书,有的同学忽略了这些条件,直到毕业时拿不到证书,才后悔当初没有认真了解情况。

(2)主动学习。高职学习也要养成良好的学习习惯。首先是要做到主动预习,通过预习,发现课程重点和难点,了解课程的前后关系及内在联系,做到心中有数,掌握听课的主动权,从而事半功倍;其次是要认真听课,努力提高听课质量,紧跟老师的思路,适时做好笔记;再次是要重视作业,高职的作业相对高中而言,量少而精,着眼于加深对原理的理解和思考方法的培养,因此必须认真对待;最后,要做到自觉复习,及时消化课堂繁重的教学内容,使所学知识成为自己知识链条中的一个有机组成部分,最终达到开阔思路、扩展知识领域,为进一步学习创造条件的目的。

(3)制订学习时间表。新的学习方式为学生安排时间提供了较大的自由度,为了避免出现时间空白带,新生可以制订一个学习计划,按照计划安排内容,合理地确定时间计划表中各个时间段的学习内容,努力提高单位时间内的学习效率。

(4)树立科学目标。在中学阶段,所有的同学几乎都有一个共同的目标,那就是考上大学,所以再紧、再累他们都能坚持。但是进入高职之后,许多同学便进入了目标盲区,有了一种失落感、松懈感,再也难以保持中学时的求知热情。如何尽快度过盲区,重新确立新的学习目标,直接关系到能否顺利度过高职阶段学习生活,圆满完成学习任务。相当一部分学生身上不同程度地存在着学习动力不足的问题。

(5)转变学习方法。适应高职教学教法,转变自己的学习方法可能是新生顺应新环境必须做出的选择。大量调查分析表明,一年级新生存在学习方面的问题,主要表现为:因就读的专业不是自己的志愿,缺乏学习热情和兴趣,学习态度消极;对高职的教法和学习方法感到茫然,甚至无所适从。

【案例】一次成功的主题班会

高职学院某班级针对新生入校后表现出的各种不适应心理,辅导员邀请了心理教师和同学们一起召开了题为"这里是成功的起点"的主题班会。同学们在会上恳谈入校以来的感受,尤其是在学习、生活中所遇到的烦恼,寻找大学生活和高中生活的不同之处,畅谈三年大学生活自己的打算……会上,辅导员和心理教师对同学们所遇到的问题,做了有针对性的群体心理辅导,鼓励同学们以积极的心态去面对所面临的问题。这次班会使同学们认识到,成长的烦恼在所难免,小船一旦离岸,总有风雨来袭,只有敢于迎风搏浪的水手,才能驶向彼岸。

第二节 高职新生的心理调适

一、高职新生心理的变化

1. 角色改变与自我评价的变化

进入高职以后,来自各地的同学重新组合在一起,自我评价会受到不同程度地改变,这种改变基本上来自于两个方面:学习成绩的比较和能力特长的比较。

成绩的好坏,一直是中学生评价自我和他人的重要标准,可是在新的集体里,原来成绩好的可能学习成绩落后于一个原来成绩一般的同学。这里有学习方法的问题,也有心理压力的问题。高职院校评价学生的标准并非是单一的学习成绩,能力特长也是在实际生活中衡量一个人水平的重要标准,并且有愈来愈重要的倾向。比如一个学生知识面很宽,或者社会交往能力很强,或者能歌善舞,或者有体育专长,这些都能令人刮目相看。这会使那些只看重学习成绩,缺少能力或特长的学生心理上产生不平衡感。一方面自己成绩优秀却得不到掌声,另一方面学业不如自己的人却在校园里和社会上如鱼得水。因而对自己的认识和评价就发生了动摇。对这种困惑迷茫的心理状态调整不好,就容易产生心理障碍。

2. 重要人际关系的"丧失"

心理学认为:重要人际关系的丧失对心理健康的影响最大,比如丧偶、离婚、子女离家等。在人的一生中的每个特定阶段,重要人际关系丧失的内容是有所不同的。在进入大学之初,同学们就面临着各种"丧失",所以有人把升入大学的第一学期称为"更学期"。

高职新生最重要的是丧失了对家庭的完全依赖。从事事由家长做主到常常要自己拿主意,离开家庭以后,在最需要家长帮助时往往得不到及时的帮助,这使得初次离家者顿生无助之感。家庭是一个人最重要的社会关系,在依赖了十几年后一下子断开直接的、频繁的联系,是会给心理造成一些影响的。对于那些在家庭中接受独立锻炼较多的学生,这个时期的困难及问题解决起来就较容易些。

第二种是指对教师的依赖减少。中学教学更多地强调教师的主导作用,由教师制订学习目标、学习计划并监督执行,而高职里更多地强调学生的能动作用,原来由教师完成的许多工作要由学生自己完成。失去了学习中的指导,高职新生常有茫然不知所措的感觉,有些人甚至要用一两年的时间来调整自己以适应新的教学风格和学习方式。那些不能及时调整自己的学生则可能导致学习成绩下降,由此带来的心理问题是不言而喻的。

第三种是指朋友的分离。中学时代许多学生都结交了非常要好的朋友,这种友谊是青春期重要的精神支柱和财富。这种朋友关系是影响心理健康发展的一个外在因素。但升学使多数好朋友各奔东西、身处异地,新的环境中又难以在短时间内觅到挚友。一旦遇到困难,受到挫折,孤独感和失落感就油然而生。

高职新生面临着众多的"丧失",由丧失所带来的挫折感围绕着他们,是他们产生心理困扰的重要原因。

【案例】 这是某高职学院学生的咨询信:"老师,我是刚刚走进大学的新生,面对这所有陌生的一切,生活习惯的变化,异地口音的不同,还有一个个陌生的面孔,我常常感到心里有失落感,请问我该怎么做呢?"

【点评】 恭喜你踏上了更高一层的求学之路,这是你人生的黄金时段,将使得你的人生更为精彩。但是,你也要认识到任何事都是有利有弊、有得有失的。当你远离家乡,来到外地上高职,你获得了更好的学习环境,但同时你也将有所丧失,离开你所熟悉的环境,离开那些深有感情的老师和同学。那么,怎样才能走出心理困境,走向成功呢?首先,你要认识到,人的一辈子,其实就是一个不断"丧失"的过程:胎儿丧失了襁褓,才能学会站立和走路;青少年丧失了父母的呵护,才能成为具有独立生活的人……如果我们一辈子都惧怕丧失,都不愿意付出任何代价,那么我们也终将丧失发展的机会。从这个角度来看,你今天由于丧失所带来的暂时的痛苦和不适应,换来的却是你成长的机会。

二、高职新生常见心理困扰

高职新生在适应环境的过程中,最普遍的问题是以情绪低落为主的情感上的波动。进入大学,多年的梦想终于成为现实,不少同学以极好的自我感觉去感知高职生活。但是,这种感觉很快就在新的环境中被接踵而来的现实压力冲淡,加上一些新生自身心理素质的欠佳,容易出现许多适应性问题。新生容易产生的心理困扰主要有:

1. 孤独感

离开过去熟悉的环境和亲人、朋友,面对一个陌生的高职校园,新的人际关系尚未完全建立起来，"独在异乡为异客"的孤独苦闷是新生普遍存在的心理困扰。一些同学由于对新环境的不适应，和新同学关系的不协调，转而怀念起过去的中学时代，甚至有一种高职院校不如中学的感觉，进而把情感投向对旧时的同学、朋友和老师的怀念，而对现在的班集体漠不关心，因此产生孤独心理而陷入痛苦之中。

2. 失落感

新生在入学之前，大多怀着对大学的美好憧憬与向往，包括一些不切实际的期望。进入高职院校后，如果不能正视和接受学校的现实，就会产生理想与现实的巨大落差，容易产生不满、抱怨情绪，导致失落感。在很多高职学生的头脑中，主观臆想出大学生活"应该"是丰富多彩、充满欢乐的，学习轻松愉快，人际环境温暖和谐，青春应该伴随着鲜花和阳光，在思想上对高职现实和即将面对的学习与就业压力毫无准备。因而当置身于高职现实环境中时，把主观臆想置于现实的背景之上，必然产生理想与现实的差距，造成失落感。

3. 悲观感

大多数考上高职的新生，在中学时代或多或少都曾有过一段对未来的向往，进入高职学习也许并不是自己的"理想"，加上一种新的竞争压力使不少学生产生心理失衡，转向自卑。另外，还有部分同学会因为学习优势的丧失、家庭经济贫困、缺乏文体特长、人际交往障碍或身材相貌缺陷等方面原因产生严重的自卑心理，影响心理健康。有些学生对自己的专业不感兴趣，缺乏学习的兴趣和动力，情绪低落，意志消沉，对就业、前途悲观失望。

4. 困惑感与压力感

一般来讲，同学们在高中时目标是非常明确的，那就是一心想考上大学。由于有明确的目标，也就有了学习的动力，再苦再累也能忍受。一旦进入高职，好比船到码头车到站，高考的结束就意味着理想目标的失落，由此而感到迷惘、困惑，不知道上高职究竟是为了什么，失去了努力的方向，对读书有什么用、将来能干什么感到茫然。如有同学说道："大一开始时，由于高中的惯性，自然做着高考前紧张复习的噩梦，一旦噩梦醒来，觉得无所事事，现在又不肯用功，不求上进，上课时总听不进去，可下课后却又为没有听好课而遗憾，精神总在这一无所获中受着折磨。"

从中学进入高职的新生，开始时会感到一种学习压力减轻的轻松感，但不久之后，来自方方面面的竞争与变化，会使新生体验到接踵而来的紧张与压力。例如，来自新环境中学习竞争的压力，对学习内容和学习方法的不适应，在人际和社交方面缺乏经验与技巧，对个性完善和素质发展的自我要求，等等。此外，随着市场经济的发展，学生的家庭经济状况悬殊，有些贫困生面对学费、生活费等巨大的经济压力，内心焦虑不安，压力很大。

以上是高职新生由于转折期的不适应而产生的主要心理困扰。处在转变期的高职新生,总的心理倾向是积极、乐观、热情、充满信心和希望的。但是,由于生活环境、学习目的和师生关系的改变带来的不适应,也会产生诸多的心理困扰,甚至冲突。这些困扰对于多数学生来说是不可避免的,产生这些问题后应积极主动地寻求咨询或进行自我调整,否则会转化为心理的冲突和偏差,以致影响学习和生活,严重的会导致心理障碍。

【案例】这是摘自某新生日记中的一段话:"阳光走着'猫步'来。我在心里反复咀嚼这句话之后,仍延续着说不出来的感动。眼前的一切,新的环境、新的教室、新的老师和同学都那么的让我兴奋,就像秋天的阳光,那么热烈、那么美丽和充满感性。也许,阳光的后面也会有阴云,可能还会有暴风骤雨,但'不经过风雨,怎见得彩虹'?让我们去拥抱这灿烂的阳光吧!"

【点评】多一些阳光心态,未来的道路上就会多一些阳光!

三、高职新生心理困扰的原因

1. 社会、家庭环境因素的影响

(1)社会紧张性刺激增多增强。当前,随着改革开放的深入和科学技术的飞速发展,社会已进入一个加速发展期,生活节奏越来越快,社会竞争日趋激烈,新生事物层出不穷,给人们的思想、观念、心理和行为带来一系列的影响。大学生正处在人格和观念的形成期,生理和心理也在迅速变化,介于成熟与不成熟之间,因而社会的变化和冲击在他们思想中引起的波涛也最明显最强烈。大学生活中也充满着竞争,在某种意义上比中学更激烈。随着社会主义市场经济体制的建立,打破了传统高等教育的"统招统分",每个学生从跨进高职的那一天起,就要面对就业的压力和新的竞争对手。要在竞争中去选择自己未来的发展方向,使得许多高职学生为自己的能力、职业和前途担忧,担心自己无法适应激烈竞争的社会,即便是一年级的新生,也体验到了来自就业的压力。

(2)环境变迁打破了原有的心理平衡。环境的变化对高职新生有着重要的影响,大多数新生都是首次远离家门,离开熟悉的父母、师长和同学,来到陌生的校园,从此开始独立生活,自己拿主意,自己解决问题等一系列新的课题。与此同时,环境的改变也带来其他诸多变化,如在班级和学校中的位置发生了变化、面对新的参照系时自我评价出现落差,丧失学习目标和动力等,这一切都使高职学生原有的心理平衡被打破,带来不同程度的环境应激。当这种应激超过限度,新生自身又缺乏正确的应对方式和一定的心理承受力时,就会造成心理健康问题,使适应环境更加困难。

(3)家庭生活的影响。家庭对大学生的影响虽有所淡化,但仍然存在血缘上的关系、经济上的联系和感情上的维系,因而家庭的风风雨雨都会牵动学生的心绪。

【案例】 某高职院校一名女学生,原来成绩优秀,对专业也很感兴趣,后来却产生较严重的学习焦虑,心烦意乱,无法集中注意力,记忆力降低,成绩直线下降,甚至想要退学回家。后通过咨询了解到,原来该学生的母亲长年卧床不起,家中唯一的支柱——父亲近期又患了重病,父亲的病使她非常牵挂,想要退学打工以缓解家庭的沉重负荷,更是要弥补自己心理上不能尽孝心的内疚,内心非常矛盾,因而出现学习焦虑。

上述对大学生心理产生影响的外界因素一旦出现,往往就会构成对个体的心理压力,使新生产生担心、紧张、忧虑、悲伤、愤怒等情绪,这是一种正常的反应,但是如果个体不能做出良好的适应性反应,压力持续时间过长,就可能导致心理平衡失调,继而引发心理问题。由此可见,当个体面临不良外界刺激时,是否会产生心理问题,关键在于个体的心理、生理状况,其中,个体的心理因素是影响心理健康的最主要的内因。

另外,家长的教育方式和教育内容也对大学生的心理状况有着重要的影响,有些心理问题是与家庭背景联系在一起的。

2. 大学生自身心理因素的影响

(1) 认同的危机。青年期的重要课题之一就是努力形成和确立自我同一性。所谓自我同一性是指对自我存在意识的一种感受,即感受到一个实在的自我,一个与生活、与他人、与社会、与世界一体感的确实的自我。大学生正处在解决自我同一性危机的关键时期。他们不断地反省自我、反省人生,思索自己、社会以及自己与社会两者之间的关系,往往会经历种种的内心矛盾和迷惘,情绪起伏大,容易诱发一些心理问题。如有些大学生无法将理想自我和现实自我统一起来,企图逃避与现实的矛盾冲突,采取自我否定、自我排斥和自我防御的态度,甚至反过来攻击现实、攻击他人;有些大学生在多元的价值体系中无法确认自己的人生坐标,失去自我的存在感,陷入混乱、苦闷和绝望之中。

(2) 个性缺陷。大学生的个性特征在先天遗传和后天环境的合力作用下已基本形成。但是很多大学生都有或多或少的个性缺陷,如性格内向、孤僻、压抑、过于自卑敏感或过分自尊自大、急躁、冲动、固执、多疑、好钻牛角尖、易偏激、太强的个人欲望和过高的个人期望,等等。这些不良个性严重影响着他们的学习、人际交往、社会性活动,并进一步地阻碍他们的发展和完善自我,进而产生心理健康问题。另外,在大学生的个性发展中,普遍存在着挫折承受力低下的问题。他们由于以往环境的顺利和受宠,大多形成只能成功不能失败的心理定势,一旦遭遇挫折,往往怨天尤人、悲观沮丧、一蹶不振,甚至转向自杀和攻击他人。近年来,高职校园中发生的一些恶性事件正说明了这一问题的严重性。

(3) 心理发展中的内在矛盾交织。大一新生正处在心理发展由不成熟趋向成熟的时期,当面临环境的动荡变化时,成熟与不成熟常常交叠在一起,这典型地反映在他们内心的重重矛盾中,比如自信与自卑、轻松与压力、新鲜与恋旧、独立与依赖、理想与现实等。这种内心的矛盾使得心理还未完全成熟的大学生陷入情绪与情感的波涛中。当一个人长期处于内心矛盾或内心矛盾冲突的强度过大时就会破坏心理平衡,从而引起心理或生理的疾病。

四、高职新生的心理调适

1. 正确认识高职,克服不切实际的期望

高职的学习生活是现实生活,进入高职学习,从某种角度上说是选择了一种人生定位,既标志着人生的起点,又意味着未来希望与奋斗的开始。要使自己在这块教育园地里成长,自我发展,自我完善,首先必须对高职有一个正确的认识,克服不切实际的幻想。从目前高等教育发展的现状来看,教育投资有限,高校扩招使教育资源日益紧张,教学条件不完善是客观存在的,新生应该认识与接受这些事实,脚踏实地,以求适应。

校园生活是丰富多彩的,有独立的生活环境,广博的学习内容,专业的实训条件,纷繁的校园文化,自由的课余时间,多彩的闲暇活动等,但学习仍是高职校园生活的基本内容。作为新生,应当努力提高学习的独立性、自主性和探索性,科学地制订学习计划,合理安排时间、精力,注重课前预习和课后复习,阅读一定数量的相关参考资料。在获取知识的同时,更要注重发展自己的学习能力、创新意识和创造能力。

2. 客观评价自我,确立新的奋斗目标

新生首先要认识到进入高职是人生一个新的起点,过去的成绩与不足都成为过去,应该说大家都在同一条起跑线上,都应从头开始。新生入学后,心理上要有目标准备,经常要问自己"我来这里干什么"、"我在今后应该成为一个什么样的人",这样有利于角色定位,适应新环境。

新生在认识自我的过程中,应积极与他人做比较,通过比较发现自己的优缺点,恰当地评价自我,发挥并加强自身的长处,克服弱点,发展自身,这样才会获得自信,减轻心理压力。对自己的评价不要太高,也不要太低。对自己有一个清楚全面的认识,才能准确地对自己进行角色定位,也才能很快地适应新环境,克服心理失衡。另外,新生在认识、评价自我时,也应对心目中的"高职"进行调整,使其回归到现实中,以减少因理想高职与现实高职间的冲突而导致的心理落差和失衡。

3. 适应集体生活,发展良好的人际关系

新生入学后,常常会由于人际关系复杂、交往受挫而引发自卑、孤僻等心理问题。相对于中学的人际关系,高职人际关系显得比较复杂,这主要是由于学生来自不同地方,生活习惯、家庭背景、性格,甚至语言等均有一定差别,造成交往复杂困难。另外,大学生行为目标多元化,也是导致人际关系复杂难处的一个诱因。

如何才能与同学和睦相处、交往顺畅呢?首先,新生与他人相处应本着诚实的原则,以自己的诚心换取他人的诚心。其次,要了解自己和他人的优缺点和性格特征,找到相同点,交往起来就较容易方便。与人交往时,既要自尊,不要为了交往而有意委屈自己,同时也要尊重别人。在与同学交往时,应讲信用,学会谦让,积极关心别人。对一些不拘小节的人,要学会容忍,不要过于敏感。与同学发生不快和矛盾时,应通过换位思考来冷静处理。关心热爱集体,正确处理个人与集体间的关系。班级、宿舍就是大学生的"家",每个人都必须思考并处理好自己与"家人"的关系,要树立集体观念和集体意识,在生活习惯、作息时间、卫生清洁等各种细微之处,加强自律和自理能力,共同努力营造融洽的学习和生活氛围。总之,要以一种平等的姿态与人交流、沟通、相处。

4. 增强适应能力,建立合理的生活方式

生活方式对心理健康的影响已越来越为人们所关注。健康有序的生活方式,使大学生生活有规律、精力充沛、身体健康,从而高效率地完成繁重的学习任务。新生刚刚开始独立生活,往往不善于合理安排生活,或者一头扎在学习中,对其他事不闻不问;或者热衷于参加大量的社团活动,挤占学习时间;还有的大学生因缺少外界与自我的监督约束,熬夜贪睡,吸烟嗜酒,随心所欲,这些都是不利于学生身心健康发展的。大学生应该做生活的主人,管理自己的时间,安排好学习生活,戒除抽烟、酗酒等不良生活习惯。做到有计划、有安排、有效率地利用时间,作息有规律,以保证有充沛的精力完成学习任务,同时,留出适当时间从事学习以外的活动,如娱乐、交往、勤工助学、社团活动,从而丰富生活,促进全面发展。

培养兴趣,积极交往,对于保持身心健康也是必要的。大学生发展一种或多种兴趣、爱好,可以丰富生活,使紧张的学习生活得到调节,消除心理疲劳,缓解紧张压力,驱除苦闷压抑的心情,增加生活乐趣。同时,积极参加各种活动,还可以融入群体之中获得朋友的支持,满足多种交往的心理需要。一个兴趣广泛、情绪开朗、善于交往的大学生,更善于应对挫折和心理压力,维护心理的正常发展,促进心理健康。

5. 增强竞争意识,培养个性品质

竞争已成为我们当今社会的主要基调,高职里的竞争比中学时期的竞争恐怕更为激烈。如果说中学的竞争是为了上大学的话,高职的竞争则是为了抓住有利于自己成功的一切机会。大学生只有一开始就认识到这一点,才能立于不败之地,成为命运的主宰者。

新生还面临着一个个性心理品质的修养和塑造的问题。中学生由于成长经历、生活阅历、受教育的条件等原因,加上从小到大的主要生活空间是家庭、学校、课堂,主要生活内容就是读书等局限性的影响,形成了比较特殊单一的个性品质和人格特征。比如爱学习、好动脑筋、有朝气、讲文明、懂礼貌、团结友善、助人为乐等,但是也有其不足的一面,比如视野不开阔、看问题片面偏激、感情容易冲动,有的甚至极端自私、以自我为中心等。这些中学生的人格弱点,也是阻碍他们成长进步的大忌。新生应该努力克服中学时期形成的弱点,塑造完美的人格和大学生形象,培养良好的个性品质。

6. 积极寻求外部支持,培养独立能力

新生多为独生子女,自理能力差,又远离家庭,一般会不适应新的环境。所以入校后,新生应培养独立生活的能力。在生活上,要逐步学会独立自理,如在生活、学习作息上合理安排,学会自主理财。在为人处世上,也要有独立能力,面对选择,要独立思考做出抉择。与人交往时,不要人云亦云,唯唯诺诺。在学习上,要变被动学习为主动探索,学会独立思考问题。

面对学习、生活的不适应,新生除了自己积极调适外,还应该积极寻求外部帮助。如对老师上课方法不能适应,应积极向老生请教,还可向老师反映,取得老师的理解与帮助。可积极参加各种文体活动,在活动中体验集体的力量和温暖,认同新集体。参加各种学生组织,在组织中展现自己的长处,获得自信。心理问题长久不能得到解决的,则应该寻求老师和心理医生的帮助。

只有做到了以上这些,才能适应高职一年级生活,顺利完成从中学生向高职学生的转变,为今后的高职大学生活打下良好的基础。

【案例】这是一位高职新生在正式上课前写下的一段话:明天就要正式开课了,先鼓励鼓励自己,要加油了!好好吃饭,好好锻炼身体,好好上课,好好看书;记得经常给爸爸妈妈发短信,让他们时刻感受到我含蓄的爱;善待他人,善待自己,对人和气,保持微笑;为了迎接新的开始,明天开始晨跑吧!

【点评】多么阳光的心态!多么良好的开始!

心 理 测 试

精神症状的自我诊断量表

本精神症状自我诊断量表一共有 50 个问题,请你根据自己的实际情况,逐一对每个问题做"是"或"否"的回答。为了保证测验的准确性,请认真作答。

1. 每当考试或被提问时,是否会紧张得出汗?
2. 看见不熟悉的人是否会手足无措?
3. 看见不熟悉的人是否会使工作不能进行下去?

4. 紧张时,头脑是否会不清醒?
5. 心里紧张时是否会出差错?
6. 是否经常把别人交办的事情搞错?
7. 是否会无缘无故地挂念不熟悉的人?
8. 没有熟人在身边是否会感到恐惧不安?
9. 是否经常犹豫不决,下不了决心?
10. 是否总希望有人和自己闲谈?
11. 是否被人认为不机灵?
12. 在别人家里吃饭,是否会感到别扭和不愉快?
13. 和别人会面,是否会有孤独感?
14. 是否会因不愉快的事情缠身,一直忧忧郁郁,解脱不开?
15. 是否经常想哭泣?
16. 是否因处境艰难而沮丧气馁?
17. 是否感到厌世?
18. 是否有生不如死之感?
19. 是否总是愁眉不展?
20. 家庭中是否有愁眉不展的人?
21. 遇事是否会无所适从?
22. 别人是否认为你有神经质?
23. 是否有神经官能症?
24. 家庭成员中是否有严重精神病患者?
25. 是否因患病进过精神病医院?
26. 家庭成员中是否有人进过精神病医院?
27. 是否神经过敏?
28. 家庭成员中有没有神经过敏的人?
29. 感情是否容易冲动?
30. 是否一受到别人的批评,就会心慌意乱?
31. 是否被人认为是个挑剔的人?
32. 是否总是会被别人误解?
33. 是否一点也不能宽容他人,甚至连自己的朋友也是这样?
34. 是否会一门心思想某件事或做某件事,而不听从别人的劝告?
35. 脾气是否暴躁、焦急?
36. 做任何事情是否都是松松垮垮、没有条理?
37. 是否稍有冒犯就会火冒三丈?

38. 是否被人批评就会暴跳如雷?
39. 是否稍不如意就会怒气冲冲?
40. 是否别人请求帮助就会感到不耐烦?
41. 是否会怒发冲冠?
42. 是否身体会经常发抖?
43. 是否经常会感到坐立不安,情绪紧张?
44. 是否因突然的声响会突然跳起来,全身发抖?
45. 别人做错了事,自己是否也会感到不安?
46. 半夜里是否经常听到声响?
47. 是否经常有噩梦?
48. 是否经常有恐怖的景象浮现在眼前?
49. 是否经常发生胆怯和害怕?
50. 是否突然间会出冷汗?

▶结果解释 凡是答"是"的记1分。得分在25分以上的人,可能有某种精神症状,最好去拜访心理老师。

阅读材料

无论上几年大学,也无论怎样度过这几年,这些都将是属于你的财富、你的回忆。希望你在回忆的时候没有太多遗憾。如何无憾呢?每个人都有自己的想法。我们认为要做以下几件事:

1. 掌握基本的专业知识与专业技能。当然,也许你不一定以你的专业作为终身职业,但这是你的职业起点。

2. 最少有一项课余爱好。这爱好最好成为你的特长,而且是比大多数人好的那种。这样可使你高职大学生涯不会无聊,又有成就感,对你以后工作、生活都极有好处。

3. 要有运动的习惯。至少每周一次,当然运动成为你的爱好和特长最好。推荐男生打篮球、踢足球、打网球等,女生打乒乓球、羽毛球、台球等。好处:能使你健康、快乐,减少压力,丰富课余生活,保持好的身材。如果你把这个习惯保持一生,就不用担心自己什么时候会有啤酒肚,或过早进入更年期了。

4. 要精选100本书,认真读完。这些书要包括世界名著、中国名著、成功学方面,还有自己喜欢的书。

5. 要培养一种气质。当然最好要有比较高的修养、风度。记住,并不是每个读过大学的人都有这种气质。

6. 每年,最好是每学期能到人才招聘会或人才市场体会一下。了解社会、企业、单位需要什么样的人才,自己有哪些方面不足,当然也体会一下人才济济的感觉。

7. 每年到医院逛逛,看看得重病的人。那样你会更珍惜自己的生命。

8. 多交朋友,和你所有同学保持好关系和联系,这是你一生的财富。找一位师兄、师姐或老师当学习生活的向导,绝对很实用。

9. 学一样乐器,学些打牌之类的游戏。

10. 常给家里打电话,这也许是你让父母开心的很少的几个办法之一。

11. 给自己做一个职业生涯规划。有目标、有计划才会成功。

12. 学会上网,学会怎样找到自己想要的信息。学会解决生活中的种种事情,自己解决不了的,学会求助。

第三章 大学生的自我意识与发展

你知道吗？

1. 什么是自我意识？
2. 大学生的自我意识发展有什么特点？
3. 自我意识在大学生成长中的作用是什么？
4. 大学生自我意识发展过程中易发生哪些偏差？
5. 认识自我的方法和途径有哪些？
6. 完善自我意识要注意哪几个方面的问题？

案例引入

某高职计算机专业学生陈某,因在寝室盗窃走进了铁窗。他坦言,作案是为了让自己失败得更彻底。由于想当然地认为自己能当"领导"、做"伟人",加之从中学以来养成的以自我为中心和盲目乐观的心理,当在现实的学业与班干部竞选中受挫折时,他不是努力缩小"理想我"与"现实我"的距离,而是自我放弃,经常逃课。最后,他成了全系最差的学生,无法正常毕业。面对自己的失败,归咎于当初专业选择的错误,并最终以犯罪的方式来宣泄自己的苦闷。

▶**思考** 我们能找到陈某作案动机中的心理原因吗?

第一节 高职大学生自我意识的发展及特点

自我意识是隐藏在个体内心深处的心理结构,是个体意识发展的高级阶段,是人格的自我调控系统。大学阶段是个体自我意识急剧增长、迅速发展和趋于完善的重要时期,探讨高职大学生自我意识发展的特点,寻求合理的培养途径,对培养具有健康人格和德才兼备的人才具有重要意义。一切成就,均始于一个意念,认识了自我,就算是成功了一半。

一、什么是自我意识

自我意识是指个体对自己的身心状态及自己周围环境之间各种关系的认识和态度,是注意力不因外界或自身情绪的干扰而迷失、夸大或产生过度反应,反而在情绪纷扰中仍可保持中立自省的能力。

心理学家约翰·梅耶将自我意识简单地定义为:及时觉察到自己的情绪以及对这种情绪的想法。自我意识也可以解释为对内心状态不加反应或评价的注意,是一个人对自己以及自己和他人关系的知觉,是一个多维度、多层次的心理系统,它包括自我感觉、自我评价、自我监督、自尊心、自信心、自制力和独立性,等等。

从形式上看,自我意识由自我认识、自我体验和自我控制三种心理成分构成,表现为知、情、意三个层面。从内容上看,自我意识可分为生理自我、心理自我和社会自我,即物质的我、精神的我和社会的我。从自我观念看,自我意识又可以分为现实自我、投射(镜中)自我和理想自我。

自我意识具有自觉性、社会性和能动性三个特点。自觉性表现在个人对自己及其与客观世界的关系上有比较清晰的理解和自觉的态度;社会性说明自我意识不是先天就有的,而是人参与社会实践的产物,是客观现实在人脑中的反映;能动性指自我意识对人的心理和行为的调动作用。

【案例】这是一个高职大学生的咨询信:"从小学到中学我一直担任班级的干部,自认为工作能力很强、有魄力。到高职后我希望自己能够继续担任学生干部,我感到自己能够胜任,现在学生会的干部大多都不如我。然而在这届学生会干部竞选中我却……难道我真的把自己看高了?还是别人低估了我?"

这是另一个高职大学生的咨询信:"我在中学时可谓是宠儿,父母、老师、亲戚、朋友都喜欢我,夸我聪明,学习好,将来会有出息。我自己的感觉更不用说,在别人眼里总带着那么一股傲气。可是去年高考我发挥得不好,上了高职学院。来这里快一年了,我很不适应这里的环境,觉得这里不是我的理想所在,命运怎么这样捉弄我?我觉得自己现在什么也没有了,感觉糟透了!"

【点评】人生在世,最难的事莫过于了解自己,认识自己,超越自己。从上述两个案例中我们看到,他们曾为自己编织过无数个美丽的光环,但前程又是那样坎坷。当现实与自我之间发生背离时,他们心理的天平终于失衡了。

二、自我意识的发展

孔子说:"吾十有五而志于学,三十而立,四十而不惑,五十而知天命,六十而耳顺,七十而从心所欲,不逾矩。"这是孔子对生命的发展观,初步阐述了人的心理发展的特点。心理学研究证明,自我意识不是与生俱来的,是人们后天在社会实践、社会交往中,特别是有语言和思维的发展,认识自身和环境而逐步发展起来的,是人的意识区别于动物心理的重要标准。

我们知道,婴儿刚出生的时候是没有自我意识的,混混沌沌,人我不分,物我不分。大约一岁半到两岁,儿童出现最初的自我概念,以第一人称称呼自己。3～4岁的幼儿自我评价开始发生,4岁有了自我体验,4～5岁的幼儿自我控制已经出现,其独立性、目的性、自觉性得以发展。到了学龄初期,儿童出现道德评价能力,能从道德原则、主观动机等方面评价自己行为的好坏。到10岁左右,他们的自我评价的独立性、批判性获得发展。进入少年期,自我意识产生质变,他们不仅能认识到自己的外部特征,而且还能反映和体察自己的内心世界,意识到自己的人格。少年开始关心自己、注意自己,思索自己是什么样的人,产生了解自己特点与人格的愿望。步入青年初期,自我意识接近成熟,他们不但关心自己是什么样的人,而且极为看重自己将成为什么样的人以及如何成为理想中的人。他们能进行自我调控、自我反省、以之发展自我、完善自我和教育自我,有意识地形成优良的人格品质,消除不良的人格特点。到了青年晚期,自我意识已经成熟,他们努力实现"现实的我"与"理想的我"、"主体的我"与"社会的我"的有机统一,他们能有目的、有计划地改造自我、塑造自我和健全自我,能极为全面、客观、辩证地认识、评价和看待自我,能有意识地协调自己的心理与行为、人格倾向性与人格心理特征。由于自我认识水平的提高,自我体验程度的加深,自我调控能力的增强,青年人的人格随之趋于成熟和稳定。

三、高职大学生自我意识发展的特点

大学生随着生活环境的扩大、知识技能的积累、生活经验的丰富和心理水平的提高,在人格倾向性和人格心理特征等方面都有了长足的进步。大学生在身心各方面都已基本成熟,与中学生相比,他们已变得相对沉稳、平静、自信、乐观和宽容,他们的自我体验和自我控制的发展水平已渐趋稳定。一般来说,大学生的自我意识发展的特点大体可归纳为以下几个方面:

1. 生理的自我趋于成熟

大学生随着身体的增长,性的发育成熟,成人与社会对他们的要求、态度的转变,他们的自我意识会在前期自我意识分化的基础上进一步发展,这时特别关注自己的音容笑貌,关注自己的美丑,关注别人对自己的目光与评价。在物质需要层面,开始讲究服饰,对课外读物和学习用品的需求增多、层次提高;在精神需要方面,对未来充满憧憬与渴望,希望得到家庭的温暖和朋友的支持,期望获得别人的尊重和理解,有了创造的欲望和冲动。

2. 独立性有了很大的发展

随着生理、心理的发育,社会环境的变化以及知识和生活经验的积累,大学生自我意识的独立性有了很大的发展,可以独立地评价自我,独立地看待权威、集体和社会,独立地调节和控制自己的行为;开始了解、接纳和逐渐掌握更多的行为规范、价值标准和社会角色,并对自己的未来角色进行定位和认同,喜欢独立探索和思考一些问题。但这种独立性往往伴着逆反心理的发展,有一定程度的盲目性,甚至是对抗性。

3. 自我意识的内涵趋于完善

随着自我意识的不断发展和抽象逻辑思维能力的提高,他们更多地运用社会价值和社会意义来衡量和评判许多社会现象,开始关注人生、思考人生和投身人生。他们在家庭、学校和社会实践活动中获得了价值标准和道德规范,学会了与谋生有关的本领,发展和养成了独立性、创造性和自我同一性,其人生观、价值观在这一关键时期得以形成。这时他们的自我意识往往具有矛盾性,"理想的我"与"现实的我"有时出现碰撞,往往眼高手低、好高骛远;"主体的我"与"社会的我"也会产生冲突,有时得不到同学或老师的理解或认同。

4. 适应性和耐受性有显著提高

大学生的自我体验是丰富多彩的,充满了对未来生活的憧憬,同时也直接面对前进过程中更多的困难和挫折,这对他们适应环境变化的心理能力是一种挑战与考验。经过大学阶段的磨炼,他们适应环境和承受多种压力的能力得到增强。

5. 自我意识的自觉性有所提高

个体的自我意识往往隐含着许多潜意识,这些潜意识受客观条件的调控,具有一定的波动性。大学生的需要水平有了新的发展,增添了不少新的内容。他们的学习动机不断明确,大多数学生能将国家和集体的利益当成自己学习的动力。他们的成就动机与交往动机逐渐增强。他们的兴趣和爱好有了一定的倾向性,兴趣渐趋稳定,爱好逐渐广泛而深入。在理想方面,大学生初期刻意模仿理想中的榜样和楷模,后来逐渐走向现实和定型。同时他们的自我反省水平得以提高,大部分大学生能够进行自我反省,能自己或借助他人的帮助对自己的行为加以调节。

【链接】美国社会学学者华特·雷克博士研究了这样一个问题:他从学生中找出两组截然不同的学生作为研究对象。一组是表现不好的;另一组是表现优良的,能够上进的。那些表现不好的孩子,在他们遇到某种困难时,往往会预期自己一定会有麻烦,觉得自己比别人低下,认定自己的家庭糟糕透顶,等等。而那些素行优良的孩子则相信自己在学习上会成功,相信不会遇到什么麻烦。经过5年的追踪调查,结果显示正如原先所预期的情形:表现优良的孩子都能保持继续上进的记录;而那些表现不好的孩子则经常出问题,其中还有人进过少年法庭。

以上的事实和研究结果再次证实:自我意识、自我评价本身确实能左右一个人的发展。一个孩子如果有了不利的自我意识,就会有不良的表现,也就很容易被人们看成是"没出息"、"没用",甚至"有犯罪意图"。一个人的心理暗示经常怎样,他就会真的变成那样。

【点评】如果告诉自己:"我天生就比别人笨",那么他就永远不会变得聪明。凡事认为"我不行"、"我注定会失败"的人,他怎么可能会成功呢?

一个人的命运是自我意识决定的,这句话的含义就包括了潜意识。因为积极的心理暗示要经常进行、长期坚持,这就意味着积极的自我暗示能自动进入潜意识,影响意识,只有潜意识改变了,才会成为习惯。

第二节 高职大学生自我意识的矛盾与归因

一、高职大学生自我意识的矛盾

1. 主观自我和社会自我之间的矛盾

进入大学以后,随着学习、生活方式的改变和心理意识的发展,大学生的自我意识有了明显的变化,出现了理想自我和现实自我的分化,并且迅速发展,矛盾冲突日益明显。在"主观自我"和"社会自我"之间出现了所谓理想自我和现实自我的矛盾。这种矛盾分化,使得大学生越来越多地注意到"我"的许多细节,发生自我意识的改变,经过自我体验和自我调控,而表现出各种激动、焦虑、喜悦与不安情绪。当理想自我占优势时,往往会将"客体我"萎缩到实际能力以下,总认为自己事事不如人,从而产生较强的自卑感,甚至放弃努力,形成自我怜悯或伤感的心理状态。相反,当现实自我占优势时,往往表现出较强的虚荣心和自我陶醉,特别在乎别人对自己的评价,担心暴露自己的缺点。另外,大学生自我意识中投射自我意识成分明显增强,人际关系也因此而变得较为复杂,同学之间的矛盾也日益增多,常会产生自己不为别人所理解的感觉,常常要求别人理解自己,出现理解万岁的理念。

2. 自我意识分化迅速与调控能力相对较弱的矛盾

由于自我意识的分化,"主体我"和"客体我"、"理想我"和"现实我"之间的种种矛盾开始出现,在这种矛盾心理的作用下,他们对自己的评价常常是矛盾的,对自己的态度也是波动的,对自己的调控常常是不自觉、不果断的。他们忽而看到自己的这一面,忽而又看到自己的另一面;时而能客观地评价自己,时而又高估或低估自己;时而感到自己很成熟,时而又感到自己很幼稚;时而步入憧憬世界,仿佛回到了童年,时而又厌恶自己长大;时而对自己充满信心,时而又对自己不满,感到自己什么都不行;等等。面对自我意识中的种种矛盾,大学生开始通过各种活动来重新认识自己,自觉或不自觉地在调节矛盾中认识自我、完善自我。经过一段时间的矛盾冲突和自我探究后,大学生的自我意识就会在新的水平和方向上趋于一致,达到暂时的自我统一。然而新的自我意识矛盾又会产生,还需要不断地自我调控和自我探究。但大学生的这种自我调控能力相对较弱,往往需要借助外界环境的影响。即便如此,在自我意识的统一过程中,也会出现消极的、错误的和不利于心理健康的统一。例如想得多、做得少,自我认识清楚,但自我调控能力太低,过多关注自己,过于看重自己,而对他人、集体、社会考虑较少等。

3. 独立倾向和依附意识的矛盾

随着大学生心理成熟水平的提高,独立意识迅速发展,希望独立自主的解决自己生活、学习上的一切问题,不愿像中学时代那样生活在老师和家长的"管束"之下。但是大学生心理成熟度是有限的,而这种成熟度也受到方方面面的制约,往往在现实生活中还离不开家长的支持与老师的引导。

【案例】这是一个高职大学生的告白:"我本不爱睡懒觉,但班主任却整天说什么'睡懒觉是空虚无聊、不求上进的表现'。见鬼!他不知道人体的生物钟有个别差异的呀?一会他要到宿舍来查房,我们集体睡觉,气气他。"

【点评】这种"逆反心理"是消极的"自我意识"作用。

4. 自尊和他人认同的矛盾

进入大学以后,大多数人自我评价至少会受到两个方面因素的影响,即学习成绩的改变以及各方面特点的改变。学习方面的改变就成为大学生自我评价的一个重要因素。而各方面专长的特点,不仅表现为知识面和社会经验等,而且还表现为音乐、舞蹈、体育等方面的才能。当发现自己在这些方面与别人存在差距时,也会成为影响他们自我评价的重要因素之一。有的人在进入大学以前主要关注的是自己的学习成绩,而对其他方面的事情很少介意。这时他们对自己的评价主要是建立在学习成绩的优劣上,但在入学后,不仅学习成绩有可能不是评价人的唯一标准,而且发现自己在其他很多方面都与别的同学有很大的距离,对自我的重新评价也就陷入了一个两难的境地。这种两难境地表现为:一方面,他们仍有一种自信和不服气的反应,认为自己不见得如此差;另一方面,他们又担心别的同学会看不起自己,害怕暴露自己的弱点,想尽一切努力弥补或掩盖自己的弱点。这实际上是一种自信和自卑的复杂组合,而且又往往以自卑占上风。这种两难境地对大学生的影响是很大的,其不良后果的表现也因"两难"的程度不同而有所不同。这包括从简单的孤独、压抑情绪,到社交方面的障碍,甚至出现严重的神经症状反应。个别学生因此而不得不中止学业、休学或退学。产生这些不良反应的原因实际上是一个重新评价自己的问题,具体来讲,也就是一个如何看待自己与别人存在差距的问题。

【案例】某高职院校徐某,来自农村,家境不佳,相貌平平,个子矮小,他从内心深处有一种自卑感。他一方面努力完成学业,另一方面也要为生计奔波,在别人的眼里他是个坚强而有头脑的人。而他却不这样认为,他觉得这只是一种无可奈何的选择。

在学院里,平常的他可以与周围的人融洽相处,似乎是个开朗的人。但他说这不是他。他不敢与人谈自己的家,谈那份奔波的辛苦,因为这些都是心底最隐秘的东西。优秀的成绩没给他带来喜悦,并没有减轻自卑感。后来他爱上了一个女孩,但由于自卑,没勇气表白。

【点评】仔细分析徐某的"痛苦",这是典型的自我意识误区的表现。他认为这个"自卑"的我才是真正的"我",而那个外在的"我"不过是个假象而已,从来也不曾真实地存在过。

5. 过度自我接受和过度自我拒绝

自我接受是自己认可自己,肯定自我的价值,对自己的长处和短处有一个客观的评价,是心理健康的表现。但过高地估计自己,盲目自大,自以为是,觉得只有自己行,别人都不行,则是过度的自我接受。自我拒绝是指自己不喜欢自己,不能容忍自己的缺点和弱点,妄自菲薄,总是在否定自己。过度自我拒绝则是更严重的、经常的和多方面的自我否定。

过度的自我接受和过度的自我拒绝，都是自我意识的偏差。如何调整过度的自我接受和过度的自我拒绝呢？首先，要树立正确的认知观念，人不可能十全十美，"尺有所短，寸有所长"，人人都有优点和缺点，十全十美和一无是处的人都是不存在的，尤其是大学生，可塑性很强，应该在对事物的认知中不断完善自己。第二，要树立一个合理的参照系，人的价值本来是相对的，只有在相互比较之下方能定出高低，以弱者参照会自大，以强者参照会自卑，人应该立足自己的长处，明了、接受并努力改正自己的短处，不要过度自负，也不能过度自卑。

【案例】1858年，瑞典的一个富豪人家生下了一个女儿。然而不久，孩子染患了一种无法解释的瘫痪症，丧失了走路的能力。

一次，女孩和家人一起乘船旅行。船长的太太给孩子讲船长有一只天堂鸟，她被这只鸟的描述迷住了，极想亲自看一看。于是保姆把孩子留在甲板上，自己去找船长。孩子耐不住性子等待，她要求船上的服务生立即带她去看天堂鸟。那个服务生并不知道她的腿不能走路，而只顾带着她一道去看那只美丽的小鸟。奇迹发生了，孩子因为过度地渴望，竟忘我地拉住服务生的手，慢慢地走了起来。从此，孩子的病便痊愈了。女孩长大后，又忘我地投入到文学创作中，最后成为第一位荣获诺贝尔文学奖的女性，也就是茜尔玛·拉格萝芙。

【点评】忘我是"自我意识"的最高境界，是走向成功的一条捷径，只有在这种境界中，人才会超越自我的束缚，释放出最大的能量。

二、高职大学生自我意识矛盾的归因

上述由自我意识分化带来的矛盾冲突，是自我意识发展中的正常现象，是大学生人格发展的必经阶段。导致大学生自我意识矛盾冲突的原因是多方面的，但归纳起来主要有两大因素：

1. 客观因素

从社会环境及变迁来看，大学生自我意识中存在理想我与现实我的差距和矛盾是必然的。首先，社会的转型出现了许多消极的因素，一些传统的价值观被打破了，而高校思想品德教育还不能十分切合实际情况。大学生受到社会上五光十色的诱惑越来越多，对自我意识发展不平衡的大学生来说无疑是一个挑战。其次，随着改革开放和对外交流的日益扩大，各种各样的西方思潮对大学生的影响也是巨大的，这些西方人本主义思想对强化大学生实现自我价值的作用有些是积极的，有些是消极的。

2. 自身因素

从正在走向成熟而未真正成熟的大学生自身情况来看，导致他们自我意识矛盾冲突也是不可避免的。首先,面对新的学习环境和生活环境,一些大学生出现了不适应和失衡的现象。其次,面对人际交往所需要的协调能力和必备的经济条件,许多大学生在精神上和经济上都存在较大的压力。再次,他们正处在青年末期向成年期过渡的转变时期,心理上处于尚不成熟向成熟发展的阶段,尚未完全成熟的心理使一些难以克服的心理障碍和心理弱点成为影响他们自我意识的又一重要因素。

三、高职大学生常见自我概念异常与自我调节

1. 自我中心观

（1）自我中心观是指在个体与他人或社会的关系上只从自我立场出发,而不能从他人或社会位置去思考问题或处理问题的认知方式。这种自我中心观是影响个体客观认知他人与正确把握社会规范的一个心理问题。

【案例】清华大学学生刘海洋,为了证实"熊的嗅觉敏感,分辨东西能力强"这句话的正确性,将硫酸当饮料投喂北京动物园的5只熊,致使动物园的5只熊不同程度地被化学药品灼伤。

【点评】清华大学学生刘海洋伤熊的原因,正是他在社会认知上的自我中心观所致。尽管这名学生已处于青年晚期,却仍然没有学会从社会的角度来思考评判自己的行为,以致无法约束自己。其伤熊行为反映出他在社会认知上仍然没有超越儿童时期的"自我中心状态",其心理水平与社会角色极不一致。

（2）自我调节建议:

①当你想做某件事时,设想一下,如果另外一个人也同样想做时,你认为他这样做对你有什么利害关系?

②设想一下,如果这个世界只有你一个人,生活会是什么样子?

③请回忆一下,在你认识的人当中,发现谁曾经做过不该做的事,列出你认为他不该做的理由。

④你认为周围的人应该怎么对待你才是对的?请尽量列出并写在纸上。

⑤你认为自己怎样对待周围的人才是对的?请尽量列出来,写在纸上。然后,与上一条的内容进行对比,看看两者之间有什么差异。

2. 自我意识混乱

（1）自我意识混乱是指个体无法形成正确的自我概念和适宜的自我态度,以致不能达到自我同一性的确立而获得安定、平衡的心理状态。表现为自我定位不准,挫折承受力较差,一旦遇到较大的压力,容易产生过激行为。青年期是被称为"第二次诞生"的时期,是自我意识迅速发展和确立的阶段。青年期有一个重大发展课题,就是学习如何认识自我和理解自我,这一发展课题的完成与否直接关系到健全

的人格能否建立。

(2)自我调节建议：

①找你最信得过的人说说自己目前的心情。

②找一个安静的地方，努力回忆一下，自己在哪些方面得到过他人称赞。你的同龄人中，还有谁也曾经得到过类似被人称赞的事吗？

③想一想，你能做到的事，还有其他的同龄人也做到过吗？

④想一想，你没有做到的事，还有其他的同龄人也没有做到吗？

3. 自我评价过低

自我评价过低是指否定自己、拒绝接纳自我的心理倾向。处于这种意识状态的人，往往降低人的社会需求水平，对自我过分怀疑。压抑自我的积极性，并可能引发严重的情感损伤和内心冲突。他们的心理体验常伴随较多的自卑感、盲目性、自信心丧失和情绪消沉、意志薄弱、孤僻、抑郁等现象，尤其是面对新的环境、遇到挫折或发生重大生活事件时，常常会产生过激行为而酿成悲剧。近几年来发生的高职大学生自杀事件，相当一部分就是由此心理问题所致。

【案例】某高校一名大三男生，学习成绩优秀，性格内向，平时沉默少言，与同学交往不多。由于感情问题受挫，报考英语四级，连续三次未达到及格线，于是，他觉得自己无能，很自卑，自信心丧失并且情绪低落。2003年夏季的一个傍晚，从珠江桥上跳进河里欲自尽，幸被一位民工救起。

【建议】(1)设法接触你最喜欢的一位任课教师，说出自己目前的心态。

(2)找一个安静的地方，想一想是哪些事令自己感到苦恼，把它们写在纸上。然后，努力回忆一下，还有其他同学也遇到过类似的事吗，他们是怎么对待的？

(3)回忆一下，自己曾经做过哪些事是成功的。

第三节　高职大学生的自我接受与完善

一、高职大学生的自我评价

自我评价是自我意识的一种形式，是主体对自己思想、愿望、行为和个性特点的判断和评价。儿童把自己当作认识主体从客体中区分出来，开始理解我与物和非我关系后，通过别人在对自己评价和对别人言行评价的过程中，逐渐学会自我评价。它是自我意识发展的产物，其发展的一般规律是：评价他人的行为→评价自己的行为→评价自己的个性品质。它是自我教育的重要条件，人对自己的思想、动机、行为和个性的评价，直接影响学习和参与社会活动的积极性，也影响着与他人的交往关系。一个人如果能够正确地、如实地认识和评价自己,就能正确地对待和处理个人与社会、集体及他人的关系,有利于自己克服缺点、发扬优点,在工作中充分发挥自己的作用。实事求是地评价自己是进行自我教育、自我完善的重要途径之一。

自我评价是指一个人对自己思想、动机、行为和个性特点的判断和评价,是自我认识和自我态度的统一。自我评价是自我意识的主要组成部分,在人的个性发展中发挥着重要作用。而高职大学生的自我评价能力有了较大提高,形成了区别于其他群体的显著特点:

(1)自我评价的自觉性和主动性提高。自我意识强烈的大学生,随着知识的积累和社会阅历的丰富,自我评价自觉地、主动地进行着,而且不断提高和完善。在日常生活中,他们常常把自己与周围的同学和教师做比较来评价自己;他们还对照典型人物来检查、调整自己,试图把理想的人格内化为自己的品质。大学生进行积极的自我评价,是他们积极进步、逐步成熟的重要表现,也是他们早日成才的心理保证。

(2)自我评价的丰富性。大学生正处于智力水平最高的发展时期。他们思维敏捷、反应迅速、求知欲望强烈,不仅关注自己的学习,对社会政治、经济的变革和社会活动,乃至世界形势的变化,都积极学习和探讨,有些活动还踊跃参加。在这些活动中,他们开阔了视野,增加了思考的内容和深度,这就形成了他们自我评价的丰富性。

(3)自我评价的偏差——两极性。大学生的自我意识迅速发展,思维的独立性和批判性也有所提高,对人生、社会的探索精神在加强,喜欢辩论,提出自己的"高见",但是由于社会阅历浅,对生活、对社会的认识和判断能力也不够成熟,因此,容易过分夸大自己的能力,自以为了不起;反之,又会低估自我,产生自卑感。于是表现出自我评价的两极性:高估自我和低估自我,最常见的是高估自我。

二、高职大学生的自我接受与完善

1. 正确认识自我

正确认识自我是形成自我意识的基础。如果一个人能够全面地、正确地认识自己,客观地、准确地评价自己,就能够量力而行,确立合适的奋斗目标,并为实现这一目标而不懈努力。因此,大学生只有打破自我封闭,拓宽生活范围,增加生活阅历,扩展交往空间,积极参加活动,扩大社会实践,才能找到多种参考系,才能凭借参考系来多方面、多角度地认识自我,做到不自卑也不过于自信,不骄傲也不过于谦虚,才能充分发挥自己的聪明才智,实现自己的人生价值。可通过以下途径来认识自我:

(1)通过对他人的认识来认识自我。深刻的自我认识是以深刻认识和理解他人、理解社会为前提的。大学生应积极主动地投身于认识世界、改造世界的社会实践活动中去，不断丰富自己对自然、社会和他人的认识。通过认识他人、认识外界事物来进一步认识自我。

(2)通过分析他人对自己的评价来认识自我。正确地认识他人对自己的评价，是自我认识的一条重要途径。大学生一般很在乎别人对自己的看法，尤其是有影响力的评价者。他们对别人的评价往往引起两方面的反应：一方面积极地接受别人的看法，另一方面也许认为别人的评价不符合自己的实际。因此，评价者的特点、评价的性质将会影响到他们对评价的接受程度。开展同学之间的互评，教师给予具体而有个性的评价，都有助于自我意识的提高。但应注意评价的准确性、全面性和公正性，不切合实际的、片面的和不公正的评价也可能导致自我认识的误区。当然，大学生应正确对待他人对自己的评价，从分析他人对自己的评价中进一步认识自我。不应对别人指出自己的缺点而耿耿于怀，更不应对自己的优点沾沾自喜。

(3)通过与他人的比较来认识自我。人总是不由自主地将自己和他人进行比较，在比较的过程中发现自己的优势，明白存在的问题，认识自己能力的高低，道德品质的好坏，追求目标是否恰当等。因此，对大学生进行自我意识的培养时，不仅要引导他们与自己情况差不多的人比较，更要敢于与周围的强者比较。通过比较来认清自己的优势和劣势、长处和短处，达到取长补短，缩小差距的目的。

(4)通过自我比较来认识自我。人们不仅可以通过与他人的比较来认识自我，也可以从比较自己的过去、现在和将来中认识自我。因此，对大学生自我意识的培养，一方面应鼓励学生超越自我，不要满足于现有的成绩，另一方面也要引导学生确立恰当的抱负，不要一味地跟自己过不去，从自己的发展历程中进行比较，从比较中认识自我。

(5)通过自己的活动表现和成果来认识自我。大学生在从事各方面的活动中展现自己的聪明才智、情感取向、意志特征和道德品质。通过活动认识自己，用"实践是检验真理的唯一标准"来检查自己。因此在培养大学生自我意识的过程中，要引导他们正确分析自己的活动表现和成果，客观地认识自己的知识才能和兴趣爱好，进一步发挥自己的长处，弥补自己的短处。

(6)通过自我反思和自我批评来认识自我。大学生已具备了一定的自我反思和自我批评能力。在自我意识的培养中，要教育、引导他们不断地对自己的心理活动进行反思、分析，勇于解剖自己，敢于批评自己，在自我解剖和自我批评中加深对自己的认识。

2. 积极悦纳自我

自我评价偏低，会降低大学生的社会要求水平，导致对自己各种能力的怀疑，限制自己对未来事业及美好生活的憧憬,引起严重的情感挫伤和内心冲突。过低的自我评价不仅对自己的发展和完善不利,对社会也无益。因为过低的自我评价不能最大限度地发挥自己的潜力和才能,在学习与工作上也就不可能取得更大、更好的成绩。当然,不能否认,人对自己的评价适当放低些,可能成为人积极进取的动力。这里讲的偏低是指没有实事求是地评价自己。自尊心强的大学生,为什么也会出现自我评价偏低的现象呢?原因如下:

(1)过强的自尊心。大学生的自尊心比较强,其积极的一面,可以成为大学生成才的一种心理动力;但自尊心过强也会导致一种消极的心理品质,如虚荣心的要求得不到满足,便不能悦纳自我,就感到自己处处不如别人,心里惆怅,自信心丧失,而逐渐产生了自卑感。自卑心理过于严重就会导致自我拒绝心理,有自我拒绝心理的学生,不但悲观自责,还会自暴自弃、自轻自贱。

(2)自我期望水平偏高。这使"理想自我"与"现实自我"距离增大,容易引起对现实的不满。"理想自我"的目标水平高一些,对大学生来讲是有积极意义的。但由于一些同学的"理想自我"过于脱离实际,或在实现"理想自我"的过程中缺乏应有的耐心和方法,往往在经过努力仍无法接近目标后,就容易急躁,失去自信,从而产生否定自我的心理。

(3)适应能力差。刚入大学的大学生,有人又称之为"大龄中学生",由于心理调节能力差,所以适应能力弱,往往因为小小的失败,易累积成为一定的挫折感。例如,面临大学复杂、陌生的人际关系,加上正处于心理断乳期所产生的心理闭锁性导致交友困难;学习的方式、方法发生变化,加上学习效果不佳而不适应;生活环境的改变,生活上不能自理而不适应;性意识的觉醒,渴求异性朋友未能得到满足而不适应等。种种的不适应产生了一系列的挫折感,对于一些挫折容忍力差的学生而言,他们就会感到孤寂、痛苦和烦恼,对自己不满,认为自己无能,进而转化为自卑感。

(4)认识障碍造成的偏差。由于人生观、生活观不成熟,大学生在认识和理解问题的方式上往往理论多于实践。对社会、人生的认识,尤其是对自我的认识缺乏科学的态度,更未能内化为自己稳定的心理结构,因而对自我的认识常常从消极方面出发,产生自我否定的心理。

3. 有效控制自我

1994年,心理学家日莫曼提出了著名的关于自我意识和自我监控的"WHWW"结构。其中,"WHWW"分别是"Why"(为什么)、"How"(怎么样)、"What"(是什么)和"Where"(在哪里)的第一个字母。日莫曼认为,与人的任何活动一样,自我意识和自我监控也可以从"为什么"、"怎么样"、"是什么"和"在哪里"这四个基本问题上来进行分析。

在"Why"问题上,自我意识和自我监控的内容就是动机,所解决的任务是对是否参与进行决策,体现了个体内部资源的特征属性。

在"How"问题上,自我意识和自我监控的内容是方法、策略,所解决的任务是对方法、策略进行决策,体现了个体计划与设计的属性。

在"What"问题上,自我意识和自我监控的内容是结果、目标,所解决的任务是对取得什么样的结果和达到什么样的目标进行决策,体现了个体自我觉察的特征属性。

在"Where"问题上,自我意识和自我监控的内容是情境因素,所解决的问题是对情境中的物理因素(如时间材料及其性质)和社会因素(如成人、同伴的帮助)进行决策和控制,体现了个体敏锐与多智的特征属性。

可见,按照日莫曼"WHWW"结构,自我意识和自我监控具有动机自我意识监控、方法自我意识监控、结果自我意识监控和环境自我意识监控的四维结构。一个情绪化严重的现代青年,他可能具有高智商,可如果他在"为什么"这个维度上存在缺陷,也就是说,他缺乏成功的动机,那么,将很难开发出他智慧的潜能;同样,在"怎么样"问题上存在缺陷的现代人,可能整天忙忙碌碌,却总是事倍功半;而在"是什么"维度上不健全的人则不能合理地估量和揣度事情的结果和结果对他人生的意义,这样的话,成功就容易与他失之交臂;至于在"在哪里"问题上遇到麻烦的同学,他对社会环境以及自己在环境中的位置缺乏清晰的认识,不是高估自己,就是低估自己,从而导致自负或者自卑的消极情绪。

4. 努力完善自我

美国亿万富翁安德鲁·卡内基说过:"一个对自己的内心有完全支配能力的人,对他自己有权获得的任何其他东西也会有支配能力。"当我们开始用积极的方式思维并把自己看成是成功者时,我们就开始成功了。思维的态度决定人生的高度,这是一个亘古不变的人生命题。青年期是自我意识迅速发展和确立的阶段,其又一重大发展课题就是学习如何认识自我和理解自我,在这一阶段,对于"客体我"与"主体我"的准确认识,形成准确的自我概念,确立良好的自我形象,培养良好的自我意识,是大学生完善自己个性、实现自我价值的重要途径。

5. 积极调适自我

(1)确立正确的理想自我。正确的理想自我是在自我认识、自我认可的基础上,按社会需要和个人的特点来确立自我发展的目标。大学生要积极探索人生、理解人生,树立正确的人生观、价值观和世界观,为理想自我的确立寻找合适的人生坐标,从个人与社会的联系中认识有限人生的价值和意义,并通过实现这一目标而努力地完善自我。

(2)努力提高现实自我,不断战胜旧的自我,重塑新的自我,既要努力发展自我,又绝不能固守自我,要积极主动地为社会服务,勇于承担重任;既要注重自我价值的实现,又不仅仅追求个人价值,在为他人和社会服务、为国家和民族做贡献的过程中实现自我价值。当然提高现实自我是一个长期的过程,必须坚持不懈,持之以恒,才能使现实自我不断地向理想自我靠拢,并最终实现自己的人生目标,这一过程,就是大学生努力完善自我的过程。

(3)认真进行自我探究,逐步获得积极的自我统一。自我统一意味着"主体我"和"客体我"的统一,自我认识、自我体验和自我调控的统一。大学生在认真探索人生的过程中,逐步获得积极的自我统一,实现自身的价值。在获取自我统一的过程中,首先要分析和确认"理想自我"的正确性和可行性,然后与现实自我相对照,最后有针对性地、有计划地解决两者之间的矛盾,缩小差距,最终获得统一。

总之,自我意识的发展是一个漫长的过程,大学阶段是自我意识发展的重要阶段,因此正确认识自我意识发展的特点,对引导大学生全面认识自我,积极悦纳自我,努力完善自我具有重要意义。

【链接】 生命的直线

父亲和儿子走在雪地里,父亲看到远处有棵大树,就对儿子说:"我们来比赛跑到那棵树,但不是比谁先到达,而是看谁在雪地上跑出的线最直。"

儿子听了非常高兴。因为如果比速度,父亲一定赢的,所以他很小心地走,不断注意自己的脚,把一只脚慢慢放在另一只脚前面。

好不容易走到大树旁,看见父亲已经先到,他并不觉得意外,但是父亲走的路比较直,却令他很吃惊。

原来父亲明白,要走成一条直线,最有效的方法是不要看着脚,要把眼睛注视着前方的目标。只要眼睛始终不离开大树,就能不假思索地走成一条直线。

【点评】 生命中也有同样的情形。有时候你必须小心地注视着自己的脚步,但多数时候,你应该知道自己要往哪里去。在人生道路刚要启程的时候,努力看清方向是一件十分重要的事。

心理测试

自我和谐量表

指导语:下面是一些个人对自己的看法的陈述。填答案时,请你看清楚每句话的意思,然后圈选一个数字,1代表该句话完全不符合你的情况,2代表比较不符合你的情况,3代表不确定,4代表比较符合你的情况,5代表完全符合你的情况,以代表该句话与你现在对自己的看法相符合的程度。每个人对自己的看法都有其独特性,因此,答案是没有对错之分的,你只要如实回答就可以了。

1. 周围的人往往觉得我对自己的看法有些矛盾。
2. 有时我会对自己在某方面的表现不满意。
3. 每当遇到困难，我总是首先分析造成困难的原因。
4. 我很难恰当地表达我对别人的情感反应。
5. 我对很多事情都有自己的观点，但我并不要求别人也与我一样。
6. 我一旦形成对事情的看法，就不会再改变。
7. 我经常对自己的行为不满意。
8. 尽管有时做一些不愿做的事，但我基本上是按自己的愿望办事。
9. 一件事情好就是好，不好就是不好，没有什么可以含糊的。
10. 如果我在某件事上不顺利，我就往往会怀疑自己的能力。
11. 我至少有几个知心的朋友。
12. 我觉得我所做的很多事情都是不该做的。
13. 不论别人怎么说，我的观点绝不改变。
14. 别人常常会误解我对他们的好恶。
15. 很多情况下我不得不对自己的能力表示怀疑。
16. 我朋友中有些是与我截然不同的人，这并不影响我们的关系。
17. 与别人交往过多容易暴露自己的隐私。
18. 我很了解自己对周围人的情感。
19. 我觉得自己目前的处境与我的要求相差太远。
20. 我很少去想自己所做的事是否应该。
21. 我所遇到的很多问题都无法自己解决。
22. 我很清楚自己是什么样的人。
23. 我能很自如地表达我想表达的意思。
24. 如果有了足够的证据，我也可以改变自己的观点。
25. 我很少考虑自己是一个什么样的人。
26. 把心里话告诉别人不仅得不到帮助，还可能招致麻烦。
27. 在遇到问题时，我总觉得别人都离我很远。
28. 我觉得很难发挥出自己应有的水平。
29. 我很担心自己的所作所为会引起别人的误解。
30. 如果我发现自己在某些方面表现不佳，总希望尽快弥补。
31. 每个人都在忙自己的事情，很难与他们沟通。
32. 我认为能力再强的人也可能会遇到难题。
33. 我经常感到自己是孤立无援的。
34. 一旦遇到麻烦，无论怎样做都无济于事。

35. 我总能清楚地了解自己的感受。

▶计分方法和结果解释　各分量表的得分为其所包含的项目分直接相加。三个分量表包含的项目分别为：

因子名称	高得分	正常得分	低得分
自我与经验的不和谐	56分以上	46分左右	35分以下
自我的灵活性	55分以上	45分左右	37分以下
自我的刻板性	24分以上	18分左右	13分以下
总　分	103分以上	75～109分	74分以下

1. 检测自我与经验的不和谐：1、4、7、10、12、14、15、17、19、21、23、27、28、29、31、33，共16项；
2. 检测自我的灵活性：2、3、5、8、11、16、18、22、24、30、32、35，共12项；
3. 检测自我的刻板性：6、9、13、20、25、26、34，共7项。

◆相　关　链　接◆

高职学生小谢，因自己学习成绩较好，家庭条件也不错，说话做事总爱居高临下，感觉自己是个"人才"，什么都比别人强，而看别人什么都不行，都比自己差远了；也不愿意帮助同学，有时还对老师的讲课指手画脚。他这种清高傲慢不仅造成同学间的关系紧张，而且影响正常的教学秩序。

1. 清高傲慢心理的含义及现象

"清高"原指人品纯洁高尚，不与俗人同流合污；而"傲慢"是指轻视别人，对人没有礼貌。清高傲慢则是指看不起别人，不愿与人交往。清高傲慢心理是一种孤芳自赏，轻视别人，不能与他人平等相处的不良性格特征。主要表现形式有以下几种：

(1)过高评价自己。有清高傲慢心理的人，眼睛往往向上看，总觉得自己学习好、能力强，因而看不起别人。在学习中取得一点成绩就沾沾自喜，自我欣赏，认为自己"十全十美"。

(2)不尊重他人。对人没有礼貌，喜欢贬低别人，视他人为"豆腐渣"，看谁都不顺眼。

(3)将自己置身于"世外桃源"。不愿与同学交流，不愿帮助他人，不愿参加集体活动，喜欢独来独往。

(4)满足于一孔之见，一得之功。学习中不能取人之长，补己之短。听到表扬就眉开眼笑，听到批评就恼怒暴躁，千方百计隐瞒自己的缺点。

2. 清高傲慢心理产生的原因

（1）家庭的不良影响和教育。家庭是社会的细胞，是人们最早接受教育的场所。父母是子女的第一任老师，他们的言行对子女起着潜移默化的作用。研究表明，如果父母在日常生活、工作中，待人接物、言谈举止都表现出自以为是，目中无人，看不起他人，其子女也往往因这种不良"榜样"的影响而变得骄傲自满、清高、不合群。研究还指出，家长的教育方式不当是导致学生清高傲慢心理的另一个重要原因。

（2）心理发展的不成熟。高职学生正处在青春期，与童年期相比，自我意识有了新的发展，出现了强烈的"成人感"和社会独立性。这种独立性、成人意识使其充满朝气，敢想敢干，富于理想也善于幻想。但由于认知的局限性和意志的脆弱性，往往表现为眼高手低，好高骛远，因而常常表现出一副清高傲慢的神态。

3. 清高傲慢心理的疏导方法和途径

（1）提高认知能力。清高傲慢与知识、见识肤浅有关，犹如"井底之蛙"。加强他们文化知识的学习，提高文化素养，提高他们认识问题、分析问题的能力，是消除清高傲慢心理的有效方法。在教育引导中，要注意引导他们树立正确的人生观和世界观，学会辩证地、全面地看问题，客观评价自己的优点和缺点、优势和劣势，自觉消除清高傲慢心理。

（2）创设消除清高傲气的挫折情境。在疏导教育其清高傲慢心理过程中，要有意识地创设适度的挫折情境，通过创设挫折情境使他们看到自己的不足，明白"山外有山，天外有天"的道理，以消除傲气。

①适度批评。有清高傲慢心理的学生，大多数从小受表扬多，接受批评少，有时即使犯了错误也没有受到应有的批评，因而傲气随着赞扬声不断升级，以致自我评价与现实的距离越来越远。对他们进行适度的批评，特别是当他们取得成绩或受到表扬和奖励后，情绪处于兴奋状态时"趁热打铁"，帮助其找出自己的不足，教育其谦虚谨慎，戒骄戒躁，有助于消除他们的傲气。

②设置困难。青年学生很少自己处置困难事务，所以很容易把复杂的事情想得非常简单，对生活、学习上可能遇到的问题和困难估计不足，往往思维简单，爱想当然办事，从而导致盲目自大。在教育引导中应有意识地给他们设置一些难题，有意识地制造一定的挫折情境，引导他们从挫折中了解自己的不良个性，提高克服清高傲慢心理的自觉性。

（3）培养客观评价自己的良好习惯。产生清高傲慢心理的根本原因是不能客观评价自己。因此要有意识地培养他们敢于和善于客观评价自己的良好习惯。每天或几周下来，及时回过头来检查一下自己的所作所为，看哪些是正确的，哪些是错误的；做完一件事后，及时反思一下哪些做得好，哪些做得不够好；遇到学习比自己好的同学,自觉对比一下,看自己有哪些差距。另外,要常提醒他们虚心听取别人的批评意见,从别人的批评中吸取有益的营养,丰富自己。当受到表扬时,用辩证的、逆向的思维方法去找一找遗憾,查一查不足,重新确立新的奋斗目标。只有这样才能正确客观地看待自己,正确地评价自己,才能有效地克服清高傲慢心理。

忘我则无忧

一个人,自从明白了"我"字的含义,也就产生了自我意识,具有自我意识是个体生理成长和心理成熟的标志之一,有了自我意识,才会有主张个人权利、维护个人利益、提高自我素质、实现个人价值的观念、需要、动机和行为。

就像任何事情都需有度一样,自我意识也不能过度强化,否则,极易引起欲望的泛滥和私心的膨胀,导致一切以自我为中心的妄自尊大或总觉得己不如人的妄自菲薄,导致患得患失、得理不让、自私狭隘、求全责备的缺陷心态,导致忧愁、烦躁、紧张、焦虑等一系列情绪障碍,甚至还可能导致对别人的评价异常在乎、对自己的一切格外关注的神经症的发生。

相反,一个自我意识淡薄的人,一个忘我的人,则不会耿耿于个人得失,沉湎于个人利益,他们会有"心底无私天地宽"的胸怀,有"大肚能容天下事"的气量,遂可以达到无忧之境,他们会将指向自我的能量流向于外部世界,从而把全部身心奉献给他人、社会、自己所从事的专业或自己所热爱的事业,在这种甘心乐意的奉献中,让内心获得一种彻底的、无比的快乐和满足。

忘我则无忧,当然,这里所讲的"忧"不是指"先天下之忧而忧"的伟大之忧、豪迈之忧,而是指那些蝇营狗苟、斤斤计较、悲悲切切、凄凄惨惨的个人小忧,一个无私忘我的人能将小忧化作为民为国的大忧之中,像屈原、陆游、范仲淹、孙中山那样——切身琐事俱忘却,只把国事记心间。

而一个处处想自己的人则是一个作茧自缚的人,忧愁如丝盘绕,永远得不到生命新鲜的呼吸,倘能把心放宽一些,把视线放远一些,像杨丽萍那样钟情于舞蹈,像聂卫平那样痴迷于围棋,像陈景润、钱学森那样专心于科学,像焦裕禄、孔繁森那样心恋着人民,或者像李素丽、徐虎那样热爱着自己的本职工作,尽心为民,生命之花就会以舒展的姿态尽情绽放,因为它已滤去了自私的杂质,唯留纯净无私的芳香。

生命,只有融于社会,惠及他人,才有意义;一个人,只有忘记自己,专事奉献,方显出其价值。记住吧,忘我则无病,忘我则无忧。

第二单元　大学生心理健康成长篇

第四章　大学生的学习与心理健康

你知道吗？

1. 什么是"学习"，学习有哪些特点？
2. 高职的学习有什么特点？
3. 学习动力缺乏的原因一般有哪些，如何调适？
4. 什么是学习策略，常用的学习策略有哪些？
5. 高职大学生常见的学习心理问题有哪些，如何调适？
6. 高职大学生应具备哪些基本能力？

案例引入

李某,男,20岁,某高职工科二年级学生,班长,表现优秀,学习能力强。但因所学专业与自己的志向不同,认为学了没用,所以学习"没劲",从而迷恋网络,致使学习成绩亮出了红灯。

▶思考 造成李某学习困扰的原因是什么,他该如何缓解或改变目前的学习状况呢?

第一节 学习心理概述

学习是大学生在校期间的主要任务。进入高职学习的学生,在学习上比之高中阶段的学习有其共性,也有特有的规律性。一项研究结果表明:"学习"是大学新生入学后最难以适应的方面之一,高职大学生作为学生的特殊群体尤其如此。学习活动不仅影响大学生的心理过程和人格的发展,影响着专业知识和技能的获得,而且也影响科学世界观和道德品质的形成。培养正确的学习观和学习力,对一个人是受益终生的。

一、学习的含义

学习是一种非常复杂的心理现象。学习是人或动物由于后天获得的经验而引起的对环境比较持久的心理或行为变化。人的学习与动物有本质的不同,人的本质特点是具有社会性,对人类来说学习是指"在社会生活实践中,以语言为中介,自觉地、积极主动地掌握社会经验的过程"。学习在人类生活中起着重大的作用,人可以迅速而广泛地通过学习适应环境,由自然人转变为社会人;通过学习挖掘人脑智力的潜能,并根据人类的需要改造环境。学生的学习,又与一般人不同,学生的学习是在教师的指导下有计划、有目的、有组织地掌握前人的知识、技能和思想观念的过程。学生的学习有以下特点:首先,学生的学习是以学习书本知识和间接经验为主。其次,学生的学习是在特定的环境和条件下展开的。

二、关于学习心理的几个概念

1. 学习动机

(1)什么是学习动机?学习动机是指学生个体内部促使其从事学习活动的内驱力,是有效地进行学习的必要因素。学习动机反映着学生的某种需要,它推动学生进行一定的学习活动以满足这种需要。学习动机一般表现为强烈的求知愿望,对未知世界的好奇心及兴趣,认真积极的学习态度等。

学习动机是由学习需要引发的,学习需要是由追求学业成就和期待学习结果组成的。其中包括:①认知需要,即学习动机直接指向知识本身,以获取知识本身为满足自身发展的需要,它是最稳定的一种学习需求。②间接需要,即学习动机不直接指向知识本身,而是把学习知识作为赢得他人赞许、认可的手段,学习成为间接的需要。③自我成就需要,即学习动机是把学习作为获得成就、地位的一种功利性需要。学习动机的强弱对学习效果产生着直接的、重大的影响,但是只有中等强度的学习动机最有利于提高学习效果。

(2)培养和激发学习动机的途径。激发学习动机的方法有许多种,根据学习动机形成的特点,可采用以下几种方法来激发和培养学生的学习动机:①提高自我对学习的期望。期望具有促进学生学习的作用,因而期望能转化为学习者的学习动机,形成学习需要。期望与学习动机呈现正相关的关系。②形成对学习的兴趣。兴趣是人们从事某种活动的强大动力之一。一个人对某些未知事物的强烈兴趣,会推动他产生了解它们的强烈愿望,从而形成学习的动机。兴趣容易唤起学习者的好奇心和探索行为,在新问题或现象与学习者已有的观念相矛盾时,当出现新的认知法则与先前的认知法则相反的现象时,或当对一个问题出现几种可供选择的答案时,往往会唤醒学习者求知的好奇心,试图解决"这是什么"和"为什么"的问题。③适当的动机水平。心理学家研究表明,各种活动都存在动机的最佳水平,动机的最佳水平随课题的性质不同而不同。我们常常会看到这样一种现象,有一些同学急于提高学习成绩,却总是不能如愿。造成这种状况的原因固然有很多,但一个很重要的原因恐怕就在于,这些同学过于强烈的学习动机反而降低了他们的学习效率,因而他们的学习成绩久久不能如愿。所以,大学生在注意激发自己的学习动机的同时,适当调整自己的学习动机的水平,使其达到与学习课程相适宜的最佳水平,以利于最大限度地推动自己的学习。

【链接】有位青年人,非常刻苦,可事业上却没什么起色。他找到昆虫学家法布尔说:"我不知疲倦地把自己的全部精力都花在了事业上,结果却收获很少。"

法布尔同情、赞许地说:"看来你是一个献身科学的有志青年。"

这位青年说:"是啊,我爱文学,我也爱科学,同时,对音乐和美术的兴趣也很浓,为此,我把全部时间都用上了。"

这时,法布尔微笑着从口袋里掏出一块凸透镜,做了一个"小实验":当凸透镜将太阳光集中在纸上一个点的时候,很快就将这张纸点燃了。

接着,法布尔对青年说:"把你的精力集中到一个点上试试看,就像这块凸透镜一样!"

【点评】很多青年人都有这样的习惯:学习的时候听着歌,一边看书一边和同学聊天……听了这个故事,你就知道,做什么事都要一心一意,集中精力,这样才会有效果。

2. 学习迁移

(1)什么是学习迁移?学习迁移就是指先前的学习对后来的学习的影响。学习是一个连续的过程,任何学习一般都是在学习者已经具有的知识经验和认知水平等基础上进行的,而新的学习过程及其结果又会对学习者原有知识经验、技能和态度甚至学习方法产生影响,这种新旧学习之间的相互影响就产生了迁移。

(2)学习迁移的类型。学习迁移有正迁移、负迁移。正迁移指先前学习对后来学习起到了积极的作用,如基础课程学得扎实的同学学习专业课程就要轻松得多。负迁移指先前学过的知识对后来的学习产生干扰作用,如绝大多数同学学习英语,发音会受到自己方言的干扰。

(3)成功学习迁移的获得。由于迁移是学习过程中普遍存在的一种现象,了解、掌握学习迁移所需的环境和条件,对提高学习者的学习迁移能力,使之能够灵活运用知识和能力,在学习、生活、工作中增强解决问题的能力和创新能力是十分必要的。实现学习迁移的主观条件包括:①熟练掌握基本知识、基本技能。学生已学习的知识、技能越多越广,与新知识新技能联系的可能性越大。因此,基本知识与基本技能应该是学生知识结构的核心。切实掌握基本知识、基本技能,能够为学习迁移创造必要的条件。②培养对已有知识的概括能力。对已有知识的概括是一种学习的认知,学习的认知是指一个人在以前学习和感知客观世界的基础上逐渐在大脑中形成的知识经验结构体系,包括知识的理论化,也包括理论的具体化。概括水平越高,越容易迁移,反之则越不易迁移。③培养对已有知识的比较能力。在运用已有经验去理解新知识、掌握新技能时要注意比较:既要看到新旧知识技能的共同点,也要看到其不同点,这是促进迁移、防止干扰的重要条件。例如,在学习"线性代数"时,对行列式与矩阵的知识加以比较总结,分清它们的不同与相似处,这样就可以避免在两者之间产生负迁移。④以积极的心态投入学习。学习者学习的态度和将所学知识技能加以运用的准备状态,直接影响学习者把知识应用到学习、生活和工作中去,如果学习知识时能认识到所学知识对以后生活和学习的重要意义并能联想到当前知识可能的应用情境,会有助于学习者在以后的具体情境中运用已有知识继续学习或解决问题。

3. 学习策略

(1)什么是学习策略?学习策略是指学习者为了提高学习的效果和效率,有目的、有意识地制订有关学习过程的计划和方案。学习策略也是学习者为了更好地完成学习目标,通过制订学习计划而有效地、积极主动地使用的一种学习方法。具体而言,学习策略是指在学习活动中有效的学习程序、规则、方法、技巧及调控的方式,它既可是内隐规则系统,也可是外显的操作程序和步骤。

(2)学习策略的特点。学习策略的主要特点是主动性、效率性、过程性和通用性。主动性是指学习者为了达到学习目的自觉地分析学习任务和自身特点,制订适合自己的学习方案;效率性是指采用一定的学习策略取得学习的高效率;过程性是指学习策略规定了学习时做什么不做什么、先做什么后做什么、用什么方式做、做到什么程度等贯穿学习过程始终的问题;通用性是指学习策略是一种程序性知识,是由一套规则系统或技能构成的。如学习任务和学习者个人特征不同,每个人每次学习采用的学习策略都不可能雷同。但对于同一类型的学习,存在着相同的计划和方法。

(3)大学生常用的学习技巧:

整体与部分学习法。整体学习法是指将学习材料作为一个整体来学习。学习过程中,将材料从头至尾反复学习,以获得对材料的总体印象和了解,进而了解一些较为具体的内容。部分学习法是指将学习材料分成几个部分或几个具体的概念,每次集中学习其中一部分或一个具体概念。对每个具体的部分或概念要根据其难易程度的不同,具体安排学习时间或次数。

这两种方法使用起来各有利弊。整体法使人较易把握学习材料的全貌,但对具体的材料内容就可能掌握不好;而部分法则能使学习者较好地掌握每一个具体部分,但却难以对材料形成一个总体印象,从而使具体学习的各部分内容不能很好地融会贯通起来。要使这两种方法最好的发挥作用,可以将两者结合起来使用,采取整体—部分—整体的方法。具体做法是:首先采用整体法,对所学材料有一个大概的了解,在头脑中形成一个较为清晰的轮廓;其次采用部分法,对学习材料实行"各个击破",并重点学习那些较难或较重要的问题;最后再采用整体法,将已仔细学习过的材料作为一个整体重新复习一遍,让各部分的具体内容前后联系起来,在头脑中形成一个更为清晰全面的印象。实践证明,两者相互结合的方法比分别采用某一种方法更有效。

集中与分散学习法。集中学习法是指较长时间地进行学习活动,学习的次数相对少一些。一次学习时间的长短则取决于所学习的材料的性质及其他因素。一般来讲,比较复杂难懂的材料,用集中法较为合适,这样可以保证学习者在一定时间内集中注意力,有利于理解并掌握那些抽象难懂的材料。但集中学习的时间不宜过长,否则容易引起学习者的疲劳,使学习效率下降。至于多长时间为宜,要视个人的体力与脑力情况而定。分散学习法与集中法不同,它是指将学习时间分成几个阶段,每学习一段时间就稍事休息。实验证明,假如分散学习的时间不是太短,这种方法是较为有效的。至于每次分散学习的时间多久为宜,也要视学习材料的性质以及个人的具体情况而定。

PQ4R 方法。近年来在西方被学生广泛应用于理解和记忆的学习技巧是 PQ4R 方法,这是由托马斯和罗宾逊提出来的,PQ4R 分别代表预览(Preview)、设问(Question)、阅读(Read)、反思(Reflect)、背诵(Recite)和回顾(Review)。

过度学习法。所谓过度学习是指对知识达到勉强可以回忆的地步后,继续进行学习。也就是说,在对知识技能全部学会以后再继续学习一段时间,以达到巩固学习成果的目的。心理学家曾做过一项实验,让测试者识记一组序列词汇,第一组学习到全部能回答时就停止学习,第二组则继续学习,进行 50% 的过度学习,第三组则进行 100% 的过度学习。结果表明过度学习对材料的保持率起着很重要的作用。过度学习越多,保持率越高。但有一点也要注意,过度学习超过 50% 之后,对内容的记忆效果有下降的趋势。因此,并非过度学习越多,学习效果越好,它有一个限度,在这个限度之内,过度学习的学习效果较好。

【案例】孔子研究《易经》这部书时已是晚年,但他更加刻苦,白天攻读,晚上还坚持在烛光下夜读。一遍不懂,再读第二遍、第三遍……因为翻阅的次数太多,把穿竹简的牛皮带磨断了好几次。后人把这个故事编成一句成语"韦编三绝"(韦:熟牛皮,绝:断)。

分类读书法。首先要掌握读书步骤。拿到一本书,首先应当先看一下序、后记与目录,以对将要阅读的书形成一个总体印象。并以此确定可读不可读,值不值得读。在确定可读之后,仔细研读是读书过程中最重要的一步。在这个过程中要认真阅读书中的每一章,细细地领会其中的内容,必要的时候,还应做读书笔记,如做眉批,做摘录,写提要以及写心得。在读书过程中和读书之后,应注重思考,不能惟书为上,可就书中的内容做一番思考,提出自己的观点和看法,同时使书本内容与自己头脑中的知识结构相互融合,有机联系,只有这样,才是真正的读书。其次要学会分类读书。读书要根据读书对象而定。分为浏览的书、浅尝品味的书和深入研究的书三类。无论是业余书籍还是专业书籍,都可以分为这三类。从业余书籍方面看,有的书只要浏览一下,了解大致内容即可;有的书可以稍稍品味一下其中的滋味,作为一种消遣与享受;而有的书,特别是本专业的基础知识则必须仔细学习,深入研究。

"辅助"记忆法。学习离不开记忆。记忆是一个过程,在发生的时序上是先记后忆,是通过识记、保持、再认识或重现的不断重复,最终达到记忆的效果。因此,要提高记忆水平就要不断强化记忆的过程。我们可以采用一些手段来"辅助"我们的记忆过程,如通过联想记忆、归类记忆、首字连词记忆、位置记忆、指代记忆等方法来帮助记忆。如将一些有逻辑关系的数学公式归类放在一起记忆,就比单独记忆效率要好,又如记住一个英语句子可以记住其中每个单词的第一个字母,如 CBA 表示"China Basketball Association"为"中国篮球协会"等。

第二节　高等职业技术教育的学习特点

一、高职大学生的学习特点

大学生的学习过程是在教师的指导下,有目的、有计划、有组织地掌握系统的专业知识和技能,发展各种能力,形成一定世界观和道德品质的过程。高职阶段的学习不同于本科阶段的学习——系统的理论学习,也不同于中学的学习活动——在他人督导下掌握知识。高职的学习既学习一定的专业理论知识,还要学习一定的专业技能。学院根据社会对技能型人才综合素质的要求,学生就自身的特点、兴趣,选择相应学习的内容,采用多种学习方式,构建自己的知识与技能体系,以适应社会的需要。高职学院的学习有如下六种特点:

1. 专业性

专业性是指学生的学习有一定的专业指向性和职业定向性的特点。这种专业性,是随着社会对本专业要求的变化和发展而不断深入的,知识不断更新,知识面也越来越宽,技能要求越来越高,为适应当代社会发展的既高度分化又高度综合的特点,更具体、更细致的专业目标是高职学习的显著特点。

2. 自主性

培养学生"学会学习"是现代教育的主流思想,高职学习中要求学生善于从课堂上学到知识,又能充分利用学校的实验实训条件、场地仪器设备、图书资料、学习环境、网络等手段积极主动地、自觉地学习,有意识地培养自己多方面的才能,学会自我学习,掌握学习方法和提高学习能力。在大学必须学会自学的本领,因为自学能力已成为决定大学生学习效果的主要能力,是适应大学学习自主性的一个重要方面。同时,更重要的是在校期间通过自学总结、摸索一套适应自身特点的自学方法,毕业后才能不断地汲取新知识进行创造性的工作。

3. 广泛性

广泛性反映了高职学习的多层面、多角度的特点,表现为大学生在学习过程中可以通过各种不同的途径和渠道吸收知识,也可以靠广泛的兴趣去探求课程之外的知识。上课时间之外,学生有较多时间自由支配,可以在学校为其提供的各种条件下进行广泛的学习,如通过图书馆、阅览室查阅资料,通过学术报告、知识讲座、专题讨论、社会调查等方式学习,还可以通过实验、实训、社会实践获得技能。众多学习模式为学生从不同层次、不同角度学习知识创造了条件。

4. 选择性

选择性是学生对学习内容具有一定程度的自由挑选的灵活性特点。虽然学生入学后重新选择专业的机会不多,但是学校为学生开设大量的选修课程,学生可以依据自己的兴趣、特长,在学科方向、课程内容方面有取舍选择的灵活性。

5. 实用性

高职院校的人才培养目标是为社会提供应用型、技能型人才。应该说高职教育更侧重实用性。学生通过在校学习,不仅学习了较为系统的专业理论,更重要的是掌握了相关专业的基本技能,学校要求他们获得本专业与相关专业的技能等级证书。一般说来,高职学习的实用性更加契合我国现阶段对技能型人才的需求。

6. 探索性

高职学习,不仅仅是为了掌握专业的知识与技能,而且还要掌握专业知识与技能的形成过程,随着对专业的不断深入了解,学生还应对本专业的各个领域进行探索,对一些问题提出自己的新观点、新见解、新方法和新工艺。

这六个特点既有区别,又有联系。其中专业性、自主性是学生学习活动的基础,广泛性与选择性是学生学习活动效果的保证。实用性、探索性是学习的目标。

二、高职大学生的技能学习

由于高职院校的办学目标是培养社会应用型、技能型人才,所以学生不仅要学好"够用"的专业理论知识,还要重视专业技能的训练与拓展。技能学习,应该是高职大学生学习的重要特点。

1. 技能概述

技能是指通过练习而获得的,完成某一任务的动作系统。写字、运算、绘画、开车、操作机械都是技能,都是经过多次练习获得的,都是由一系列动作构成的动作系统。根据技能的熟练程度可分为初级技能与技巧性技能。初级技能只是"能够"完成某一工作,"会做"某件事情,掌握初级技能之后经过反复训练达到自动化程度,就是技巧性技能。如一个电脑操作员每分钟录入汉字要达到 60 个左右,这就达到了技巧性技能的水平。

2. 技能与知识、能力的关系

技能、知识、能力是三个不同的概念。它们既有区别又有联系。技能是指完成某一任务的动作系统。能力是顺利完成某活动任务,能影响掌握和运用知识技能效率的个性特征。知识则是对事物的意义、结构和规律的认识。

技能与知识、能力也有密切联系。技能是知识转化为能力的中间环节,知识是形成技能的必要前提。没有写字的知识经验就不能形成写字的技能。没有写字技能的长期实践,也不会形成带有个性特点的写字能力。知识不能直接转化为能力,必须经过技能的中介,才能发展成为能力。

技能学习对于学生的学习活动和将来的职业活动具有重要意义。学生掌握听说读写、运算、实验、实际操作等基本技能是当前学好专业课程的必要条件。只有学好必需的专业技能,掌握技能学习的一般规律,才能为未来的职业生涯奠定良好的基础。

3. 技能学习的过程

技能学习是掌握动作要领,进行反复练习,逐步达到熟练的过程。这个过程是建立在练习中知觉与动作不断协调的基础上的,又叫知动学习。这个过程有以下几个阶段:

(1)认知定向阶段。学生根据老师的讲解和示范动作,了解与某一技能有关的知识、动作的要领和程序。

(2)局部动作阶段。在实际练习中,把整套动作分解为许多单个的局部动作,使学生容易学习。但在两个动作联结和过渡时比较困难。初入学的学生,注意范围较小,不易分配与转移,常出现情绪紧张、顾此失彼的情况,也常有多余动作。

(3)整套动作阶段。在局部动作基础上把整套动作的程序固定下来,并与知觉协调起来,形成了连锁的反应系统。

(4)熟练技巧阶段。也叫自动化阶段,此时全套动作连贯协调完善,得心应手,靠动觉控制动作。此时的动作已有广泛的适应能力和概括能力,能在各种条件下灵活应变。

经过反复练习,才能由初步技能发展到熟练技能,在这一过程中,技能学习有以下几个特点:

(1)意识的控制作用。开始时意识控制作用较强,以后逐步减弱,直到自动化。对动作的控制,开始时以视觉控制为主,逐步转化成以动觉控制为主。

(2)通过反馈逐步达到知觉与动作的协调一致。开始练习时,根据知觉做出的第一次动作与教师的示范动作相比较,还存在一定差距。经过知觉反馈到大脑中枢,由大脑校正再下令做第二次动作。通过多次反馈,就能建立起比较准确的知觉与动作的协调系统,形成自动化的熟练技巧。

在高职学院的培养计划中,理论学习和技能实训的比例一般达到 6∶4,现在很多学院已经开始实行"一体化教学",就是把理论教学融入实训的过程中,让理论指导实训,在实训中学习必要的理论知识。因此,学生应该了解技能学习的一般规律,重视自身专业技能的培养,以适应社会的需求。

三、高职大学生应建立基本能力结构

在现代社会中,除对不同专业的大学生有其一定的知识结构要求外,同时还需具备一些共同的基本能力,高职大学生还特别要求具有从事本行业的实际动手能力。在某种意义上说,能力比知识更重要,由于高等职业学校人才培养的定位更侧重于"动手能力",学生只有将合理的知识结构和适应社会需要的各种技能统一起来,才能在社会竞争中立于不败之地。

1. 自学能力

知识经济时代的一个重要特征就是知识的更新比以往任何时候都要来得迅速,新的知识、方法、工艺不断产生,旧的知识不断被替代。掌握正确的学习方法,才能具备良好的适应性。在现代社会,"文盲"的含义已经有了变化,不具有自学能力的人,将是新的"功能性文盲"。

2. 时间管理能力

时间管理能力也就是合理地安排和使用时间的能力,能够在有限的时间内完成最多的工作,取得最大的效益。首先,要具有现代化的时间观念。现代化的时间观念的核心,就在于主动地、积极地提高工作效率,最大限度地利用每一"寸"光阴。其次,要科学地支配时间。掌握运筹时间的艺术,以免在繁重的学习和工作中顾此失彼,疲于应付。时间安排要做到全面、合理、高效。

3. 实际操作能力

实际操作能力主要是指专业学习中所必备的实践能力和动手能力。对于高职大学生而言,没有熟练的实际操作能力,是很难胜任工作的。在校期间必须注重培养实践能力。应该多看、多练、多想,看得多、接触得多才有可能提高自己动手操作的技巧和能力。如参加具体的教学实践活动,以提高实际的动手能力。

4. 表达能力

表达能力是指以口头或书面的方式,准确、鲜明、生动地表达自己思想、认识和情感的能力,其中表达的准确与否是表达能力强弱的主要标志。社会交往中的一切资讯都需要以语言、文字、图表、数字等表达方式体现出来。在校期间的学习活动、毕业后的职业生活都离不开与他人进行信息交流,所以表达能力的培养显得尤为重要。

5. 组织管理能力

组织管理能力是指运用管理者的知识和能力去有效地影响一个组织机构的活动,并达到最佳的工作目标。

它主要包括组织计划能力、组织实施能力、组织决策能力、组织指导能力以及平衡协调各种关系的能力等综合管理能力。也许对于高职学生而言,大多数在走向社会后不一定都从事组织管理工作,但是每个人都将会在工作中不同程度地需要运用组织管理能力。无论你将来从事什么职业,处在一个什么环境中,无论组织管理水平的高低,只要你具有较好的组织管理能力潜质,就会给你的职业生涯提供更多发展的机会。

6. 知识服务于应用的能力

学习的目的不单为了学习知识和技能,而且要把学到的知识与技能转化为指导实际应用,知识不能在生产、生活实际中使用,那只能是死知识,我们称"满腹经纶"但"百无一用"的人为"书呆子"。高职学生尤其要培养将知识服务于应用的能力。

7. 创造能力

创造能力是指对已积累的知识和经验进行科学地加工,从而产生新知识、新思想、新方法、新工艺,进而形成新技能和新产品的能力。创造能力是一种高层次的思维能力和行动能力。创造能力是在实践中不断地锻炼和培养出来的。三百六十行,行行都可以在自身的努力下有所发明、有所创造、有所成就。

以上是高职大学生能力结构的七个组成部分及其优化的方法。培养合理的知识结构,进而不断地优化能力结构,这是学生早成才、成好才的关键。只要坚持不断地探索、不断地实践、不断地总结,知识结构、能力结构就会不断地完善、优化,不断地趋于合理。

第三节 高职大学生常见的学习心理问题及调适

我们看到,在学习过程中,学生会产生一些学习心理问题。积极的学习能够开发大学生的智力,在实际学习过程中挖掘、利用和提高他们的各种能力及完善人格,而消极的学习则会产生各种学习障碍。下面就学生学习中出现的一些心理问题及如何调适作一个简单介绍。

一、学习动力缺乏与调适

【案例】汪同学曾是某高职学院学生,刚入校时对所学计算机专业不感兴趣,一度放弃学业,大多数功课补考,自己也感到很苦恼。辅导员、老师多次找他谈心后推荐他学习心理调适。通过心理辅导与反思,汪某重建了学习信心,逐渐对专业产生了兴趣,通过不断努力,汪某不仅凭借扎实的专业基础被一家著名IT公司录用,三年后又凭借突出的业绩被所在公司任命为部门经理。

【点评】动机能激发兴趣,兴趣是最好的老师,兴趣是可以培养的。汪某对专业认识的不同,产生了不同的学习效果。

1. 学习动力缺乏

学习动力缺乏是指学习没有内在的驱动力量,没有明确的学习方向,被动学习甚至不想学习。造成学生学习动力缺乏的原因是多方面的,主要有:

(1)没有明确的学习目标。不知道到学校来的目的是什么,部分大学生对学习没有明确的目标,缺少或者没有奋发向上努力学习的原动力,对待学习基本上采取一种放任的态度。

(2)对所学专业缺少兴趣。这是造成学习动力缺乏的重要原因之一。在高考填报志愿时,由于学生和家长对专业缺乏了解,开始学习后才发现对本专业并不喜欢;另一种情况则是家长从当前社会就业"热点"出发为子女填报了所谓好找工作又挣钱多或相比之下较轻松的专业。事实上学生本人对家长选定的专业并无兴趣。心理学认为兴趣是追求认识、探究某种事物的心理倾向,是一个人对某事物所抱的积极态度。既然对所学专业没兴趣,必然就不会有学好它的积极态度。

2. 学习动力缺乏的调适

(1)强化学习动机。学习动机是直接推动学生进行学习的一种内在力量,是有效地进行学习的必要因素。学生的学习动机是随着年龄、个人经历、教育影响和社会条件的不同而发生变化的。首先,大学生学习动机具有多元化的特点。我国对部分高职大学生的抽样调查表明,大学生的学习动机分为报答型动机(报答父母、不辜负老师的苦心等)、自我实现型动机(为了自己的荣誉、自尊心、求知欲等)、谋求职业型动机(谋得一份合适的工作、获得满意的生活等)和事业成就型动机(国家的命运、民族振兴的使命感、责任感、义务感等),而谋求职业型动机和事业成就型动机者占多数,这说明我国高职大学生学习动机主流是健康、积极向上的。其次,大学生的学习动机具有间接性。高职大学生的学习动机逐渐由追求分数、赞赏和奖励转向求知、探索、成就和创造,注重自身能力的培养。再次,大学生学习动机的社会化、职业化。高职大学生学习的动机与高中时期有明显的不同,由高中的单一化、直接化和非职业化转变为大学的多样化、间接化、社会化、职业化,只有尽快完成这种转变,才能使学生明确学习目标。

(2)培养学习兴趣。兴趣是指在积极探究某种事物或从事某种活动的过程中,伴随着一定的情感体验的心理倾向。兴趣是引起和维持注意的一个重要内部因素,是学习过程中一种积极的心理倾向。当广泛的认识兴趣成为学生的人格特征时,他们将不需要或很少需要外来的奖励,而能自觉学习,甚至离开学校以后仍然能坚持学习。学习兴趣是学习动机的重要心理成分。其特点是在从事学习活动或探求知识的过程中伴随有愉快的情绪体验,从而产生进一步学习的需要。

(3)端正学习态度。学习态度是指学生对学习的较为持久的肯定或否定的内在反应倾向,通常可以从学生对待学习的注意状况、情绪倾向与意志状态等方面来加以判定和说明,如喜欢还是厌倦、积极还是消极等情绪、情感。学习态度受学习动机的制约,是影响学习效果的一个重要因素。端正学习态度的根本是要有正确的学习目标。

(4)关注学习过程。长期以来,人们一直把关注学习的焦点放在分数上,分数作为学生学习结果的一种体现当然是很重要的。但关注学习结果带来的负面效应除了对当前学习有不良影响外,还直接影响学生对学习的态度,有的学生为了取得好的成绩不择手段地选择作弊、抄袭他人试卷、偷偷涂改成绩等错误行为。假如我们把着眼点转到关注学习过程上,必然会有全新的体验。在这个过程中,要把握两个原则,一是关注在学习过程中的努力;二是关注在学习过程中的成功体验。当把精力放在关注自身的努力上时,他就不在乎别人怎么评价自己,不关注一时的成败,他明白,自己每付出一份努力,都是在向目标前进一步。因此,即使面对困难,他也不畏惧,并设法克服,为了实现目标,他敢于尝试,敢于探索,所以他的努力、态度是积极的,学习起来是主动的,这时的学习动机是持久的、内在的。

二、厌学与学习障碍

【案例】成某,某高职学院学生,读高中时成绩就不是太好,进入高职后学习积极性仍然不高,第一学期期末考试除一门课外全部"挂红",他自称从初中起数学就从未考及格过。与之交谈发现他有严重的厌学情绪,经班主任、家长多次教育变化不大,一年级下学期开始几乎是放弃了学习,整天不是上网就是睡觉,到教室也很难听进课。结果一年级结束后,因难以继续学业自己要求退学。

进入高职院校学习的大学生中,客观地说,有一部分在高中学习基础就不是很好,高考的成绩也不理想,有的甚至没有养成很好的学习习惯、没有掌握合适的学习方法,进入高职后学习感到十分吃力,继而产生学习障碍和厌学情绪。

1. 厌学与学习障碍概述

厌学是指对学习没有兴趣、被动应付、设法逃避并伴有焦虑情绪的心理现象。其表现是:学习无目标,上课注意力不集中,记忆不佳,看书听讲不易掌握中心思想,一看专业书就感到疲劳,难以坚持;逃课现象严重,借故不听课或随意逃课;考试作弊不以为耻,违规违纪现象增多;情绪不稳定,睡眠质量差,夜间难眠,多梦易醒,联想与回忆多,往往控制不住;有些严重者产生疑病观念和焦虑不安,致使长期陷入苦闷之中,自暴自弃。学习障碍是一种心理障碍,也是一种勤奋进取的腐蚀剂和阻力。它使学生背上沉重的心理包袱,意志消沉,情绪压抑,烦恼忧郁,人际关系紧张,反过来加重心理障碍。情绪压抑,精神重负,必然产生多种躯体症状。例如,失眠、呆滞、心神不定、注意力涣散、记忆力下降、精神萎靡、忧郁悲观、看不到自己的前途等,从而引起逃课、消极或走向犯罪,心理疾病的发病率亦大大增高,如神经官能症、考试综合征、学校恐惧综合征等。

2. 厌学与学习障碍的调适

(1)自我剖析引起厌学和学习障碍的原因。树立信心,鼓足勇气,直面问题。恐惧、漠视或回避问题只能使问题越积越多,趋于恶化。而相信事在人为,"困"则思变,就有希望解决问题。对自己学习障碍做深入、细致的分析,找出导致学习障碍的主客观因素。重点寻找主观原因,必要时去心理咨询门诊检查,这样才能"对症下药"。

(2)明确学习意义,端正学习动机,培养学科兴趣,制订课程学习目标。

(3)掌握科学的学习方法,合理制订学习计划,充分利用记忆技巧,提高阅读效率,做到课前预习、课堂记录、课后复习。

(4)平时多下工夫,考试时不要紧张,注意保证足够的休息和睡眠。学会放松自己,消除消极暗示,增强自信心。如果有焦虑症,可用系统脱敏法予以消除。其实,考试的适度紧张有利于考出成绩。

(5)若不存在学习动力障碍,客观条件也不错,那么应该从心理上找原因。引起学习障碍的心理原因很多,必须用科学的方法一一鉴定,并有效地排除学习障碍。如学习节奏的掌握,过快过难的学习进程都会导致学习障碍。

三、学习疲劳与调适

【案例】周某,女,19岁,高职一年级学生,家中父母健在,均为农民。大哥已经大学毕业,参加工作,二哥正在读大四。本人高考时以本校最高分入校。但入校后,她感到教学内容多、进度快,学习吃力,上课注意力不能集中,失眠,欲放弃学习,但又焦虑考试不及格无法过关。同时还存在人际关系不协调、嫉妒心重等问题,因而情绪低沉,不知如何面对现实,在无法排解的痛苦中前来咨询心理老师。

1. 学习疲劳

学习疲劳是因长时间持续进行学习,在生理、心理方面产生的劳累致使学习效率下降,持续学习受到影响。生理疲劳表现为腰酸背痛、动作不准确、打瞌睡等。心理疲劳表现为注意力不集中、思想迟钝、情绪躁动、精神萎靡不振、学习效率下降、错误增多、出现失眠等。造成学习疲劳的主要原因是缺乏正确的学习方法、学习时过分紧张、注意力高度集中、持久的积极思维和记忆、学习的内容单调乏味、缺乏学习的兴趣、睡眠不足等。

2. 学习疲劳的调适

(1)学会科学用脑。大脑两半球具有不同功能,左半球与逻辑思维有关,分管智力活动中的计算、语言逻辑、分析、书写及其他类似活动;右半球则与形象思维有关,分管想象、色觉、音乐、韵律、幻想及类似的其他活动。如果长时间地运用一侧大脑半球,就容易产生疲劳。因此,应根据大脑两半球的不同分工而交替使用大脑,就可以延缓疲劳现象的发生。

(2)劳逸结合,保证睡眠。在紧张学习一段时间后,应适当休息。一天学习之后,应保证有进行文体活动的时间,只有这样,才可以使身心得到放松和调节,利于消除疲劳。保证充足的睡眠时间,可使头脑清醒,精神振奋,消除疲劳。

(3)把握自己的生物钟。人在一天中,生物机能上午7～10时逐渐上升,10时左右精力充沛,处于最佳工作和学习状态,此后逐渐下降;下午5时再度上升,到晚上9时又达到高峰,11时后又急剧下降。然而,人群中最佳学习时间的分配又存在着差异,有的人上午没精打采,晚上精力十足;有的人白天精神好,晚上提不起精神。大学生应摸清自己的生物节律,把握"黄金时间",在其间安排难度较大的学习活动,避免过度疲劳。

(4)培养对学习的兴趣。兴趣在繁重的学习活动中起着重要作用。教育实践证明,如果学习兴趣浓厚,学习时心情愉快,即使长时间地学习也不易感觉疲劳。反之,没有学习兴趣,则很快就会进入疲劳状态。

(5)创造良好的学习环境。学习环境尽量布置得优雅、整洁,使人感到身心舒畅;不在有刺耳噪声的地方学习,避免心烦意乱、焦躁不安;不在过暗或过亮的地方学习,避免头晕目眩,出现视觉疲劳;不在空气污浊的条件下学习,避免胸闷,呼吸困难等。

四、考试过度紧张与调适

1. 考试焦虑的表现

"考试焦虑"又称为"怯场"。心理学认为考试焦虑是一种对考试恐惧的反应。适当的焦虑可以给学习者一些心理压力,提高思维的张力,成为学习的动力,但是过度的考试焦虑则会降低考试效率,使"应考能力"下降,甚至会使身心健康受损。

(1)临考前恐惧感。迎考及考试期间出现过分担心、紧张、不安、恐惧等复合情绪障碍,还会伴随出现焦虑、烦躁、失眠、消化机能减退、全身不适和植物神经系统功能失调症状。

(2)害怕学习不扎实,考试没有把握,怕考试失败有负家长和老师的期望,怕考不出好成绩自尊心受挫,甚至影响将来找工作。

(3)以前考试失败的阴影还笼罩在心上。

(4)考试中有心跳加快、惊慌、反应迟钝、思路中断、"卡壳"等现象,思维的变化、速度受阻,意乱心慌,甚至冒冷汗、晕厥或休克等。

(5)注意力不能集中,不能专注于学习和应试,而是专注于各种各样的担忧;考试过度焦虑妨碍记忆和回忆,使该记的记不住,想回忆的回忆不起来;考试过度焦虑还会使思维呆滞凝固,使具体思维能力无法正常发挥,创造性思维更无法进行。

2. 考试焦虑的原因

考试焦虑的产生是内因和外因相互作用的结果。外因来自于学校、家庭和社会;内因与个体的个性、抱负、早年经历、认知水平和心理承受能力等有关。考试焦虑是后天产生的心理障碍,它是个体在不良的教育环境下主客观因素共同作用而形成的,多数是因为家长和老师有意或无意对学习者提出过高要求,超越了学习者的承受能力从而形成了过度的心理压力。研究表明,考试焦虑与下列因素有关:

(1)考试焦虑与能力水平呈负相关,即学习能力相对较弱或学习效果较差者容易产生;

(2)考试焦虑与抱负水平呈正相关,即对自己成绩要求过高者容易发生;

(3)考试焦虑与竞争水平呈正相关,即考试意义越大越易产生;

(4)考试焦虑与考试失败经历呈正相关,即经历过重大考试失败者容易发生;

(5)考试焦虑与心理生理状态呈负相关,即心理承受能力差的人容易发生,且与生理状态也有关系。

并非所有的焦虑对学习都是有害的。焦虑是一种复合性情绪状态,包括焦虑反应、过度焦虑和焦虑症等三个由轻到重的层次。焦虑反应是人们对一些即将来临的紧张事件进行适应时,在主观上产生的紧张、不安、着急等期待性情绪状态。焦虑症是神经症的一种,主要特点是紧张、不安等症状比较严重,但对产生这些不适的原因不很明确。考试焦虑介于两者之间,属于过度焦虑,其特点是焦虑已明显地影响正常学习和生活,但患者对引起焦虑的原因十分明确,考试一旦解除,多能迅速恢复。

3. 考试过度焦虑的调适

绝大多数学生在临考前都有一定程度的紧张或焦虑,这属于焦虑反应,是正常现象。适度紧张可以维持学生的兴奋性,增强学习的积极性和自觉性,提高注意力和反应速度,在考试及其准备过程中,维持一定程度的紧张是有必要的。但是,过度的焦虑和紧张则是一种学习心理障碍。克服考试焦虑可以按以下几种方法去做:

(1)学生要树立良好的学习、应试动机。考试焦虑是学生对考试事件在认知上的歪曲,导致情绪上的紊乱和行为上的异常。他们对自己的要求过高且常常绝对化,认为考试失败会导致可怕的后果。因此,要帮助学生改变对考试和考试焦虑之间关系的错误认知,使他们意识到自我认识和评价是造成压力的关键,帮助他们分析为什么在同样的考试中,大多数学生没有过高的考试焦虑,通过改变其不合理的思维方式,放下包袱,树立正确的学习动机。

(2)认真制订学习与复习计划。平时勤奋学习,及时掌握所学知识,使各科功课的学习"不欠账"。考试前重视总结复习,熟悉考试要求,做到"胸中有数",做好知识准备、信息准备及环境特征等适应性准备,考试自然就增强了自信心。另外,对考试成绩的期望要从自己的实际出发,不可过高,否则就会给自己造成心理压力,容易出现过度焦虑。

(3)注意身体健康及营养。考前虽然应抓紧时间复习,但是不可搞"疲劳战术",要注意劳逸结合,保证充足的睡眠,并且要加强营养以提供足够的能量和热量。这样就可以保证有充沛的精力、清醒的头脑、良好的身体状况、饱满的情绪参加考试。

(4)减弱或控制能增强学生兴奋的各种刺激因素。平时注意培养健康的心理素质,克服易激动、忐忑不安等内向性格特点,提高情绪自我控制能力。

(5)学会自我暗示与放松。考试焦虑患者缺乏在特定情景下控制自己的能力,所以学会自我暗示与放松是积极的手段。考试时暗示自己今天的状况很好,一定能考出自己应有的水平。由于考试过度紧张、焦虑,会产生思维混乱或大脑一片空白、手脚发抖等症状。头昏脑涨时,应立即停止答卷,轻闭双眼,全身放松,均匀而有节奏地做几次深呼吸。

(6)心理治疗。考试前若感到难以克服考试焦虑,应主动寻求心理咨询帮助。心理咨询人员可以通过放松训练、自信训练和系统脱敏等方法来帮助学生摆脱考试紧张的状况。通过一些适当的方法使过度的焦虑得到缓解和消除,一般有如下方法:

宣泄法。如通过活动、锻炼、听音乐让学生心理压力下降。

精神胜利法。学生不断在心理暗示自己有巨大潜能,有"胜利心态"。

心理释放法。引导学生倾诉自己对考试的准则、看法,甚至苦恼,以获得新的心理平衡。

信任支持法。对性格内向、心理脆弱的学生给以安慰、理解和信任,以减轻心理负担。

场面替换假设法。把紧张的场面想象成轻松的场面,把失败的情景转换成成功的情景,把监考设想为助考,把陌生的环境设想为熟悉的环境等。

系统降低过敏法。即用气功中"意念放松"的反应克服恐惧心理的方法,达到暂时忘却焦虑完全松弛的作用。

情绪疏导法。用自我暗示考试成功的愉快场景来冲淡烦躁,复述或默诵准备好的学习内容、答案、图表,采用深呼吸法或默记数字来降低焦虑等。

【案例】王某,女,19岁,某高职二年级学生。每次考试都出现紧张不安、注意力不集中的现象,学习效率低,在其母亲陪同下来到心理咨询室。该生出生于教师家庭,自幼受到父母严格的教育,倘若偶尔考试失误,就要受到严厉惩罚。从小学起,学习成绩一直名列前茅,但每临重要考试成绩便不理想。特别是进入大学以后,每次考试前就紧张、不安、心烦意乱、失眠,看书复习效率每况愈下,考试成绩一次不如一次,最近经常啼哭或发脾气,并拒绝上学。

马某,女,20岁,某高职学院管理专业学生。自幼学习上进,记忆力较强,深受老师的器重,但她本人对数学兴趣不浓。考上大学以后,没想到这个专业也要学习数理统计,第一学期期末考试数学不及格,这给她带来了沉重的心理负担,每到期末复习考试临近期间就紧张焦虑,还伴有严重的睡眠障碍。

这是以考试焦虑为中心的心理障碍,并伴有睡眠障碍,主要是由于心理负担太重,使自己的情绪一直不能平静,反而影响了复习的效果。

一般来说可以从以下几个方面进行调整:

(1)首先从认知入手。消除对考试的不必要顾虑,通过谈话、回忆、分析,寻找致病的根源,过去的考试成绩一般都较好,考前也无畏惧心理,虽然数学成绩较差,是学习中的薄弱环节,对数学应加强平时的复习和练习,对成绩的期望值不要过高,退一步讲,万一没考好也不必惧怕,补考及格同样升级毕业。

(2)改善睡眠要从多方面入手。首先加强体育锻炼,通过体育锻炼增强体质,调节神经功能的紊乱,有助于睡眠的改善,同时要有意识地放松情绪,在考前不要人为地增加紧张情绪。

(3)分析自己个性中的优点与缺点,通过心理测查,进一步了解自己个性特征的强项和弱项,有意识地克服敏感多疑、顾虑重重、情绪不稳定等弱点,培养和训练豁达大度的个性。

五、网络综合征及调适

【案例】 高职大学生李某,长得挺漂亮。她有许多网友,大家都聊得很好。渐渐地,她发现和其中一个男生聊的特别投机。一次不太在意的见面,却让女孩更加心仪对方,因为她发现男孩比想象中好很多,从此网恋就变成了现实中的恋爱。经过长时间的相处,女孩发现男孩有许多像她这样从网上骗来的女朋友。男孩一直在欺骗她,这就如晴天霹雳,李某心里接受不了这样的事实,没有心思做任何事,甚至要割腕自杀。

【点评】 李某的这种网络心理障碍属于情景性忧郁,她把自己真实的感情给了一个并不真实的人,真正相处了以后,发现他根本没有网上那么优秀,感觉也不像在网上那么好,只是虚有外表而已。更没想到男孩是一个专在网上欺骗女孩感情的人。因此造成心理障碍甚至想要自杀。而从男孩的角度来看,这也是一种网络心理障碍。他经常欺骗网上的女孩,表现了他在平时生活中都存在着自卑心理,这样的人特别希望得到关注。他在网上把自己说的天花乱坠,其实是一无所有。网络是虚拟的,它可以让人们随意幻想,有些男孩把自己想成白马王子,女孩把自己想成白雪公主,过度的幻想就产生了病态心理。

1. 网络综合征

网络是继报刊、广播和电视之后崛起的第四媒体,具有信息量大、传播速度快、覆盖面广、高度的开放性、交互性、广泛性、便捷性和隐匿性等特点,网络越来越成为大学生获取知识和各种信息的重要渠道。但任何事物都有其两面性,网络也不例外。对于大学生"网虫"来说,花样繁多、引人入胜的网上娱乐为他们提供了梦幻般的空间,随着乐趣的不断增强,而欲罢不能,难以自控,有关网络上的情景反复出现脑际从而漠视了现实生活的存在。一旦上网成瘾,就难以自拔。这种不自主的强迫性现象被称为网络综合征。患有网络综合征的人,初时是精神依赖,渴望上网"遨游";随后发展为躯体依赖,表现为情绪低落,头昏眼花,双手颤抖,疲乏无力,食欲不振等。网络综合征对人的健康危害很大,尤其会使人体的植物神经功能严重紊乱,导致失眠、紧张性头痛等。甚至会出现幻觉、痴迷和妄想,造成人体免疫机能严重下降。人们把由于沉迷于网络而引发的各种生理心理障碍总称为网络综合征(IAD)。

在各高职学院中 IAD 患者不在少数,其主要特征是:头发乱乱的,脸色黄黄的,眼睛红红的,衣服脏脏的,神情呆呆的,上课昏昏的。别看他们一派萎靡、落魄之相,只要一谈起网络游戏或坐到计算机跟前立马精神抖擞,完全换了一个人似的。他们在学习上的表现绝大多数都很糟糕,不及格是家常便饭,起初还有悔过之心,时间长了也就随它去了,一学期成绩下来,几乎全部"挂红",留级退学也就顺理成章。

2. 网络综合征的表现与判断

被判定为成瘾的学生,平均每周上网时数约在 20 小时以上。这些沉迷于网络的学生,经常无法有效控制上网时间,也无法管理金钱,容易与父母、师长等关系破裂,甚至因为上网太长而赔上健康。怎么判断一个人是否对网络游戏、上网聊天等上了瘾?心理学家提出十项标准可以自我诊断"网络综合征":

(1)你是否觉得上网已占据了你的身心?

(2)你是否觉得只有不断增加上网时间才能感到满足,从而使得上网时间经常比预定时间长?

(3)你是否无法控制自己上网的冲动?

(4)每当互联网的线路被掐断或由于其他原因不能上网时,你是否会感到烦躁不安或情绪低落?

(5)你是否将上网作为解脱痛苦的唯一办法?

(6)你是否对家人或亲友隐瞒迷恋互联网的程度?

(7)你是否因为迷恋互联网而面临失学、失业或失去朋友的危险?

(8)你是否在支付高额上网费用时有所后悔,但第二天却仍然忍不住还要上网?

(9)你是否不上网时情绪低落、不愉快、对其他事物无兴趣?

(10)你是否出现生物钟紊乱、食欲下降、思维迟缓等现象?

如果你有 5 项或 5 项以上表现,并已持续一年以上,那就表明你已患上了"网络综合征"。

3. "网瘾"归因

(1)学习失败。迷恋网络的学生一般都是学习动力不足、学习成绩不好的,学习给他们很强的挫败感。但是在网上,他们很容易体验成功:闯过任何一关都可以得到"回报",这种成就感是他们在现实生活中很难体验到的。

(2)理想"失落"。一些同学对上高职或对所学的专业感到并不满意,进入学校后又觉得一切和自己的希望相去甚远,他们对"努力学习"的目的产生了怀疑。于是,一些人开始迷恋网络。其实,造成这些孩子依赖网络的根本原因是没有形成正确的学习观。

(3)人际关系不好。他们希望上网逃避现实。许多学生虽然成绩不错,可是性格内向、猜忌心强,而且小心眼,碰到问题时没能得到及时解决就沉迷于网络,学习和生活受到严重影响。

(4)家庭关系不和谐。这些同学通常在家里得不到温暖,但是在网络上,他们提出的任何一点儿小小的请求都会得到不少人的帮助。现实生活和虚拟社会在人文关怀方面的反差,很容易让"问题家庭"的同学"躲"进网络。

(5)自制力弱。他自己也知道这样不好,也不想这样下去,但是一接触电脑就情不自禁。这是典型的自我控制力不强。生活中要面对很多选择,选择什么是对、什么是错,选择什么该做、什么不该做。如果将人生的元素尽量简单化,那么人生最重要的事情就是选择,选择的正确率越高,成功率也越大。

4. 如何防止网络成瘾

(1)不要把上网作为逃避现实生活问题或者摆脱消极情绪的工具。事实是"借网消愁愁更愁",因为几个小时下网以后问题仍然在那儿,"逃得过初一,逃不过十五"。其次,不断的上网行为会在不知不觉中得到强化。因为:上网→注意力从现实中转移→忘记生活烦恼,一般不需要几次,就会如同巴甫洛夫的狗记住铃声会带来食物一样,记住上网能带来忘忧,这样一听到调制解调器的声音就会兴奋不已。

(2)上网之前先订目标。可以每次花两分钟时间想一想自己准备上网干什么,把具体要完成的任务列在纸上。不要认为这个两分钟是多余的,它可以为你省 10 个两分钟,甚至 100 个两分钟。

(3)上网之前先限定时间。看一看自己列在纸上的任务,用一分钟估计一下大概需要多长时间。假设估计要用 40 分钟,那么把小闹钟定到 20 分钟,到时候看看进展到哪里了。如果嫌用闹钟麻烦的话,可以在电脑中安装一个定时提醒的小软件,在上网的同时打开,这样就能帮助你有效控制上网的时间了。

(4)丰富其他业余生活的内容。比如外出旅游、找朋友聊天、串门、散步、锻炼等,不可陷入"非上网不可"的泥潭。同学或朋友在请 IAD 患者参加体育运动的项目上最好是其感兴趣的,如没有感兴趣的项目,可慢慢培养,在成就感和技术提高中建立兴趣。在重症期最好不要长时间上自习,那样会加重病情。

(5)注意饮食。在饮食上应注意多吃些胡萝卜、豆芽、瘦肉、动物肝脏等富含维生素 A 和蛋白质的食物,经常喝些绿茶,这些都有益于电脑操作者的健康。

【链接】 毛主席读书故事

几十年来,毛主席一直很忙,可他总是挤出时间,哪怕是分分秒秒,也要用来看书学习。他的中南海故居,简直是书天书地,卧室的书架上,办公桌、饭桌、茶几上,到处都是书,床上除一个人躺卧的位置外,也全都被书占领了。

为了读书,毛主席把一切可以利用的时间都用上了。在游泳下水之前活动身体的几分钟里,有时还要看上几句名人的诗词。游泳上来后,顾不上休息,就又捧起了书本。连上厕所的几分钟时间,他也从不白白地浪费掉。一部重刻宋代淳熙本《昭明文选》和其他一些书刊,就是利用这些时间,今天看一点,明天看一点,断断续续看完的。

毛主席外出开会或视察工作,常常带一箱子书。途中列车震荡颠簸,他全然不顾,总是一手拿着放大镜,一手按着书页,阅读不辍。到了外地,同在北京一样,床上、办公桌上、茶几上、饭桌上都摆放着书,一有空闲就看起来。

毛主席晚年虽重病在身,仍不废阅读。他重读了解放前出版的从延安带到北京的一套精装《鲁迅全集》及其他许多书刊。

有一次,毛主席发烧到 39 度多,医生不准他看书。他难过地说,我一辈子爱读书,现在你们不让我看书,叫我躺在这里,整天就是吃饭、睡觉,你们知道我是多么的难受啊!工作人员不得已,只好把拿走的书又放在他身边,他这才高兴地笑了。

毛主席从来反对那种只图快、不讲效果的读书方法。他在读《韩昌黎诗文全集》时,除少数篇章外,都一篇篇仔细琢磨,认真钻研,从词汇、句读、章节到全文意义,哪一方面也不放过。通过反复诵读和吟咏,韩集的大部分诗文他都能流利地背诵。《西游记》、《红楼梦》、《水浒传》、《三国演义》等小说,他在小的时候就看过,到了 60 年代又重新看过。他看过的《红楼梦》的不同版本差不多有十种以上。一部《昭明文选》,他上学时读,50 年代读,60 年代读,到了 70 年代还读过好几次,他批注的版本,现存的就有三种。

一些马列、哲学方面的书籍,他反复读的遍数就更多了。《联共党史》及李达的《社会学大纲》,他各读了许多遍。《共产党宣言》、《资本论》、《列宁选集》等,他都反复研读过。许多章节和段落还作了批注和勾画。

几十年来,毛主席每阅读一本书、一篇文章,都在重要的地方画上圈、杠、点等各种符号,在书眉和空白的地方写上许多批语。有的还把书、文中精当的地方摘录下来或随时写下读书笔记或心得体会。毛主席所藏的书中,许多是朱墨纷呈,批语、圈点、勾画满书,直线、曲线、双直线、三直线、双圈、三圈、三角、叉等符号比比皆是。

毛主席读书的兴趣很广泛,哲学、政治、经济、历史、文学、军事等社会科学以至一些自然科学书籍无所不读。

在他阅读过的书籍中,历史方面的书籍比较多。中外各种历史书籍,特别是中国历代史书,毛主席都非常爱读。从《二十四史》《资治通鉴》、历朝纪事本末,直到各种野史、稗史、历史演义等他都广泛涉猎。他历来提倡"古为今用",非常重视历史经验。在他的著作、讲话中,他常常引用中外史书上的历史典故来生动地阐明深刻的道理,也常常借助历史的经验和教训来指导和对待革命事业。

心理测试

你的学习方法适合你吗

请仔细阅读下列测验的每一道题,肯定答"是",否定答"否",既不肯定也不否定则做好标记。

1. 课堂上所需的学习用品是否每次必携不忘?
2. 是否经常迟到?
3. 能否坚持提前做好上课的准备?
4. 课堂上是否踊跃发言,积极提问?
5. 是否在笔记本上乱写乱画?
6. 是否爱护教科书?
7. 考试时是否仔细工整地回答问题?
8. 能否在规定的地点、时间进行学习?
9. 学习时同学相邀去玩,是否欣然答应?
10. 坐在桌前是否能迅速进入学习状态?
11. 学习时是否高声朗读教科书?
12. 下课后能否立即完成作业?
13. 下课后能否对当天的学习内容进行复习?
14. 能否仔细阅读发回的试卷?
15. 能否及时预习将要学习的内容?
16. 每天的学习时间是否一定?
17. 遇有不明之处,是否有查字典、参考书的习惯?
18. 能否对弱科、不感兴趣的学科格外努力学习?

19. 游玩时间是否经常挤占学习时间？
20. 是否一边看电视或听收音机，一边学习？
21. 能否认真区分游玩时间和学习时间？
22. 起床时间与就寝时间是否毫无规律？
23. 是否有一边拿着点心或饮料，一边学习的习惯？
24. 是否经常诉说晚上做了一个噩梦？
25. 是否谈笑风生，使人发笑？
26. 一经批评，是否就耿耿于怀，愁眉不展？
27. 即使是在学习时，是否还讲一些"反正我不行"等自暴自弃的话？
28. 是否有过忘记做作业的现象？
29. 一次考试成绩不良是否总挂念于心？
30. 老师休假时是否摆出一副无所谓的神态？
31. 能否经常和老师一起游玩？
32. 是否说老师的坏话？
33. 受到老师的表扬后，是否就更喜欢学校生活，并对这位老师的课也兴趣倍增？
34. 被老师批评后，是否就厌恶学校生活，并对这位老师的课失去兴趣？
35. 是否一心盼望着运动会、学习汇报会？
36. 是否经常被老师提请注意？
37. 是否经常得到老师的表扬？
38. 是否制订一周的生活计划？
39. 每次新学年到来，是否都能制订出新的努力目标？
40. 暑假、寒假能否制订出生活计划并贯彻执行？
41. 是否清楚自己的强科，并对其格外努力？
42. 能否与同学互相学习、互相帮助？
43. 学习上是否带有强烈的竞争意识？
44. 在家里是否说同学的坏话？
45. 是否经常去图书馆？
46. 是否不愿意在家学习，而经常去同学家学习？
47. 在学校规定的课程以外，有无其他感兴趣的活动？
48. 是否经常诉说睡眠不足？
49. 学习用品是否充足？
50. 学校组织的活动家长是否积极参加？

➤ 计分方法　1、3、4、6、7、8、10～18、21、25、30、31、33、35、37～40、42、43、45、

47、50题答"是"得2分,答"否"扣2分。其余各题答"是"扣2分,答"否"得2分。不回答时不打分。

➤**结果解释** 得到70分以上者,可坚持现有的学习方法;得到70分以下者,请选择别的学习方法。

等级评价表

评　价	测　验　得　分
需要非常努力	0～30
还需努力	31～45
一般	46～70
良好	71～85
优秀	86～100

第五章　大学生人际关系与心理健康

你 知 道 吗 ?

1. 什么是人际交往？人际交往有哪些作用？
2. 影响大学生人际交往的因素主要有哪些？
3. 人际交往中有哪些常见的不良心理？
4. 大学生人际交往中有哪些常见的心理误区？
5. 人际交往中有哪些"技巧"？
6. 根据你人际关系的实际情况，分析人际关系的得与失。

案例引入

蔡同学,女,20岁,某高职二年级学生。自述:入学已一年半了,但和同学关系总是处不好。不知从什么时候起,周围的人好像都不喜欢我,讨厌我。有的人一见到我就掉头走开,有的人还在背后嘀嘀咕咕议论我。为此,我心里很烦,不知道周围的人为什么不喜欢我?您能帮助我解决这个问题吗?

▶**思考** 蔡同学的烦恼是什么原因?反思一下自己的人际关系怎样?大学生如何改善人际关系方面的不足?

第一节 大学生人际关系与心理健康

人际交往是人健康成长的基本条件。心理学研究表明,人类对爱、关心、尊重等交往性活动的需要,并不亚于食物、性等生理需要。如果这类需要不能得到满足,人就会像吃不饱饭而营养失调一样,导致心理上的失调。卡耐基集众多人成功经验总结到:一个人的成功,百分之十五靠专业知识,百分之八十五靠人际交往。由此看来,无论我们乐于交往还是惧怕交往,都不能避开它。对于我们绝大多数人而言,交往的成败在很大程度上决定着我们生活和事业的成败。

高职大学生们以其敏锐的观察和判断,已深知人际交往的重要性。而且对他们所处的人生阶段来说,交往需要在其心理上占有更为突出的位置。他们渴望爱与被爱,渴望得到他人的尊重,渴望得到社会的承认,渴望有所归属。也正因如此,由交往所产生的苦恼和困惑亦显得格外突出,诸如同学间的不和,师生间的分歧或误解,等等。这些问题如果得不到及时解决,便会对学习、生活乃至身心发展造成严重影响。

一、人际关系与人际交往

1. 人际交往的概念

人际交往,就是指人们为了达到相互传达信息、交换意见、表达情感等目的,运用语言、行为等方式而实现的沟通,是人类社会活动的主要方式。一个人总是不断地受他人影响并影响他人,人际交往是人与人之间通过一定方式进行接触,人际关系是在交往的基础上形成的人与人之间直接的心理关系。人际交往是人的各种社会关系得以实现和发展的手段,交往是人与人之间所有关系的一种表现方式。因此,交往就必须在各种各样的人际关系下进行,人际交往不仅在人与人关系良好时才得以进行,即使是在关系不好时也会随时发生。当然,积极的、良好的人际交往,会有助于一个人的身心健康发展;而不良的人际交往,则会妨碍一个人的身心正常发展,甚至导致各种消极的心理后果。

在当代信息社会,伴随着人际交往形式的多样化,人际交往的作用也越来越明显、越来越重要。以现代科学技术为手段的人际交往,正在改变着社会,也改变着每一个人的思想和观念。人际交往也是一个人由无知的孩童转变为合格的社会人的基础。人要适应社会,在社会环境中更好地发展自己,必须主动与人交往。大学生的人际交往有其自身的特点,这是由他们所处的环境特点所决定的。大学生的交往对象,主要是同龄人,因而常常出现的是在平等环境下的人际交往;大学生都是处于半独立状态的,因而他们的交往更多的是精神层面的;大学生正处于人生的青春阶段,因而他们的交往往往显得浪漫而不现实;大学生正处在求学阶段,因而他们的交往往往又带有较强的理想色彩。

2. 人际交往的作用

(1)满足个体的心理需要,消除孤独感。人是社会性动物,对孤独有一种本能的恐惧感。人际交往是最基本、最有效地消除孤独感的方法和途径。达尔文认为:"独自一人的禁闭是可以施加于一个人的最为严厉的刑罚的一种。"鲁滨孙漂流到荒岛上,只有小动物为伴,土人"礼拜五"的出现,才使其生活丰富多彩。

(2)传递信息,增加个人的知识经验。个人的活动范围总是有限的,因此,所能获取的信息也是有限的。要在一定时间内掌握尽可能多的信息,增加个人的知识经验,方法之一就是通过人际交往。

(3)增进了解,调节情绪。人际交往可以使个体对社会形成较全面的认识,对各种社会现象有较为深刻的理解。当团体成员之间发生矛盾时,人际交往又可以及时地消除误会、沟通思想、调节情绪、缓和矛盾。

(4)促进个人身心健康。人们都有群体的需要,通过彼此间相互交往,诉说各自的喜怒哀乐,找到能彼此体谅的倾听对象,减轻心理压力,增进亲密感和安全感,消除寂寞感;通过交往增进成员之间的思想情感的交流,从中汲取力量。这些都有助于人的身心健康发展。

二、高职大学生人际交往与心理健康

心理健康的人会心胸豁达、情绪稳定,对同学和朋友热情、体贴,乐于助人。因此,能够建立起良好的人际关系,能够把自己的力量融入集体的力量之中,团结合作,从而取得成功。心理健康的人在人际交往中表现在以下五个方面:

1. 能客观地了解他人和悦纳自己

心理健康的学生不会以表面印象来评价他人,不将自己的好恶强加于人,而是客观公正地了解和评价他人。同时,不片面地与他人进行简单的对比,能接纳自己在人际交往中的表现。

2. 了解彼此的权利和义务,关心他人的需要

心理健康的学生既重视对方的要求,又能适当满足自己的需要。心理健康的学生知道只有尊重和关心别人,才能得到回报。良好的人际关系只有在相互信任、尊重和关心中才能获得发展。这就是"君子贵人而贱己,先人而后己"的道理。

3. 诚心地赞美和善意地批评

心理健康的学生不是虚伪地恭维别人,而是诚心诚意地称赞别人的优点。对于对方的缺点也不迁就,而是以合理的方式加以批评,并帮助其改正。

4. 积极地沟通

心理健康的学生对沟通采取积极主动的态度,在沟通中明确地表达自己的想法,并认真听取别人的意见。他们沟通的方式是直接的,在积极的沟通中增进人与人之间的感情和友谊,而不含糊其辞。

5. 保持自身人格的完整性

心理健康的学生能与人和谐相处,亲密合作,但不放弃自己的原则和人格,即在保持个性和差异的前提下亲密合作。

【案例】董某,某高职会计专业的学生,不仅品学兼优,而且能歌善舞,还写得一手好文章。自从上大学后,他的这些业余专长得到了充分发挥,第一学期就获得了"校园十佳歌手"称号,并且经常主持学校的晚会。由于能力出众,董某很快就被老师任命为学生会干部,就在他为自己所取得的成绩暗自高兴时,同宿舍的其他三位室友却开始慢慢疏远和孤立他。

他说,以前有他电话时,室友还会比较热情地帮他转一下,但是后来,他明明在宿舍,室友却说他不在,然后就擅自把电话给挂了。刚进大学时,室友们每次都结伴一起去食堂吃饭,可是后来,其他三个室友就把他冷落在一旁了。前两天,董某上完晚自习回宿舍,大老远便听见室友们在聊天。可是他刚进门,所有的谈话立刻就终止了。董某忍不住问了其中一个同学缘由,想不到对方竟然阴阳怪气地说道:"你是名人,我们哪能和你聊天啊。"气得董某一个晚上也没睡好。现在,室友们几乎不和他说话,无视他的存在,有时候董某主动和他们搭话,他们也总是说些酸溜溜的话来刺激他。为此,他十分痛苦,心理压力越来越大,不知道如何才能和室友处好关系。

【点评】俗话说"枪打出头鸟",我们可以发现,在同一个环境中,有一个人比较拔尖,难免会遭人嫉妒;如果不注意及时沟通,增进交流,很容易被其他人孤立。况且,现在的大学生多为独生子女,个性比较强,多以自我为中心。因此,在与同学、特别是室友的相处当中,很容易发生冲突。因此,作为同学,应当相互理解和宽容,平时多沟通,多换位思考,这样才能相处融洽,共同进步。

三、人际吸引的理论及规律

1. 人际吸引的意义

人际吸引是指人与人之间彼此具有注意、欣赏、倾慕等心理上的好感，并进而彼此接近以建立感情关系的历程。人际吸引是人与人之间建立感情关系的第一步，一个人如果毫无吸引别人之处，就不能引起别人的注意，如果两人之间不能彼此吸引，也建立不起亲密的感情关系。人际吸引是形成和发展人际关系的心理条件。

2. 构成人际吸引的因素

（1）接近且接纳。由空间上的接近而影响人际吸引的现象称为接近性。人与人之间在活动空间内彼此接近，有助于人际关系的建立。当然，人与人空间上彼此接近，未必一定彼此吸引，也可能接近久了彼此生厌。在接近的条件下要想进一步与人建立良好的人际关系，彼此互相接纳，无疑是另一个重要因素。所谓接纳是指接纳对方的态度与意见，接纳对方的观念与思想；对他的为人处世的方式，不但感兴趣，而且表示适度的赞许。唯有在接近的条件上彼此接纳，才有进一步的沟通。

（2）相似或互补。人们喜欢那些和自己相似的人，如在信念、价值观、社会地位、年龄及人格特征等方面的相似。"物以类聚，人以群分"。实际的相似性是重要的，但更重要的是双方感知到的相似性。互补对于接纳也是重要的，可视为相似性的特殊形式，主要有三种：需要的互补、社会角色的互补、人格某些特征的互补，如内向与外向。当双方的需要、角色及人格特征呈互补关系时，所产生的吸引力是很强的。

（3）外貌吸引力。个人的容貌、体态、服饰、举止、风度等外在因素在形成人际情感中的作用往往是很大的。外貌美容易造成一种好的第一印象；外貌美能产生光环作用，即倾向认为外貌美的人也具有其他的优秀品质，虽然实际未必如此。

（4）人格品质。人格品质是人际吸引中深层的稳定的因素。人们一般都喜欢与热情开朗、富有幽默感和同情心、具有高度社会责任感的人交往，而不喜欢与冷漠、古板、心胸狭窄、优柔寡断、居心叵测、自私自利的人交往。具有真诚、诚实、理解、忠诚、真实、可信等人格品质的人，容易受人欢迎。

【案例】晓岚和王萍住在一个宿舍，大一上学期时为一件小事闹得不愉快，事后两人碍于面子，都不主动和对方说话。其实她们对那件事早已不在意了，但"自尊"使她们即便整日抬头不见低头见也视如陌人。这样的状况持续了大半年，双方都感到别扭。王萍甚至对这种状况感到压抑。她来到了学院心理咨询室。心理老师指导王萍：创造一个恰当的氛围，主动找晓岚和解。恰好那天晓岚不舒服没有上课，也没有吃饭。晚自习乘宿舍没人的时候，王萍给晓岚端回了热气腾腾的馄饨……从那以后,两人成了最知心的朋友。

【点评】在团体中很多人与人闹别扭之后,大多数人都有"和解"的欲望,但"面子"使他们放不下架子来。这时"主动"和解的人是那么的可亲、可爱。

第二节　高职大学生人际交往中存在的不良心理

一、高职大学生人际交往中的不良心理

1. 首因效应

首因效应,即第一印象效应,是指最先的印象对人的认知具有强烈的影响,如当与人接触、进行认知时,留下了良好的印象,这种印象就会左右人们对他以后一系列特征作出解释,反之亦然。一般人们在与陌生人打交道时,首因效应的影响较大。它会使人际认知带有表面性,容易使人际认知产生片面性。我们应意识到第一印象先入为主的作用,尽量减少它对自己的影响,正确地认知他人;同时,利用第一印象的作用,增强自己的个性表现力,给人以良好的印象,为以后的交往打下成功的基础。

心理学实验中曾经有一个著名的"看照片"实验。给两组受试者看一个成年男子的照片,在看照片之前,先给受试者灌输第一印象(即首因效应)。对A组说,照片上的人是一个屡教不改的罪犯;对B组说,照片上的人是一个著名的学者。然后,让两组受试者分别从这个人的外貌来说明他的性格特征。结果,两组受试者对同一张照片作出截然不同的解释:A组受试者认为,照片上的人深陷的目光中隐藏着冷酷,突出的额头表明这家伙既固执又强硬,既阴险又狡诈;B组受试者则认为,此人深沉的目光表明了他思想深刻,突出的额头表明他具有坚强的意志和探索精神,且睿智大度。

2. 晕轮效应

晕轮效应是指仅仅依据某人身上一种或几种特征来概括其他一些未曾了解的人格特征的心理倾向。如看到一个人举止热情、大方,便容易得出该人聪明、慷慨、能力强的结论;看到一个人性格冷漠,则可能得出该人狡猾、僵化的结论。这是指在观察某个人时,由于他的某种品质或特征给你的印象极深,这种现象因为很像月亮上的晕轮,故称为"晕轮效应"。

比如我们看到我们所尊敬的人,总觉得他是完美的,往往忽视其身上的弱点,甚至对其弱点也作出合理的解释。看到我们不喜欢的人,总是觉得他这也不是,那也不是,往往忽略了他身上的闪光点。在晕轮效应中,被依据的特征仿佛光环一样

耀眼夺目,把人们的注意力吸引过去,使人们难以看清,甚至也不愿努力去看清罩在光环之内的全部真相。这样就会导致我们做出错误判断和错误行为,使正常交往受到破坏。

3. 刻板印象

刻板印象是人在长期的认识过程中所形成的关于某类人的概括而笼统的固定印象。实际上是一种心理定势,有一定的概括性,但容易导致过度概括的错误,也易导致偏见。如认为男人就应具有胸怀宽广、意志坚强、直爽大方、深思熟虑、有勇有谋等品质;女人的品质就应是细心、善操家务、性情温和、心地善良、嫉妒、软弱、多愁善感等。

由于刻板印象把同样的特征赋予团体中的每个人,而不管其成员的实际差异,所以很可能形成某种偏见,影响交往的顺利进行。比如,有的城市学生认为从农村来的学生土气、少教养,于是从一见面开始就抱着一种居高临下、不屑一顾的态度,结果产生了许多对立和误解。

4. 自我服务倾向

自我服务倾向是指在对他人的行为进行推测与判断时往往从自身的经验出发,以己度人。这种推测与判断往往存在偏差,因此导致交往双方的矛盾。

在人际交往过程中,要学会反思,通过分析自己在人际交往过程中的表现,了解自己的认知是否受到一些固有的认知模式的影响?自己的认知是否客观、公正?找出自己行为方式中的缺点和不足,避免偏激刻板、缺少弹性、分不清亲疏远近、强求公正与完美等不良心理。

5. 投射效应

投射效应是指把自己所具有的某些特质加到他人身上的心理倾向。比如心地单纯善良的人会以为别人也都是善良的,一个经常算计别人的人会觉得别人也在算计他。有时,投射效应是出于一个人自我防御的心理需要而发生的。自己有某些缺陷、毛病或是不良品质,于是不自觉地会怀着一颗敏感的心,在别人身上搜寻有关的蛛丝马迹,在别人身上"发现"同样的毛病,进而对自己的毛病变得心安理得:人都是这样,我也不必过多自责和不安。

【案例】某寝室获得了"流动卫生红旗"。这个寝室先前一直是个"脏乱"寝室,经常被辅导员点名批评,甚至被拍成相片贴在橱窗里作"反面典型"。辅导员召集寝室成员集体谈心,大家都觉得自己是愿意注意寝室卫生的,但宿舍的卫生要靠大家维护,光靠自己不乱放东西、不乱扔垃圾是无济于事的;他们每个人都觉得自己开始是注意寝室卫生的,只是……辅导员老师说:"既然大家都愿意生活在一个整洁的环境中,那就都从'我'做起,从现在做起吧。"后来,大家齐心协力,寝室变得干净、整洁,并获得了"流动卫生红旗"。

【点评】 改变别人是事倍功半，改变自己是事半功倍，一味地要求他人倒不如更多地反躬自问。你用心珍惜，他人自然会有所感受。当我们不再将眼睛盯着别人，回到自己的心灵世界将尘埃打扫干净，你就会发现自己愉快了，别人也会跟着愉快了。

二、高职大学生在人际交往中的心理误区

由于认知上的偏差，大学生很容易产生人际交往的心理障碍，比如闭锁、嫉妒、自负、自卑等心理问题。据心理学家的研究，影响大学生人际交往密切程度的因素有四个：时空的接近性、交往的频率、态度的相似性、需要的互补性，而有害于人际交往的因素主要有：成见、多疑、害羞、自卑、嫉妒、恐惧等。

1. 害羞心理

害羞心理有三种类型：一是气质性的，是天生的；二是认知性的，过分注意自我，属于可调节性的；三是经验性的，受过打击、意外伤害等，也是可调节的。

2. 闭锁心理

有的人自我意识较强，内心世界不愿轻易向别人袒露，容易把自己的心灵之门关闭起来，出现闭锁心理。长期封闭自己的心理，就会产生一种莫名的孤独感。自我封闭者，试图把自己关在一个狭小的天地里，仿佛"心即世界"。实际上是生活能力不强，对自己的交往能力信心不足，害怕交往失败给自己带来痛苦的表现。越是回避交往，心理上就越容易产生被他人遗弃的感觉，越容易加剧自己的封闭观念，行为上愈发处处设防，导致人际关系严重不协调。要恰当地自我暴露，主动地敞开自己的心扉，尤其是对自己信任的朋友。从而得到群体中其他人的接纳，成为集体中受人尊重的一员。

【案例】 小阳是一名大三的学生。一直以来，他都觉得周围的人都不喜欢他，都对他不满。三年来，几乎没有朋友，同学也鲜有来往，他很孤独，但从内心来讲他却很想交朋友。

一开始，小阳和同学们还是有来往的。一次在寝室看到几个同学在忙碌，小阳便问有什么喜事，同学们说晚上有个同学过生日，问他是否愿意一起去，每人凑30元。小阳觉得没有能力承担，要是20元就去了。但这次以后，同学过生日再也没有人喊过小阳了。

还有一次，有一个同学因为小阳帮助了他所以要请小阳吃饭。在饭馆等他的时候，小阳觉得很饿便自己先点了一份面条。结果这位同学来了以后非常生气，并责问小阳，是不是以为他请不起，但小阳觉得饿了先吃一点很正常，两人不欢而散。

大二的时候，小阳忍受不了同寝室三人的吵闹，就到校外租了房子。虽然清净多了，但是同学都不理他了。

另外,小阳说他和人讲话时总想表现自己的独特性,也想开玩笑,表现自己的幽默,一般人的常用语他基本不用,认为太平常,没意思。

【点评】 小阳的主要问题是在人际关系交往上以自我为中心来思考和看待问题。对于小阳所讲的事情看,他的思考方向都是从自我的角度思考其行为的合理性,明显缺乏换位思考。所以小阳在思考和解决他所面临的问题时不能正确地归因,更不能从他人的角度去反思其行为的不合理性。

3. 嫉妒心理

嫉妒包括嫉妒心理和嫉妒行为两个方面。嫉妒心理是指当个体的私欲得不到满足时,对造成这种不满足的原因和周围已得到满足的人产生的一种不服气、不愉快等的情绪体验。在嫉妒心理的支配下,可能产生嫉妒行为,但也可能只有嫉妒心理而不表现为嫉妒行为。

嫉妒是比较的产物,一般是由于把自己的才能、品德、名誉、地位、成绩、境遇,乃至容貌和身边的人进行了不合理的比较,从而形成心理不平衡,并因此而产生不满、敌视、怨恨、烦恼、恐惧等消极的内心体验。它是一种不健康的思想情绪,是一个人自私、狭隘、虚荣和缺乏自信心的表现。在人际交往中要学会为别人喝彩,别人的成功是付出巨大努力的结果,要见贤思齐,别人的成功为我们树立了一个标杆,要客观地认识自己的弱点。也许因为你有了成就的可能性,所以有人会嫉妒你;假如你还没有任何建树,没有人嫉妒你;假如你真的已经有了名望,你也不怕什么嫉妒,因为嫉妒者不一定能撼动你,大树不害怕风雨。

4. 自负心理

自负是过高估计自己,刚愎自用,自以为是。自负可能导致盲目乐观,周围的人对你敬而远之。要考虑到环境变化后,在某些方面可能自己会远不如他人。当代大学生大多是独生子女,生活环境单一,备受父母呵护,受到正面鼓励多,缺乏生活的磨炼,自视甚高,因而认识易缺乏客观性,易产生认知上的偏差。青年人由于自我意识的觉醒,使得他们具有很强的自主判断、自主评价的倾向,并且也有很强的自我色彩,这就造成青年学生容易从自己的角度考虑问题,只强调社会应理解自己,喜欢指责他人,抨击社会,同时以主观的印象去判断他人,给自己的交往活动带来困难,甚至使自己无法摆脱交往中的困境。

5. 从众心理

从众心理是指个人在社会团体压力下放弃自己的意见,转变原有的态度,采取与大多数人一致的行为的心态。社会心理学家认为,从众是在团体一致性的压力下,个体寻求一种试图解除自身与群体之间冲突、增强安全感的手段。所以,现实生活中不少人喜欢采取从众行为,以求得心理上的平衡,减少内心的冲突。从众不是对团体规范的服从,而是对社会舆论或团体压力的随从。从众也可能是违背个人意愿的服从,但它不是执行团体的明文规定或权威人物的命令,而是为了消除团体压力,求得心理上的平衡的心理倾向。

除了上述的5种心理外,还有怯懦心理:主要见于涉世不深、阅历较浅、性格内向、不善辞令的人;猜疑心理:有猜疑心理的人,往往爱用不信任的眼光去审视对方和看待外界事物,猜疑成癖的人,往往捕风捉影、节外生枝、说三道四、挑起事端,其结果只能是自寻烦恼,害人害己;逆反心理:有些人总爱与别人抬杠,以此表明自己的标新立异。对任何事情,不管是非曲直,你说好他偏说坏,你说一他偏说二,你说辣椒很辣,他偏说不辣。逆反心理容易模糊是非曲直的严格界限,常使人产生反感和厌恶;排他心理:人类已有的知识、经验以及思维方式等需要不断地更新,否则就会失去活力,甚至产生负效应,排他心理恰好忽视了这一点,它表现为抱残守缺,拒绝拓展思维,促使人们只在自我封闭的狭小空间内兜圈子;冷漠心理:有些人对与自己无关的人和事一概冷漠对待,甚至错误地认为言语尖刻、态度孤傲、高视阔步就是自己的"个性",致使别人不敢接近自己,从而失去了很多的朋友,等等。

三、人际交往中的情绪障碍及其克服

1. 愤怒

当一个人不顺心时,很容易产生愤怒之情,并有一种强烈的冲动将其发泄出来。人在愤怒时,意识范围变小,考虑问题偏激,主观化严重,自控能力也随之下降。结果平时许多不起眼的小事都被无限夸大,成为爆发冲突的导火索。在这种情况下发生的人际冲突往往无益于问题的解决,反而导致许多有害的后果。一般的规律是:发怒往往导致对方发怒或是不满。对待愤怒的有效方式是有分寸地表达。它是一种在理智控制下能取得有益效果的愤怒表达方式。需要强调的是,并非任何愤怒都是消极的,只要驾驭得当,就能变害为利。有分寸地表达愤怒能使别人了解当事人对事情或他人言行的反应、感受,从而引导别人改变其不恰当的言行。从长远看,这种方式比隐瞒不满的做法更有利于人际关系的正常发展。有分寸地、建设性地表达愤怒应注意如下一些原则:

第一,言论对事而不对人。

第二,不翻旧账,只对眼前。

第三,不要涉及他人的家庭、种族、社会地位、外貌和说话方式。

第四,不要限制别人发火。当你发火时,对方有回敬的权利。互相发火能消除紧张和猜疑的气氛。

第五,勇敢地在同样的情境下,为自己的过火言行向对方道歉做出让步。

第六,如果可能的话,给对方留一条退路。

另一种处理愤怒的方式是抑制,把怒气压在心底,甚至不承认其存在。压抑愤怒的做法虽未导致直接的冲突,但却损害了个人的心理健康,同时也给人际关系带来了隐患。习惯性压抑会使人形成冷漠、残酷或退缩的人格特征。压抑也会使人以间接方式发泄不满,如吹毛求疵,找替罪羊(把无关的人作为发泄对象)等。另外,隐藏自己的愤怒也容易使别人产生误解,对你的状态做出不正确的反应。比如,对方以为你并不在乎,于是还可能对你有同样的言行。

【链接】愤怒的自我控制

如果有人向你挑衅,你肯定感觉有点激动或者血往上涌,但你要控制自己不要发火,这时你要对自己说:"我有点激动,好像有点儿惊慌失措,但我知道怎样控制自己。不要把事情看得那么严重,这虽然让人气愤,但我有自信。放松、冷静,做两三次深呼吸,舒适地放松,我感到很平静。"

当你已经被卷入冲突时,你要想办法使自己平静下来,你要对自己说:"冷静、放松、冷静。"只要保持冷静,我就能控制自己。想一想我要从中获得什么。我没必要显示我多么厉害。没有什么事值得我必须发火。不要因此而使自己陷入更大的麻烦中,找一找事情积极的一面,考虑一下事情最坏的后果,不要急于下结论。他竟然如此表现,实在是可耻。有谁的脾气像他那么坏,他可真不幸。不要怀疑自己,他讲的对我毫无意义。我正在非常有效地控制这个局面,局势是可控制的。

当你遭到对方的打击,要被激怒时,你要对自己说:"我现在的肌肉已经开始紧张了。现在应该放松,慢一点儿,慢一点儿,惊慌失措只能帮倒忙。如此生气毫无价值,我要把他当成一个可笑的家伙。我当然也有急躁和发怒的权利,但是,还是要忍耐一下。现在应该做几次深呼吸。不要乱,问题要一个一个去考虑。也许,他真的想激怒我,好,就让他彻底失望吧。我不应该指望人人都按照我所想的那样去做。放松一点儿,不要逞能。"

事件过去后,你要进行一下自我评价,来点儿自我奖赏,别忘了,对自己说:"这件事,我处理得非常好,棒极了!原来,事情并不像我想象的那么难,虽然情况可能会变得更糟,但我还是解决得很好。虽然我有可能更加失态,但我没有那样。我不必发怒,也可以很好地解决和处理这件事。我的自尊心可能受到了伤害,但如果我不把它看得那么严重,将会更好。我比以前做得要好多了。"你一定发现了,以上是控制愤怒的四个阶段中自己对自己说的话。你要记住,最好能把它们背下来。

2. 恐惧

恐惧心理给人际交往罩上了一层沉重的色彩,使交往难以展开或难以正常进行。交往中常见的恐惧是"社交恐惧症"。许多大学生都不同程度地存在这方面的问题。其主要表现为害怕见生人。尤其是人多的场合或有异性在场的情况下,更会显得紧张、焦虑,表现为出汗、脸红、说不出话,或说话僵硬、断断续续。由于人际交往是一种互动关系,所以这种表现往往使气氛变得凝重、沉闷,使对方也变得不安起来,形成令人尴尬的场面。

社交恐惧症对人的正常生活有很大的影响,对大学生的身心伤害更大。克服社交恐惧的一种有效方法是系统脱敏。其步骤是,首先学会身体放松,然后在头脑中逼真地再现那些引起自己恐惧的社交场合,最好由轻到重地进行。每当恐惧来临时,就让自己放松,然后再想、再放松,如此循环,直到恐惧消失。另一种有效方法是满灌法,逼着自己去面对社交场合,害怕什么就专做什么,直到有了成功的体验为止。总之,面对社交恐惧不逃避,努力正视它,最终就一定会征服它。

【案例】一位同学在一次班里联欢会上,即兴发言,因口误说错了话,引得全班哄堂大笑。这位同学觉得很尴尬,心里常嘀咕这件事。从此以后每到人多场合,他都有一种无形的恐惧感。尤其害怕当众讲话,上课时担心老师会叫他回答问题。这种不良情绪使他变得与其他同学疏远起来。他感到孤独、寂寞,想摆脱,却一次又一次被恐惧感击败……

【点评】这些都是社交恐惧的表现。所谓社交恐惧,指在与他人交往过程中表现出不自然、严重害羞的心理。其症状表现为与他人交往时脸红、心情紧张、举止表情不自然、口干、盗汗等。

恐惧的自我调适:

(1)学会放松自己,缓解焦虑。①参加一些体育锻炼活动,如跑步、游泳、跳绳等,或者可以洗一个热水澡或桑拿浴,这些方法非常有效。②自我催眠。

(2)提高自我意向。积极地看待自己,想想自己有哪些长处可以发挥,再制订一些现实的能反映你这些长处的目标。开始时目标可以定得低一些,然后逐步积累,再建立更大的、更重要的目标。另外,停止对自己的消极评价,像"我是一个笨蛋"以及"我真没用"这样的想法,当这些想法出现时,马上对自己说"不要这样想"。进行自我评价时,试着把自己其他方面也考虑在内,强调积极的一面,忽略消极的一面。这样,良好的自我意向就会培养起来。

(3)增强社交吸引力。①注意自己的外表形象。如保持一个好看的发型,穿着自我感觉良好的衣服。多听听同学、朋友对自己衣着打扮的意见也是很有帮助的。②参加各种社交活动。开始时去你比较熟悉的地方,让你的朋友陪你一起去,然后再试着去一些你感兴趣的其他地方,逐步扩大活动范围。这里有一些技巧可以掌握,比如,去见其他人之前,你可以先准备一些谈话的内容,先有了准备,你就不会那么紧张了。③试着经常把自己介绍给一些新认识的人,进入不同的社交场合,会扩大你的社交接触面。④没有人天生就具有社交吸引力。所以你必须要有耐心,还要付出努力。同样,要克服害羞、克服社交焦虑,也要有耐心,要经过艰苦的努力。只要你努力,持之以恒,就一定会取得成功。

3. 嫉妒

【案例】今年20岁的王同学,去年从县城考入某高职学院商务英语专业,由于英语原本就是她的强项与兴趣所在,加上勤奋扎实,她很快在班里脱颖而出,综合测评两次都名列前茅。可性格内向的她由于不善交际而被同学视为清高,并不时在背后说其是只知读书的书呆子。特别是她今年在全省高职学院英语口语竞赛中获得第一名后,被学院选送到联合办学的澳大利亚交流学习,更受到一些同学的妒忌和孤立。王某为了消解同学对她的误会,同时也考虑到经济不太宽裕的家庭,遂放弃了这次学习的好机会,可她的烦恼并没有因此而减少。事隔不久,在校园文化活动中获得名次的她又换来同学的冷嘲热讽,连同一宿舍的舍友也开始表面恭维背后攻击她。这一切,让王某感到窒息和压抑,甚至有了离开学校的念头。

【点评】在生活中,因嫉妒引起的人际关系疏离、紧张乃至冲突可谓不胜枚举。几乎每个人都或多或少、或轻或重地体验过嫉妒之情。嫉妒发生的重要原因之一,是人们往往通过与他人比较来确定自身的价值。如果别人的价值比重增加,便会觉得自己的价值在下降,这往往是一种痛苦的体验。尤其是所比较对象原来和自己不分上下甚至不如自己时,更觉难以忍受。这种情绪很容易转化为对所比较对象的不满和怨恨,在行为上很容易从对立的立场上寻找对方的漏洞、不足,或认为对方之所以成功只是由于外部原因,通过诋毁对方达到自我心理上的暂时平衡。即使控制自己不表现出上述行为,但由于一种防御心理作怪,原本轻松而无拘束的交往气氛也会变得紧张起来。维护"自尊"的需要常使人以一种傲慢的、难以接近的面目出现。

轻微的嫉妒,使人意识到一种压力,一种向超越者学习并赶上超越者的动力,促使人去拼搏、奋进。但严重的嫉妒所导致的更多是焦虑和敌意,不是奋起直追,而是不相信自己有能力和毅力;不是反省自己,而是觉得别人想让自己难堪,因而成为个人成长与人际交往中的严重阻碍。

克服嫉妒一方面应从增加自信入手,相信自己有能力赶上别人。另一方面,应调整自我价值的确认方式。研究表明,自我价值的确认越是倾向于社会标准(通过与周围人、社会流行观念等比较),就越容易引发嫉妒;越是倾向于内在标准(以自己的思考、内在的准则为参照),就越能减少嫉妒。心理健康水平高的人主要以内在标准为主,即自我定向。简单地与别人比较往往导致片面的看法。能够表现一个人价值的方面有很多,每个人都有其优势的方面和劣势的方面,可能张三记忆力好,李四擅长交往;这个人貌美,那个人聪慧。所以,许多时候以一种统一的标准衡量人的价值并不准确。因此,我们主张发展自我定向的心理品质。

在交往中不但要减少自己的嫉妒心,还应学会消解别人的嫉妒心。不要过分夸耀自己的成就,尤其在不如意者面前应采取一种谦逊的态度。

【案例】这是某高职大学生的咨询信:我刚读大二,现在有一个关于人际关系方面的问题想请教。我和她是一个寝室的,开始的时候大家关系很好,她对人很客气,做什么事也显得很大方,交往了很多的朋友。但是后来,我慢慢的感觉到她这个人很虚伪,待人客气给我一种很假的感觉,她表面上和心里想的好像都不一样。平时总是喜欢征求我们的意见,但其实她心里早就已经想好了。她是我们班的团支部书记,所以有很多活动都是由她来宣布的,我们是同一个寝室的,寝室一共有四个人,有一个人经常和她在一起,这个人和我们关系都很不错,我和另外一个人关系很好,有什么活动,她都不告诉我们,总是她们两个人参加,和她一起的是个老好人,谁都不想得罪,所以也不说什么。她一般对我都很客气,我对她也是的,但有时候想来很烦,心里又藏不住,就不理她或有时候讽刺她几句,其实我不想这个样子。她几乎每天都打一个多小时的电话聊天,我们在做作业,或是有电话进来,她也不管,还是继续聊,我们三个都很烦,但她平常对我们都很客气,我们也不好意思说她,其实另外两个人心里对她也有不满的地方,但表面上看来,她们对她很好,有时候比对我还好,但私底下有时候也说一下,但是我心里藏不住话,心里讨厌她,表面上就不会对她有笑脸,但另外两个同学却可以若无其事,我不想换寝室,但又不知道该怎么样来和她交往,请您告诉我我该怎么办,谢谢了!

【点评】这的确是个不大不小、令人烦恼的事情。但处理好人际关系对于成长中的学生来说是一个积累经验的过程。你不是心胸小容不下对方,也不是对方太过分了,而是双方需要适应和彼此承认一些对方的处世方法。如果一个人对另一个人有意见,应该说最好的办法是面对面与她交流,你们的交流会改变她一些的,然后,你会从她那里的信息中得到反馈,你也会改变一些的。以本善的心地对待她,你就会慢慢开朗起来。

第三节 高职大学生良好人际关系的调整与建立

一、高职大学生人际关系心理问题的归因

1. 影响高职大学生人际关系的原因

(1)社会环境的影响。人类的行为是后天在社会实践中习得的,人们总是不断总结经验、更新知识、改变自己的行为模式与生活方式,使之适应社会发展的要求。人们的社会交往方式自然会受到社会观念的影响。

当今社会处于转型时期,传统中国文化要求学生对权威的服从、崇拜,对集体的义务、奉献,对他人的宽容、忍耐,与今天强调个人价值的自我实现、尊重个人的意志等观念会产生某些冲突。同时,社会上浮躁的虚荣心理、急功近利的短视行为,导致许多人缺乏忍耐性与自我反思、自我修正的精神。

市场经济的开放性、公平性、竞争性等特征必然引起人们观念的变化：金钱观念在强化，竞争观念在强化，平等观念在强化。在市场经济条件下，人际关系被蒙上一层商品的色彩，更看重利益的互惠互补。过去曾是合作的伙伴，今天可能成为竞争的对手，利益成为人际关系的主要纽带。

大学生在人际交往中，其价值取向也明显地受到社会观念变革的影响，如在交友中，重视强强联合或彼此能够相互照应，特别是一些有较好家庭与社会背景的学生，心理上会有一种优越感；相反，一些来自弱势群体家庭的孩子相形见绌，表现出自卑、敏感等人际交往障碍。因此，现在大学生中的盲目攀比现象，可以说是一种在人际交往中强烈要显示自尊的心理体现。

(2)家庭教育的影响。由于家长的教育素养参差不齐，在早期家庭教育观念上差异较大。每个人的人际交往模式又与儿时在家庭中父母的教养态度、教养方式及父母为人处事的态度有直接的联系。因此，大学生的人际交往观念、能力和技巧上也存在很大的差异。传统的家庭教育中，大多数人信奉"棍棒底下出孝子"，因此，最理想的家庭教育模式是"严父慈母"。许多成长在改革开放以前的人都会感受到，那个年代很少有娇惯孩子的父母，孩子的自立能力都较强，但在内心也不可避免地留下一些创伤。

当代大学生多为独生子女，生长在经济快速发展时期，父母大都具有"再苦不能苦孩子"的意识，在孩子成长方面，父母关注得较多。因此，孩子在与父母和他人交往中出现了一些新的特点。现在许多孩子以自我为中心、娇惯任性、很难接受别人的批评和建议，这与我们家长的教育方式有直接的关系。

(3)学校教育的影响。当代教育改革的不断深入，强调以人为本，尊重学生的意愿、人格、价值和尊严。传统的教育方式面临着严峻的挑战，而新教育理念的落实还需要一个循序渐进的过程。因此，在新旧观念冲突的时刻，作为教师也感到前所未有的压力，甚至有的教师出现"现在的学生都怎么了"的困惑。

过去的学生"听话"，循规蹈矩，没有太多的个性，特别是学生都很尊敬老师，做教师的也感到很有成就感。但现在有的学生不重视教师，学习冷淡，有自己鲜明的个性，"难管难教"。这与社会在快速发展但教师的教育观念和各方面素质提升较慢有很大的关系。如果教师还是用传统的教育观念和管理方式来约束现在的学生，就会出现许多对立的情况。由于学生不满意教师的教育方式，在课堂上，学生直接向教师发难的事情时有发生；由于个别教师缺乏教师威信，学生不尊重教师的现象也经常会见到。如果教育者不能正确引导，很容易导致师生关系的紧张，进一步影响学生对社会的认知和理解，从而形成不正确的交往方式。

(4)学生个人的经验背景。大学生离家住校，与同学一同学习、一起生活，彼此间的影响也是持久的。由于同学间个人的家庭背景、经济条件、社会地位、个人素质的差异,在人际交往中就会出现不同的交往方式。但同学间能否以正确的心态去面对与他人的交往,能否理解、体谅和宽容他人,将会成为影响同学间交往的最重要因素。

正是由于那么多与众不同的成长经历才造就出每个人独特的个性,也造就出多姿多彩的人生。

2. 学会心理换位、反思自己的认知是否存在偏差

在生活中,由于我们总是从自己的角度去思考问题,出现矛盾后又往往只从外部找原因,致使我们在人际交往中易"以自我为中心"。青年人往往较少考虑别人的感受。对青年人而言,这也并不是缺点,因为人都要经历以自我为中心的过程,然后才慢慢学会和别人合作。我们要承认别人是有缺点的,但是自己也有缺点,而且自己也应该学会宽容别人。用"我行,你也行"的人生态度,肯定自己,也肯定他人。持这种态度的人,能充分体会到自己拥有一种强大的理性能力,对生活的价值也有恰当的理解。他们能客观地悦纳自己与他人,正视现实,善于发现自己、他人和世界的光明面,并努力去改变他们能改变的事物。

顺利地获得"我行,你也行"的见解,这是一种成人式的生活态度,这是宽容精神和乐于接受的表现,既宽容接受自己的弱点,也宽容接受别人的弱点,只有这样,才能既尊重别人,也尊重自己。

二、培养交往能力

1. 人际交往能力的含义

人际交往能力是在学习和生活中与他人在思想、行动上的沟通与协调能力,包括四个方面:认知能力、表达能力、协调能力和反思能力。

(1)认知能力。认知能力是指学生对自己所处的人际环境有一定的认知,并能使自己在行为上较快地融入人际环境的能力。这里的认知包括对社会情境、人际关系、个体的人格特征等的认知。

(2)表达能力。表达能力是指学生在人际沟通过程中恰当地表达信息、传播信息、增进沟通的能力。不恰当的表达不但不能清晰、准确地传达自己的思想、意图,而且还会引起别人的误解,影响正常的人际交往。

(3)协调能力。协调能力是指学生根据交往情境和交往对象的变化,能够适时地调整自己的交往方式、交往策略的能力。

(4)反思能力。反思能力是指学生通过分析自己在人际交往过程中的表现,找出自己行为方式中的缺点,借以提高自我的能力。

人际交往能力的四个方面密切联系、协调发展。任何一个方面能力过低,都可能会导致高职大学生人际关系失衡和社会适应不良。

当代大学生因不善于与人交往进而形成较严重的心理问题,影响了他们的学习和生活。例如,有一位男生,入学以来就表现出较强的上进心,总想找机会、创造条件以施展自己的才华,为此他花费了很多心血。在学生社团组织的活动中,他由于缺乏良好的人际交往能力,与各方面沟通都出现了障碍。有人觉得他说话没有原则,有人认为他不知天高地厚,也有人认为他名利思想太重。尽管他的行为没有伤害他人,但由于其做法不被周围人所接受,原先比较赏识他的人也渐渐疏远他,他自己也觉得很苦恼,觉得人们不理解他、嫉妒他,而且周围人的不理解更加重了他的孤立独行的心理。究其原因是他的交往方式和策略使用不当,处处总要显示自己的与众不同,并想在自己的号召下,别人都积极响应。在交往过程中认知能力、协调能力欠缺,不能根据具体环境的变化调整自己的行为方式,进而影响了人际交往的效果。

【链接】弯　　腰

和别人发生意见上的分歧,甚至造成言语上的冲突,所以你闷闷不乐,因为你觉得别人都是恶意。别再耿耿于怀了,回家去擦地板吧。

拎一块抹布,弯下腰,双膝着地,把你面前这张地板的每个角落来回擦拭干净。然后重新反省自己在那场冲突中说过的每一句话。

现在,你发现自己其实也有不对的地方了,是不是?你渐渐心平气和了,是不是?有时候你必须学习弯腰,因为这个动作可以让你谦卑。劳动身体的同时,你也擦亮了自己的心绪。而且,你还拥有了一张光洁的地板呢,这是你的第二个收获。

2. 人际交往的技巧

大学生进入学校的那一刻就已决定其交往需要,交往需要是大学生人际交往的基础。而人际魅力是在人际交往过程中形成的。每个人都有自己喜欢的人,并愿意与之交往;每个人也都有自己讨厌的人,不愿意和这些人交往。那么,大学生如何增强人际吸引力,做一个受欢迎的人呢?要建立良好的人际关系,主要有以下方法策略:

(1)努力建立良好的第一印象。怎样表现才能给人留下良好的第一印象呢?心理学家卡耐基在其著作《怎样赢得朋友,怎样影响别人》一书中总结出给人留下良好的第一印象的六种途径:①真诚地对别人感兴趣;②微笑;③多提别人的名字;④做一个耐心的听者,鼓励别人谈他们自己;⑤谈符合别人兴趣的话题;⑥以真诚的方式让别人感到他很重要。

(2)提高个人的外在素质。追求美、欣赏美、塑造美是人的天性。美的外貌、风度能使人感到轻松愉快,并且在心理上构成一种精神的酬赏。所以,大学生应恰当地修饰自己的容貌,扬长避短,注意在不同场合下选择样式和色彩符合自己的服装,形成自己独特的气质和风度。同时,大学生应注意追求外在美和内在美的协调一致,即外秀内慧,因为随着时间的推移、交往的加深,外在美的作用会逐渐减弱,对他人的吸引会逐渐由外及内,从相貌、仪表转为道德、才能。

(3)培养良好的个性特征。良好的个性特征对建立良好的人际关系有吸引作用,不良个性特征对建立良好的人际关系有阻碍作用。生活中,大家都愿意与性格良好的人交往,没有人愿意与自私、虚伪、狡猾、性情粗暴、心胸狭隘的人打交道。因此,要不断形成良好的个性特征,注意克服性格上的弱点。

(4)加强交往,密切关系。心理学研究表明,人与人之间空间距离上的接近是促进人际吸引的重要因素,因为人与人之间空间位置上越接近,彼此交往的频率就越高,越有助于相互了解、沟通情感、密切关系。即使两个人的人际关系比较紧张,通过交往,也有可能逐步消除猜疑、误会。反之,即使两人关系很好,但如果长期不交往,彼此了解减少,其关系也可能逐渐淡薄。大学生同住在一起,接触密切,这是建立友情良好的客观条件,应充分利用这一条件,与朋友保持适度的接触频率,才能使人际关系不至于淡化甚至消失。切忌"有事有人,无事无人"。

(5)赞扬他人。无论是心理学研究还是人际交往的实践都表明,赞扬往往能赢得朋友。一般人们的倾向是肯定和维持自己现有的思想和行为。来自别人的赞扬强化了我们对自己的思想、行为的信念。这种奖赏使人感到舒畅和自我价值的实现,因而对赞扬者亦会报以感激或是友善的回应。

但是赞扬的有效性是有条件的。如果赞扬太慷慨,看起来毫无根据或赞扬者本人被怀疑心有所图,赞扬就不会有好的效果,甚至会令人反感。此外,对当事者不愿公开,不愿让人了解的言行,不分场合地加以赞扬也会起反作用。赞赏必须发自肺腑,否则就成了恭维。而发自肺腑的赞赏需要一颗充满自信的爱心,需要一种不断学习他人、完善自我的胸怀。

最有效的赞赏是赞扬他人身上那些并不是显而易见的长处和优点。如果你赞赏一个领导能力强,他也会高兴,但若是赞赏他有风度或是很会教育子女,他一定会更高兴。如果你赞赏一个容貌出众的女孩子漂亮,可能不会引起太大的反响,因为她对这一点很自信;如果你说她性格很好或聪明,她可能会更为高兴。

(6)主动而热情地待人。心理学家发现,"热情"是最能打动人、对人最具吸引力的特质之一。一个充满热情的人很容易把自己的良性情绪传染给别人。在这里,首先让自己变得愉快起来是必要的。一个面带微笑的人很容易被他人接纳。每个人在生活中都会遇到许多烦恼的事,但我们不应被它们所奴役,而应像鲁迅先生所说的那样:敢于直面惨淡的人生!学生愉快地面对生活可以从行动入手,让自己高兴地去做事,以微笑去待人。威廉·詹姆斯曾说过:"行动似乎是跟随在感觉之后,但实际上行动和感觉是并肩而行的。行动是在意志的直接控制之下,而我们能够间接地控制不在意志直接控制下的感觉。因此,如果我们不愉快的话,要变得愉快的主动方式是,愉快地坐起来,而且言行都好像是已经愉快起来的样子……"

要热情待人还须从心里对他人感兴趣,真心喜欢他人。"对别人不感兴趣的人,他的一生中困难最多,对别人的伤害也最大。所有人类的失败都出自于这种人。""只要你对别人真心感兴趣,在两个月之内,你所得到的朋友,就会比一个要别人对他(她)感兴趣的人,在两年内所交的朋友还要多。"

(7)要学会倾听、乐于沟通,养成一种开放的心态。一切心理疾病都源于个体对自我心理的长期封闭。学生只有在集体活动和交往中才能学会合作。认真倾听,即便有不同的意见使你恼火,也要克制地听到底,然后再发表自己的看法,反驳需有分寸、有礼貌。眼睛注视对方的表情,仔细把握说话人的一切"无声语言",并及时、适宜地给予应答性的反馈表情。沟通时要坦诚,接纳彼此的看法,并积极地倾听对方所表达的信息。培养幽默感,在气氛紧张的关头,一个轻松的笑语、一句善意的玩笑,都有可能使面临破裂的友谊继续下去。精神愉快的人最为明显的特点就是具有善意的幽默感。我们平时应多欣赏、多赞美别人的长处。人人都需要鼓励,积极地肯定别人的长处或进步能有效地促进友谊。

(8)学会宽容,把求同存异作为人际沟通的主要桥梁。每个人的理解不同,差异自然存在,要理解并尊重别人的价值观念、行为方式,要包容别人与自己的差异,寻找双方的共同点。一个人无法包容其他人的缺点,就无法走进别人的内心世界。包容是一种风度,更是一种境界。在意见不一致,固执己见可能会影响人际关系的时候,可保留自己的意见,避免争论,遇到矛盾可先转移注意力,待双方心平气和时再进一步沟通和交流,争论只能是两败俱伤。

(9)要善于与人合作。在人际关系中,人与人之间经常表现为合作与竞争,在一个群体中既有合作,也有竞争,两者往往是并存的。合作是群体成员为追求共同目标,同心协力、相互支持和帮助的协作性行为。竞争是个人或群体各方力求胜过对方的对抗性行为。只有善于协调彼此的立场,取得"双赢"的人,才会在合作中成功。在利益面前切莫斤斤计较,要考虑长远的利益。在激烈竞争的年代,企业间进行强强联合,成立具有更大竞争优势的作战军团,同样,个人之间交往也倾向选择能够相互扶持的伙伴。

(10)坚持做人原则,自尊赢得他尊。在主动与人交往中要学会维护自尊,别人才不会勉强你、误会你。保持适当的交往距离。学会批评、学会说"不",过分利他将导致自我迷失,明确过分利他是一种不健康的行为,要保持人格的独立和完整。

(11)学会批评:

批评应注意场合。批评要想奏效,必须尽量减少对方的防卫心理。如果我们在大庭广众下批评别人,对方很可能首先意识到自己的形象和自尊受损而不是自己所犯的错误,他会马上以敌视的态度来反击你以保护受到威胁的自尊心。这样,你的批评除了增加对方的反感和抵触外,不会有任何效果。所以,批评应尽量在只有你们俩在场的情况下进行。

批评对事不对人。比起一些具体的言行来,人们对自身的人格、能力等看得更重。如果你的批评含有贬低其能力、人品的意味,便容易激怒对方。如果你在肯定其能力、人品的前提下指出其某一个具体言行的错误,他(她)往往容易接受。如"按你的能力,这件事本来可以做得更好些"、"依你的为人,不该说出这种伤人的话",等等。

批评应针对现在,而不要纠缠老账。如果习惯于用"你怎么总是……"之类的形式批评别人,是不会取得好效果的。因为这样的说法暗示对方:"你旧习难改。"卡耐基告诉我们:让对方感到自己的错误很容易改掉。这样对方往往会有信心去改变自己。另外,翻老账的做法也容易引起对方的反感。一两件事可以归因于偶然,许多件事则更可能归因于人品,所以翻老账等于在贬低对方人品。记住,批评只针对当前这一件事。

(12)正确对待批评。来自他人的批评激起我们的第一个反应常常是为自己辩解,甚至更加严厉地反击。但这种态度和行为除了造成对自己的进一步伤害外,不是误会他人的好意,便是让他人的恶意得逞。

卡耐基说"虽然我不能阻止别人不对我做任何不公正的批评,我却可以做一件更重要的事:我可以决定是否要让我自己受到那些不公正批评的干扰。"这一见解对我们具有极大的启发意义。过分看重批评往往使人寸步难行。对待批评的方法是认真、冷静地分析其中是否含有可供参考、有助于自我完善的东西。对于不公正的批评,也要轻松对待,置之不理是消解不公正批评的好方法,做到这一点不容易,需要充分的自信和博大的胸怀。傻人受到一点点的批评就会发脾气,可是聪明人却急于从这些责备他们、反对他们的人那里,学到更多的经验。

(13)珍惜同学间的友谊。一个班级几十人聚到一起,共同学习和生活几年,然后可能天各一方,同学间的交往是最纯洁的,没有那么多利害关系。

处理人与人之间的关系的确是一门学问,是一种艺术。有许多具体的原则、警言可供我们参考、借鉴。但是,掌握这种艺术的关键是我们对人性的了解和掌握,是我们对自身的了解和把握。了解他人需要什么,并满足这些需要,就能赢得他人。了解自己的长处和局限,并不断地完善自己,我们就能减少防卫,更坦然地走向他人,更自信地与他人交往。

【案例】心理学老师带着一群学生做实验。他先让同学们面朝他站成两排横队,命令后一排的同学做好救助准备,等他喊了"开始"之后,前一排的同学就往后一排相对位置的同学身上倒。他说:"前面的同学不要有顾虑,要尽力往后倒。好,开始!"前排的同学们嘻嘻哈哈地笑着,按照老师指令,身子一点点向后倾斜,但是,大家明显地暗自掌握着身体的平衡,并不肯好端端的自我摆倒到后面那个人的身上;后排的同学本来已经拉开了架势,预备扮演一回救人危难的英雄角色,但是,由于前面送过来的重量太轻,他们也只好扫兴地用手轻触了一下别人的衣服就算完事。

可是,这里面有个例外——一位男生在听到老师的指令之后,紧紧地闭上双眼,十分真实地向后面倒去。他的搭档是一位小巧玲珑的女生。当她感到他毫不掺假地倒过来时,先是微微一怔,接着就倾尽全力去支撑他。看得出,她有些力不自胜,但却倔强地抿着唇,誓死也要撑起他……她成功了。老师笑着去握他和她的手,告诉大家说:"他俩是这次实验中表现最为出色的人。"

【点评】在团体中,主动消除戒备心理,相信伙伴,也真诚地帮助伙伴,将会有意想不到的收获。

心 理 测 试

一般人际关系测验

本测验共有36道题目。请你根据自己的实际情况,对其中的每一个问题做出回答。符合你的情况的,把该问题后面的"是"圈起来;不符合你的情况的,把该问题后面的"否"圈起来。

1. 你平时是否关心自己的人缘? 是 否
2. 在食堂里你一般都是独自吃饭吗? 是 否
3. 和一大群人在一起时,你是否会产生孤独感或失落感? 是 否
4. 你是否时常不经同意就使用他人的东西? 是 否
5. 当一件事没做好,你是否会埋怨合作者? 是 否
6. 当你的朋友遇到困难时,你是否发现他们不打算来求助你? 是 否
7. 如朋友们跟你开玩笑过了头,你会不会板起面孔,甚至反目? 是 否
8. 在公共场合,你有把鞋子脱掉的习惯吗? 是 否
9. 你认为在任何场合下都应该不隐瞒自己的缺点吗? 是 否
10. 当你的同事、同学或朋友取得进步或成功时,你是否真的为他们高兴? 是 否
11. 你喜欢拿别人开玩笑吗? 是 否
12. 和自己兴趣爱好不相同的人相处在一起时,你也不会感到兴味索然无话可说吗? 是 否
13. 当你住在楼上时,你会往楼下倒水或丢纸屑吗? 是 否

14. 你经常指出别人的不足,要求他们去改进吗? 　　　　是　　否
15. 当别人在融洽地交谈时,你会贸然地打断他们吗? 　　是　　否
16. 你是否关心或常常谈论别人的私事? 　　　　　　　是　　否
17. 你善于和老年人谈他们关心的问题吗? 　　　　　　是　　否
18. 你讲话时常出现一些不文明的口头语吗? 　　　　　是　　否
19. 你是否时而会做出一些言而无信的事? 　　　　　　是　　否
20. 当有人与你交谈或对你讲解一些事情时,你是否时常觉得很难聚精会神地听下去? 　　　　　　　　　　　　　　　　　　　　　是　　否
21. 当你处于一个新的集体中时,你会觉得交新朋友是一件容易的事吗?
　　　　　　　　　　　　　　　　　　　　　　　　是　　否
22. 你是一个愿意慷慨地招待同伴的人吗? 　　　　　　是　　否
23. 你向别人吐露自己的抱负、挫折以及个人的种种事情吗? 　是　　否
24. 告诉别人一件事情时,你是否试图把事情的细节都交代得很清楚?
　　　　　　　　　　　　　　　　　　　　　　　　是　　否
25. 遇到不顺心的事,你会精神沮丧、意志消沉,或把气出在家里人、朋友、同事身上吗? 　　　　　　　　　　　　　　　　　　是　　否
26. 你是否经常不经思索就随便发表意见? 　　　　　　是　　否
27. 你是否注意赴约前不吃葱、大蒜,以及防止身带酒气? 　是　　否
28. 你是否经常发牢骚? 　　　　　　　　　　　　　　是　　否
29. 在公共场合,你会很随便地喊别人的绰号吗? 　　　是　　否
30. 你关心报纸、电视等信息渠道中的社会新闻吗? 　　是　　否
31. 当你发觉自己无意中做错了事或伤害了别人,你是否会很快地承认错误或做出道歉? 　　　　　　　　　　　　　　　　　　是　　否
32. 在闲暇时,你是否喜欢跟人聊聊天? 　　　　　　　是　　否
33. 你跟别人约会时,是否常让别人等你? 　　　　　　是　　否
34. 你是否有时会与别人谈论一些自己感兴趣而他们不感兴趣的话题?
　　　　　　　　　　　　　　　　　　　　　　　　是　　否
35. 你有逗乐儿童的小手法吗? 　　　　　　　　　　　是　　否
36. 你平时告诫自己不要说虚情假意的话吗? 　　　　　是　　否

▶计分方法　请把你的答案和下面的答案逐个对照:

(1)是,(2)否,(3)否,(4)否,(5)否,(6)否,(7)否,(8)否,(9)否,(10)是,(11)否,(12)是,(13)否,(14)否,(15)否,(16)否,(17)是,(18)否,(19)否,(20)否,(21)是,(22)是,(23)是,(24)否,(25)无,(26)否,(27)是,(28)否,(29)否,(30)是,(31)是,(32)是,(33)否,(34)否,(35)是,(36)是。

▶**结果解释** 如果某题你圈的答案与上面所列的该题的答案相同,得分,每题得1分;如果不相同,不得分,把全部得分累加起来,即得到总分,最高总得分为36分。分数越高,表明你的人际关系越好。看自己的得分是在哪个得分范围内,便能大致判断出自己的人际关系的好坏。判断规则为:

30分以上,表示人际关系很好;
25~29分之间,表示人际关系较好;
19~24分之间,表示人际关系一般;
15~18分之间,表示人际关系较差;
15分以下,表示人际关系很差。

◆ 学 生 活 动

提高自己的处世艺术

请进行以下10项心理训练:

1. 尊重对方,用真诚的视线注视对方。
2. 记住别人的名字,对别人真诚地感兴趣。
3. 给人以友好、真心的微笑。
4. 倾听别人的说话,谈论别人感兴趣的东西。
5. 尊重对方生活的秘密,保护他人的隐私。
6. 不在背后批评人,使他人保持住面子。
7. 从友善的态度出发,采用积极、明确的说话方式。
8. 对别人的想法和希望表示理解。
9. 适当地称呼他人的名字,取得最佳心理强化效果。
10. 理解对方的视线、目光,判断对方的性格。

第六章　大学生爱情心理和性心理的健康维护

你知道吗？

1. 你准备好迎接爱情了吗？
2. 恋爱中会遇到什么？
3. 失恋了怎么办？
4. 大学生常见的性心理困惑有哪些？
5. 男生和女生的性心理一样吗？

案例引入

小陈是某高职院校一年级女生,活泼漂亮,进校后成绩优良,组织能力强,并且多才多艺,表现突出。被选为团支部书记、学生会干部,得到老师、同学的一致好评和喜爱。

可是仅仅半年后,她就坠入情网,和高中同学开始热恋。为了和外地恋人约会,她经常对辅导员撒谎请假。一次为给恋人送生日礼物,她借光了宿舍所有同学的生活费并迟迟不还,害得同学没有了吃饭钱,引起全宿舍同学的不满,坚决不愿意和她同宿舍。

此后,她学习成绩一落千丈,甚至有的课程考试不及格。更可怕的是,在狂热恋爱之后,19岁的她就不得不悄悄去医院做了人流手术。为了瞒过老师同学的眼睛,她选择了旷课,为此,她又受到了学院的纪律处分。

升入二年级时,她已经从一个品学兼优的学生干部变成一个不求上进、成绩差、不遵守纪律、被同学冷落疏远的问题学生。她自己身心也备受打击,经常失眠、情绪不稳定、难以坚持继续学习,无奈之下,她走进了学校的心理咨询室寻找帮助……

▶思考 爱情是美好的,但美好的爱情为什么反而给小陈原本阳光灿烂的大学生活添上了阴影?小陈具备了恋爱的能力了吗,她什么地方做得不好?大学生中谈恋爱的现象比较普遍,应该如何看待和对待婚前性关系?

第一节 高职大学生的恋爱心理

一、正确理解与认知爱情

所谓爱情,是指男女之间相互爱恋的感情。在现实社会中,爱情是一对男女之间基于一定的客观物质基础和共同的生活理想,在各自内心形成的最真挚的相互倾慕并渴望拥有对方,直至成为终身伴侣的强烈、持久、纯真的感情。

爱情是建立在性的基础上的,性的吸引是爱情产生的自然前提和生理基础。法国大思想家罗素说:"爱情源于性,又高于性。"爱情同时又是一种社会性情感活动的产物和要求。后者体现了人与动物爱的本质区别。

综上所述,爱情是人的生理性需求与社会性需求的统一,是生理因素与心理因素的统一,是性爱与情爱的统一。因此,爱情不仅要求男女双方在相貌、人品、情感、能力等方面能够和谐共鸣,而且要求男女双方共同承担相应的社会责任和义务。

　　这就是说,首先,爱情是在男女双方之间产生的;其次,爱情是相互的;第三,恋爱双方必须有值得对方爱恋的依托,比如相貌、人品、能力等。一般来说,真正的爱情上述三项缺一不可。因为,第一,爱情如果不是发生在男女之间就不符合自然规律,就是不正常的,如同性恋等。第二,爱情如果不是相互的,就不可能发生,因为单方面的爱是不会得到回应的,因而也不可能真正发生,如单相思等。第三,爱情是以异性之间的相互吸引为基础的,没有了彼此的吸引,爱情也就随之消亡。爱情的长短与质量取决于相爱双方吸引力持续时间的长短与质量。不仅如此,一切爱情都是建立在特定的历史条件下的,离开了这一基础,爱情也就无从谈起。

　　还有一点需要明确的是,爱情与婚姻是既有关联又有区别的两个概念:婚姻是一种契约关系,具有法律约束力;爱情是一种基于一定社会条件下的情感关系,它不受法律约束。

　　不同的时代对爱情的理解与追求是不相同的。现在的大学生,对爱情再也不用羞涩地遮遮掩掩、躲躲藏藏了,他们可以落落大方、热情洋溢地去接受爱的呼唤。随着大学生思想意识的不断解放,主动地投身爱情、追求爱情的人数也在呈上升趋势。在紧张忙碌、优雅清静的校园里,同学们精心地把握爱的机会;大胆地披露爱的心迹;甜蜜地吮吸爱的芬芳;温馨地体验爱的经历……

　　【案例】 20岁的男生小李,从贫困山区考入某高职学院会计专业。进校后,性情憨厚和不善言谈的他学习刻苦勤奋,第一年就获得了一等奖学金。二年级接新生时,他接来了同乡的一个女孩,那女孩热情开朗的性格,像花一般甜甜的笑脸给他留下很深的印象。那一天晚上,他失眠了。以后,他整个人都变了,整日精神恍惚,学习热情一点儿也没有了,一学期下来竟然有一门课程考试不及格。他想向她表白,又缺少勇气,只有经常在人群中寻找那女孩的身影,想看她一眼,和她说一句话。有一天,他看见她和一个男生在一起有说有笑的,心里不知是什么滋味。他想把她忘掉,却总是失败,他觉得自己真是没用,认为唯一的办法就是离开学校,再也见不到她。可是,这样又怎能对得起贫苦中艰难供他读书的父母?

　　小李苦恼中把心事告诉了辅导员,在辅导员老师的指导帮助下,小李学会了用理性来驾驭情感,摆正了情感与学习的位置,终于又恢复了以前的钻研精神,学习成绩优秀,被选举为班级的学习委员,再次成为同学们的羡慕对象。

　　应该承认,校园里多数的大学生对爱情的追求是健康的、理智的。这部分学生能够很好地处理学业与爱情的关系,在刻苦攻读学业知识的同时,也自然而理智地追求着爱情。他们普遍具有较好的把握控制自己的能力,爱情因学业而生辉,学业为爱情而添彩,在收获学业的同时也收获了爱情。但是也有少数学生处理不好爱情与学业的关系。这部分学生普遍缺乏必要的处理问题的理智和自我控制能力,感情用事,视爱情为生活中的一切。爱情当前,学业、事业、前途都不放在眼里。为了爱情,可以不顾一切,可以放弃一切。

美好的爱情会为我们带来快乐、带来幸福;没有爱情的生活会让我们感到缺憾、感到痛苦;病态的邪恶的爱情会给我们造成伤害、造成灾难。合肥某重点高校曾经有一位来自贫寒家庭的大学生,他在恋爱一段时间后,因性格不合遭到女同学拒绝,坚决与其分手,他却不能承受而导致精神崩溃,最后居然在宿舍楼前,残忍地捅了女同学十几刀,当场将其刺死。

历史上各种动人的爱情故事不胜枚举。在今天的大学校园里,关于爱情的传说也比比皆是。由于爱情而比翼双飞,终致学业有成者有之;错失大好姻缘,导致终身痛悔者有之;不思进取,荒废学业者有之;为爱殉情,轻率舍弃生命者亦有之。

二、高职大学生恋爱心理特点

大学生的恋爱心理特点的形成与社会、家庭、学校、自身等因素有关。除具有一般青年人恋爱的特性外,还有其独有的特点。

1. 只注重恋爱过程

大学生恋爱的一个重要特点是只想恋爱而没有考虑到将来的结婚,不是清楚地、自觉地意识到应选择一个终身伴侣,他们恋爱是因为需要爱和被爱。据相关调查显示,很多学生恋爱的动机在于体验爱情的幸福、消除寂寞、充实大学阶段的生活,甚至是赶时髦或不知道为什么,还有部分学生认为恋爱的目的不是婚姻。由此可见,很多学生注意的是恋爱过程本身,至于恋爱的结果已经被忽略了。

注重恋爱过程,有利于双方了解、加深认识,也有利于培养感情、增加心理相容度,同时也反映出大学生不愿落入世俗,着意追求爱的真谛。但是,只注重恋爱过程,强调此时此刻的爱情感受,把恋爱与婚姻相分离,不考虑爱的结果,未免失之偏颇。现在大学生中流传着一句顺口溜"不求天长地久,只求曾经拥有"。一些大学生把恋爱当作一种感情体验,及时行乐,借以寻求刺激,满足精神享受,还有一些大学生甚至把恋爱当作一种消遣文化。其实,只注重恋爱过程,轻视恋爱结果,实质上是只强调爱的权利,而否定了爱的责任。

2. 客观上的爱情至上

在对待学业与爱情的关系上,高职院校的大学生在接受调查的时候,大多认为"学业高于爱情"或"同等重要",只有少数学生认为"爱情高于学业"。从调查结果来看,绝大多数学生能够正确看待学业与爱情的关系,他们赞成学习是学生的天职,大学阶段应以学习为主,爱情应当服从学业。有的希望学业和爱情双丰收,既渴求学业有成,又向往爱情幸福,总之,大都没有忘记学业,总想把学业放在首要的位置。但遗憾的是,上述这些仅仅是其主观上、思想上的愿望而已。

在高职院校里,客观上、行为上能够正确处理好学业与爱情关系的大学生还是占大多数的,但也有不少人一旦坠入情网就不能自拔,强烈的感情冲击了一切。有的学生一旦恋爱,整天如痴如醉、想入非非、卿卿我我,沉浸在甜言蜜语之中。有的大学生中午、晚上不休息,"加班加点"谈恋爱,致使上课时无精打采,倦意甚浓。有的大学生干脆逃课,"一心一意"谈恋爱,成为恋爱"专业户"。很多大学生成就事业的热情在不知不觉中一天天冷却,爱情逐渐成为生活的唯一追求。可见,摆正学业与爱情的关系,是大学生难以控制而又必须正确处理的问题。

【案例】某高职院校二年级女生。当初,她怀着对大学生活的美好向往踏入学校。为了实现自己的理想,入校后,她放弃了许多休息娱乐时间,专心致志于学习,为此取得了优良的学习成绩,赢得了老师和同学们的赞誉。正当她准备进一步提升自己的学习目标时,一位同年级的"白马王子"闯入了她的生活,涉世不深的她很快坠入爱河,一度沉醉于花前月下、卿卿我我的两人世界,渐渐地游离了原先设计的奋斗目标,一学期下来,学习成绩严重滑坡。自己虽然已经预感到问题的严重性,但是却无法控制两人的频频约会。

辅导员很快发现了他们的变化,并及时进行了干预。在老师的教育启发下,他们终于走出了两人世界的小圈子。一方面,积极参加集体活动,在集体中感受老师和同学的关心和温暖;另一方面,理清两人的情感困惑,把握恋爱的热度,把主要精力集中到学习上来。半年后,她的学习成绩提升幅度较大,不但两人的感情正常发展,而且那位"白马王子"的成绩也步步提高,两人圆满毕业。

3. 恋爱观念开放

随着时代的发展,大学生的恋爱观念日益开放,传统道德逐渐淡化。部分学生认为有多个情人是"可以理解"、"有一定道理"的。在对待婚前性行为的态度上,有部分学生不反对婚前性行为,有少数赞成婚前性行为,还有认为无所谓、应该顺其自然,而且多数学生认为是"不违背道德观念"的,很少有学生关注发生性关系后的责任问题。

中国传统文化及伦理道德虽对大学生影响较深,但随着对外开放的范围不断扩大,国外近些年的"试婚"等婚姻观逐渐影响到大学生,使得学生常常处于理智与感情矛盾的漩涡中,在理性认识上觉得应该保持贞操,应该遵守传统伦理道德观,但在爱的激情下,又不愿再受传统观念束缚,恋爱方式公开化,不再搞"地下工作",一些大学生甚至在公共场所、大庭广众之下,旁若无人地做出过分亲昵的动作,有的竟然坦然地谈起多角恋爱。

4. 心理承受能力较弱

大学生中"有情人"虽多,但"终成眷属"者少,这样就产生了一批失恋大军。心理研究机构曾对大学生分年级做过抽样调查,结果显示,越来越多的大学生有了恋爱经历,从大一的不到20%按年级呈上升态势,到大三有近半数学生承认自己有恋爱经历。然而值得关注的是恋爱受挫后的心理状况。大学生感情受挫后出现一个时期的心理阴暗期是正常的,绝大多数大学生通过"找朋友诉说"或者"理性思考"对自己和对方采取宽容的态度,尊重对方的选择。但仍有一部分学生摆脱不了"情感危机",有的失去信心,放弃对爱情的追求;有的一蹶不振,沉沦自弃,认为一切都失去了意义,以至于悲观厌世;有的视对方如仇人,肆意诽谤,甚至做出极端行为伤害对方。因失恋而失志、失德者虽属少数,但影响很大。

第二节　高职大学生恋爱心理的困惑与调适

　　大学生恋爱现象在现实中越来越普遍,已经渗入学习生活和工作的各个方面。然而大学生生理发育成熟而心理不成熟或渐趋成熟的矛盾、丰富的情感与脆弱的理智的矛盾、性意识的觉醒与性道德规范的矛盾,导致他们在恋爱过程中出现各种烦恼和痛苦,甚至遭受失恋的打击,直接影响着他们的身心健康与发展。因此,大学生学会调适恋爱过程中的各种心理困惑,正确对待失恋,有利于大学生的身心健康和全面发展。

一、恋爱中的心理困惑

1. 过度的恋爱情绪反应

　　恋爱是以感情为基础,随着恋爱的进程,双方必然在心理上和感情上发生很大变化,如初恋时的激动不安,等待恋人时的焦急烦躁,离别时的依依不舍等,这些反应是很正常的,是恋爱中常有的心理现象。但如果这些情绪反应过于强烈,就会影响正常的学习生活,损害身心健康。与恋人一会儿不见,便心神不宁,坐卧不安,恋人外出如同生死离别一样痛苦不堪,"才下眉头,却上心头","衣带渐宽终不悔,为伊消得人憔悴",整日沉湎于相思的苦海里不能自拔,致使学习不专心,上课走神,神思恍惚,精神萎靡,茶饭不思,辗转难眠,这些都是过度的情绪反应。为减轻这种反应,保持心理健康,要学会转移注意力,及时调整、放松自己的情绪,做一些感兴趣的事情,积极参加有益的活动,不要把自己的全部精力都投入到恋爱上。因为恋爱本身并不是一个人生活的全部。鲁迅说:"不能只为了爱,——盲目的爱,而将别的人生道义全盘疏忽了。"他又说:"人必生活着,爱才有所附着。"

2. 恋爱中的波折

　　每个人都希望自己的恋爱过程能够一帆风顺。但实际恋爱中总是要出现一些波折。因为恋爱本身就是双方加深认识和了解的过程,也是双方磨合的过程。因此，由于双方所受的教育、生活环境、兴趣爱好、性别、个性的差异，以及看问题角度不同，在恋爱过程中出现一些分歧和波折是正常的。但如果这种波折过于强烈或时间过长，就会使人处于焦虑状态，影响心理健康。

爱情的特点是排他的，热恋中的男女不希望其他人介入他们的亲密关系。这种特点对维持爱情的稳定长久很有必要，但排他性发展到极端会引起青年人对恋人行动的猜疑，造成严重心理负担。大学生较同龄人具有更高的敏感性，能更好地捕捉人的心理活动轨迹，这也加强了发生猜疑的可能性。过度的猜疑甚至使某些恋人承受不了心理负担而轻生。对恋人产生怀疑，不相信对方忠诚，在很大程度上是自私心理的表现，是一种病态的爱情心理。自私心理过强的人不允许恋人与其他异性有任何接触，认为恋人只属于自己。

一般地说，异性间从产生爱情之日起，嫉妒心理便应运而生。随着爱情的发展，一些人的嫉妒心理愈来愈强烈，但可能隐秘地存在，而不轻易暴露。自私、猜疑、嫉妒控制在一定范围里是正常的，不能要求人不去嫉妒与自己爱慕对象关系密切的异性，但如果发展过度，就会成为病态的爱情嫉妒妄想。当觉得自己的猜疑嫉妒已无法控制，自己调整不过来时，最好去寻求心理咨询老师的帮助。对具有轻微病态心理的，只要加强指导，一般容易治愈。嫉妒妄想对行为的影响很大，若不及时治疗，凶杀行为并非鲜见。大学生的恋爱纠纷事件中，有一些就是受到嫉妒妄想的影响，这是一种有严重危害的心理障碍。

3. 单恋

恋爱是两个人之间的感情交流，如果一方投入了感情，而对方毫无感觉或不想与之交流，就形成了单恋。单恋只是反映单方面的倾慕。由于这种倾慕者大部分既默默地表现着，又迫切希望自己的指向能够被接受，所以这种情感往往十分强烈，也容易受到伤害，产生心理疾病。单恋的形成大多是由于以下几种原因：

（1）"爱情错觉"。误把友情当爱情，把男女同学间正常的交往，朋友式的关怀和友谊误解为爱情，因而误解对方的言行、情感，想入非非，陶醉于遐想的"爱情"中，造成单恋。

（2）"理想模式"。每个男女青年的心中都有自己的"白雪公主"或"白马王子"，一旦在生活中遇到一位在容貌、才华、气质、风度上都与自己心中的理想模式吻合的人，就会产生难以抑制的爱情之火，这种爱在没有引起对方的感情共鸣时就形成了单恋。

（3）"自作多情"。这种单恋者明知对方不爱自己，还是一味地追求、纠缠。

（4）"情感封拒"。自己深爱对方，却不知对方的感情，又怯于表白，或者故意在对方面前装出一副不屑一顾的神情，甚至口是心非，欲爱却贬，从而苦苦相思，夜不能寐。

【案例】 某高校二年级学生季某是在家长陪伴下进行咨询的。他说话吞吞吐吐，自诉非常喜欢同年级一个女生，而且认为对方也喜欢他，但当他提出与对方进一步密切关系，并频频相对时，却遭到婉言拒绝，遂感到非常痛苦。由此，有时产生幻觉，觉得她也喜欢自己，于是更频繁地纠缠该女生。一天早上刚上课，他忽然从后面搂抱该女生，对方大叫，并打了他一巴掌。他既没有生气，也没有兴奋。

据季某家长介绍，他从小就自卑、羞怯，在自知其貌不扬、个子矮小时，就更觉低人一等，遇事固执。季某父亲也有间隙性精神分裂症状。经过进一步观察了解，发现季某具有一系列不良症状：

(1) 智力水平倒退，记忆力减弱，注意力分散，反应迟钝。学习兴趣和积极性下降，产生明显的厌学情绪。

(2) 情绪呈现明显的抑郁特征，沉默寡言，独来独往，以前他喜欢音乐、集邮、体育、新闻、旅游等，现在兴趣锐减，和过去相比判若两人。

(3) 自卑心理严重，过分敏感。在许多人面前，特别在想要追求的女生面前唯唯诺诺，自惭形秽，难以自我悦纳。认为老师对他上课时咳嗽、揩鼻涕反感，认为同学都在欺负他。

(4) 言谈举止严重失态，经常目光呆滞，精神忧伤，自言自语或独自发呆，与他人谈话时絮絮叨叨、语无伦次。

(5) 还大量抽烟。

【分析】 季某是由恋爱单相思受挫引起的紧张型精神分裂症。这种症状通常表现为：木僵状态、活动减少、语言刻板、动作呆滞、违拗等；联想松散，谈话缺乏中心思想，内容缺乏逻辑联系，思维零乱，意志活动减退，对外界缺乏兴趣，不愿与人接触，生活懒散；多产生言语性幻觉，总觉得别人在评论、讥讽、命令、谩骂自己。这和季某的症状几乎完全一致。

经分析，造成季某病态的原因可能有多方面，但主要有三点：

(1) 缺少正确的恋爱观指导。季某追求的女生外在条件较出众，但两人的思想感情基础完全没有。这就是说他缺乏对真正爱情的基本了解和把握。也不清楚如何正确赢得爱情，只是一味地单相思。而且把恋爱、爱情看得过重，似乎恋爱就是自己生活的全部。

(2) 存在自卑、敏感、固执等个性缺陷。例如，女方接受了季某一张圣诞卡，他就认为对方对自己有意，执意要经常交往，容易感情用事。这些个性缺陷常常成为严重心理障碍的个性心理基础。

(3) 家庭遗传病史的生理影响。研究资料表明：精神分裂症的发病与遗传因素有关，病人亲属的患病率比一般人要高很多，据统计，父母一方患有此病，其子女有16%的患病率。因此，季某的病态可能与家庭遗传病史的生理影响有关。

4. 网恋

网恋顾名思义就是通过网络平台来进行恋爱。时下似乎没有什么比网恋更酷、更时尚、更浪漫的了。网恋虽然没有花前月下的卿卿我我，却也是虚拟世界中两颗炽热的心在碰撞，有时也能放射出耀眼夺目的火花。网恋作为近年来出现的一种新的恋爱方式，为不少大学生所喜爱。大学生网恋包括游戏型、感情寄托型、追求浪漫型、表现自我型、追求时尚型、随波逐流型等多种类型。不管哪一种类型，几乎都具有一个共同的特点：抛弃"恋爱是为了缔结婚姻"的观念，把网恋视为一种网络游戏，在网上进行网络情感交流的一种方式。他们认为网恋不仅可以把现实社会的种种规则完全抛开，而且可以模糊性别和身份，把所有的事情都当作游戏。有调查表明，在大学生中确有一些通过交流学习心得、人生看法，逐渐情投意合而网恋的。但就多数而言，则是经不起外界的诱惑，看见同宿舍的同学都在网上谈情说爱，觉得留下自己孤零零地难受，于是也就加入了网恋队伍。无论大学生们如何卷入网恋，作为恋爱的一种方式，本无可厚非。但是，网恋一般很容易上瘾，大学生一旦上瘾就会沉湎于网络而不能自拔，把网上爱情视为生活的唯一追求。有的大学生竟然中午、晚上不休息，"加班加点"在网上谈恋爱，上课时却无精打采，甚至有的大学生为了上网谈恋爱而逃课。网恋不仅严重地影响学习，而且容易使他们减少与老师、同学之间的交流，不愿意参加集体活动，性格变得孤僻，甚至造成人格分裂。已经有大学生靠偷骗支付上网费用，还有些大学生因为网恋失败，产生心理问题，更严重的甚至出现精神崩溃。网络的欺骗性对一些大学生更是一个沉重的打击，一些受到如此打击的大学生，由于得不到及时的引导，甚至断送了前程。因此，大学生在恋爱中产生心理困惑时，要及时调适好自己的心理，必要时要寻求心理咨询老师的帮助，防患于未然。

【案例】小叶今年20岁，某高职院校二年级学生。几个月前，她在因特网上结识了一位"情投意合"的网友，便情不自禁地陷入了"网恋"之中。从此，她所有的心思都拴在了网上，经常在网上沉迷到深夜，与对方恋得如胶似漆，每天恍恍惚惚的，学习成绩也直线下降。之后，随着情感的升温两人决定见面，反复地约定好了时间、地点和相见方式。然而，见面的那个傍晚，小叶在约定地点等了好几个小时，直到夜深人静，网友却依旧没有露面。夜色中，小叶激动而羞涩的心情随着焦急的等待逐渐变得绝望。看着马路上来来往往的人，她越来越觉得每个人都在看她、笑话她。最后她在羞愧与困惑中迷迷糊糊回到了学校。从那天起小叶的情绪便有些失常。每天执著地守在网络上，对着网友灰色的图标发愣。思来想去，她最后竟然认定这网友就是同班的一位男生，于是前去质问。男生莫名其妙，极力否认。但小叶执意认为对方是有意"考验"自己，始终纠缠不休。

时间一天天过去，小叶逐渐思维混乱、语无伦次，一时情绪激奋，一时心灰意冷,被家长送进了精神病院。经医生诊断确认,她患上了精神分裂症。

二、失恋的调适

成功的恋爱令人陶醉和神往,可谁能断言,在爱情的江河里不会有惊涛骇浪、狂风巨澜呢?有恋爱就会有失恋,这是恋爱过程中的正常现象。因为每个人都有追求爱情的权利,对方也就有接受爱或拒绝爱的权利。

失恋是痛苦的,在大学时代品尝爱情的学生,常会遇到这心酸的一幕。失恋会给人的身心带来极大的伤害,甚至会让人做出蠢事,铸成大错。大学生应冷静地、客观地面对失恋,"三思而后行"。

1. 从认识上接受

(1)失恋不失理智。一些大学生失恋后,万念俱灰,从此一蹶不振,作茧自缚,长期在痛苦的漩涡里不能自拔,心情抑郁,为人冷漠、孤僻,甚至积郁成疾。当感情失重的时候,大学生要把握理智的罗盘。既然失恋已成为无法回避的事实,那么我们就要以足够的勇气和胆量去正视它,失恋不失理智,失恋不失生命。《钢铁是怎样炼成的》一书的作者奥斯特洛夫斯基说:"个人问题、恋爱问题,在我的思想里占的地位很小……即使失恋一百次,我也不会自杀的。"

(2)失恋不失志。有的大学生失恋后心灰意懒,精神颓废,整天不思进取,悲观失望,一副"天涯沦落人"的凄凉。有的借酒消愁,以烟解闷,麻醉自己的精神,不愿醒来。殊不知"抽刀断水水更流,举杯消愁愁更愁",人为地麻醉自己不但不能消除苦恼,反而给自己增添几分思想的空虚。人们常说"痛苦的时候,工作就是良药"。失恋的时候,不妨转移注意力,积极投入学习、工作中,用好成绩来补偿失恋的痛苦。"失之东隅,收之桑榆。"恩格斯在这方面为我们做出了表率,他年轻时曾两次失恋。第一次失恋后,他翻越阿尔卑斯山到意大利散心;第二次失恋后,发愤创作《英国工人阶级状况》一书。正是在这种情况下,才使得他"像抹掉粘在脸上的蛛丝一样地抹掉失恋的痛苦"。

(3)失恋不灰心。大学生一次失恋就断定自己不讨人喜欢,对异性没有吸引力,是自卑且缺乏自信的表现。失恋的时候决不能自暴自弃,意志消沉,应该培养自信,增强自身的魅力。失恋或许会成为一件好事,使人能够拨开爱情的迷雾,把问题看得更清楚。正如海伦·凯勒所言:"一扇幸福之门对你关闭的同时,另一扇幸福之门却在你面前洞开了。"失恋本身意味着自己又有了重新选择真正爱情的良机,只有从失恋中重新认识自己,充满信心,才有可能在吸取前车之鉴的情况下,重新架起通往爱情的桥梁。贝多芬一生失恋多次,但他从没有灰心丧气,从而创作出辉煌的乐章。

(4)失恋不失德。有的大学生失恋后攻击报复对方。揭露对方隐私,无端造谣中伤,恋爱时说不尽的甜言蜜语,而一旦告吹,马上便成了不共戴天的仇敌。更有甚者,为此大打出手,刀刃相见,说什么"活不成大家死在一起",结果非但追不回失去的爱情,反而陷自己于不仁不义。其实,失恋后的任何怨恨、报复的举动都是害人害己的,只能给沉闷的心胸再增加几块乌云,令自己的精神雪上加霜。俗话说:"萝卜白菜,各有所爱",既然对方不爱你,又何必苦苦强求别人的施舍与怜悯,以至于不能释怀,总想报复,以解心头之恨呢。

2. 从情绪行为上调节

失恋的人可以采用以下方式调控自己的情绪与行为:

(1)要及时倾诉宣泄。内心的烦闷是一种能量,若久不释放,就会像定时炸弹一样,一旦触发即会酿成大难。但若及时地将苦闷宣泄出去,就可以用倾诉或自我倾诉(如写日记)取得内心平衡。因此,一个人失恋后,切不可将心事深埋心底,而应将这些烦恼向值得依赖的亲人或朋友倾诉,这时你就觉得自己的情绪好多了;如果你不善言谈,那么你可以奋笔疾书,让情感在笔端发泄;你也可关门大哭一场,因为痛哭是一种纯真感情的爆发,是一种自我保护性反应。另外,去打球、参加文娱活动都能消除心中的郁结,解除失恋带来的心理压力。

(2)学会自我安慰。即"酸葡萄"与"甜柠檬"效应。酸葡萄效应是指失恋者为了缓解内心痛苦,像伊索寓言里的狐狸那样说"葡萄是酸的",指出以前恋人的一些缺点,有助于打破理想化倾向。"甜柠檬"效应则是指罗列自己的各项优点,找出自己的美好之处以恢复自信,从而减轻痛苦。

(3)采用吐纳气功使心情平静。吐纳气功也是一种排解忧郁情绪的积极方法。首先,要尽量使自己安静下来,自然站立,尽量放松,深吸气、呼气时默念"啊"、"嘘"的声音。周而复始,共呼吸6~18次。同时你想象把忧郁"啊"、"嘘"了出来。这样你就会气愤全消,心平气和。因为吸气是默念"啊"者,可宣泄心火、安神定志;而呼气时默念"嘘"音,可起疏肝理气、祛怒解郁的作用。

第三节 高职大学生的性心理特征

性心理主要指与性生理、性行为有关的心理状况,包括异性交往、恋爱、婚姻等与异性有关的心理问题。在各年龄段中,青年的性心理变化最大,而青年大学生的性心理在某些方面更带有一些校园文化的色彩。

随着性心理的发展,大学生会出现一系列的性心理行为,如对性知识的兴趣和追求,对异性的爱慕、性欲望、性幻想、性冲动以及性自慰等;对婚前性行为普遍持宽容理解态度,而不像过去视之为洪水猛兽;性行为低龄化,一部分学生在性问题上表现出过度的随意性,多性伴侣、网恋、一夜情等行为被部分学生所接受。具体来说,当今大学生性心理特征主要表现在以下几个方面:

一、本能性与朦胧性

大学生尤其是低年级大学生的性心理,不具有深刻的社会内容,基本上还是一种由生理上的急剧变化带来的本能作用,他们常常在心中用自己童年、少年时期所经历、所见过的与性有关的现象来解释性秘密。他们对异性产生浓厚的兴趣、好感和爱慕,当心理要求得不到满足时,便借助影视、图书、网络等,力图对性知识有一个明确、系统的了解。由于受传统伦理观念的影响,性的问题一直被蒙上一层神秘的面纱,加上我国很少在大学生中开展系统的性教育,大学生一直难以获得系统、完整、科学的性生理、性心理、性道德等方面的知识。因此,大学生的这种生理变化带来的性意识的萌动还披着一层朦胧的轻纱,也就在朦胧纷乱的心理变化中,性意识将逐渐强烈并日趋成熟。

二、性意识的强烈性与表现形式上的隐蔽性、文饰性

大学生随着性机能的成熟,在青春期出现的性欲望和性迫切冲动此时会表现得更加强烈,这是身体发育中的正常生理和心理现象。他们希望接近异性,迫切希望和异性交往,渴望得到最直接的性的生物性需求的满足。

虽然性的生物性需求时时渴望得到最直接的满足,但人不仅是生物的人,更是社会的人,性也不仅具有自然属性,同时还有社会属性。尽管当前高校实行弹性制,而且对婚姻状况并没有明确的规定,但社会道德和法律的要求,加之就业的压力,大多数大学生无法以法律认可的合法婚姻形式获得性的满足,这给大学生带来了不少困扰。性的生物性需求与性的社会性要求的矛盾,使得与性成熟相关联的性爱行为,只能表现得比较秘密和隐蔽。特别是对于那些不知道如何避孕或如何预防性病就有了性行为的大学生来说,在初尝禁果之后必然会有担忧与悔恨,甚至引起生理的变化,这样的经历给今后的人生所带来的只有苦涩。据报道:河北某高校一位女生在前一天刚刚做了一次人工流产手术,就参加体育课,跑步时昏倒在跑道上。事后得知,她之所以这么做就是怕老师和同学知道其行为。青年期心理发展的一个显著特征是闭锁性与求理解性,这就导致了其心理外显方式的文饰性。特别是性格内向、自卑感较强的学生在这方面表现得较为明显,他们十分重视自己在异性心目中的印象、评价,但表面上却表现得不屑一顾,无所谓,或者做出故意回避和清高的样子。表面上他们好像很讨厌那种亲昵的动作,甚至是厌恶,但实际上却十分希望体验。像这样心理上的需要与行为上的矛盾表现,使他们产生了种种心理冲突和苦恼。

三、压抑性和放荡性

大学生性机能的成熟使性的生物性需求更加强烈、迫切,时常伴有性梦、性幻想、手淫等行为,而大学生健全的性心理结构尚未确立,还没有形成稳定的、正确的道德观和恋爱观,对各种性现象、性行为的认知评价体系还不完善。由于受西方"性解放"、"性自由"思想的侵蚀,加之现实生活中五花八门的性信息传播,尤其是无所不包的网络"黄色文化"的冲击,使得大学生的性意识受到错误的强化,他们自认为对性很了解,其实不然。对于性,尤其是健康的性心理、性与情的关系,很多大学生仍然知之甚少。再加上性的社会性、道德性要求的约束,都使大学生性心理的发展处于多种矛盾的相互作用之中,并出现分化。一部分学生对性冲动持否定、抵制的态度,采取压抑的方式;一些学生由于性能量得不到合理的疏导和升华,从而导致过分性压抑,少数人以扭曲的方式,甚至以变态的行为表现出来,如窥视癖、恋物癖,严重者还会导致性变态或性过错,性心理的健康发展出现了偏差;还有一部分学生对性持无所谓或放纵的态度,采取放荡的方式。多性伴侣、网恋、一夜情等行为被部分学生所接受,以致精神空虚,情趣低下,沉湎于谈情说爱之中甚至发生性过失、性犯罪。

四、性别上的差异性

青年的性心理往往因性别不同而有所差异。在对异性感情的流露上,男性表现得较为外显和热烈,女性往往表现得含蓄和深沉;在内心体验上,男性更多的是新奇、喜悦和神秘,而女性则常常是惊慌、羞涩和不知所措;在表达方式上,一般是男性较为主动,女性往往采取暗示的方式;此外,男性的性冲动易被性视觉刺激唤起,而女性则易在听觉、触觉刺激下引起性兴奋。

性驱力是青年期发育的普遍性的生理结果,但是它所采取的形式以及表现方式也因性别、心理和文化作用而有差异。一般来说,青年男性性驱力的增长异常迅速,而且是难以压抑的,以致男大学生不得不正视它,急切地在其自身寻找一种使性冲动获得释放而不过于内疚,对其加以制约而不造成伤害的途径。对男生来说,寻求一种既使个人内部的紧张得以释放又不违背社会规范的解脱,是其性发展的先导。相比之下,女大学生的性驱力则较散漫和朦胧,似乎并未在其意识领域的最前沿形成清晰的聚焦。对大多数女生来说,有限地、暂时地否定性冲动不仅是可行的,而且似乎是极其轻松的事。如果不考虑有关潜在原因,女生的性冲动似乎很容易转移而被修饰以其他形式表现出来,于是性不再被体验为其本身,而是变得精神化、理想化和超凡脱俗。

另外,在性问题的困惑求助上,男生多救助于"色情书刊"、影碟、网络、广播等大众传媒,女生则倾向于与最亲密的朋友交流。在对性知识的渴望程度上,选择"非常渴望"和"渴望"的男生比例明显高于女生。在性观念的开放程度上男生也明显高于女生,男生对婚前性行为、婚外恋较女生更为包容。

第四节 大学生性心理困扰的主要表现

大学阶段是一个人性意识发展的旺盛期。此时的大学生,性生理已发育成熟,而性心理还不稳定,对性的渴望与对性的恐惧交织在一起,形成一种很复杂的心理活动。再加上社会文化和传统教育的差异性,科学性教育的缺乏,以及大学生个体的掩饰性,大学生中有关性意识困扰问题的咨询占大学生性问题咨询的比例较高。

一、婚前性行为产生的困扰

大学生婚前性行为时有发生,其特点主要表现为:

1. 突发性

往往在无心理准备或心理准备不足的情况下发生。

【案例】大二女生赵某,因四门功课不及格而心情灰暗,仲夏的一个傍晚,她独自在校外散步,恰好一位出租车司机路过,洞察到她的失魂落魄,主动邀请出去走走,该女生想都没想就上车了,司机在得知她是大学生后,花钱带她到市内一家泳池游泳,她的胴体引起男司机的性亢奋,当晚两人发生性关系。之后,该女生经常夜不归宿,破罐子破摔,与他人多次发生性关系。回到宿舍,赵某由于心理负罪感而厌恶自己的身体,总是反复洗澡以示其清洁,同时又不断应邀外出与陌生男性过夜,甚至在宿舍大肆描述其性体验,最后被校方勒令退学。

2. 非理智性

大学生已是青年,较少为别人所胁迫,大多是在双方自愿而又不理智的情况下发生性行为。

全国高校曾发生多起宿舍留宿异性的事例。另外,恋人校外租房居住也令高校学生管理者处于尴尬境地,深层次的原因是学生在性问题上抱无所谓的态度。

3. 反复性

由于年龄和观念的影响,一旦冲破这一防线,便不再过多顾虑,还会多次反复发生。

大学生发生婚前性行为对心理产生极大的困扰。具体表现女生比男生要强烈许多,既担心怀孕影响自身名誉,又怕今后恋爱失败等,而且往往还伴有自责、罪恶感和怨恨对方的情绪,这样沉重的心理负担使一些比较脆弱的女生产生轻生念头。

据某市公安机关调查,女性自杀中有5‰左右是因恋爱失身被抛弃造成的。由于未婚失身被抛弃不受法律保护,尤其是在我国这样一个封建文化积淀很深的国度里,这种经历对女青年的身心危害极大,同时也会给她们再度恋爱带来困难,甚至给她以后的婚姻造成不幸。正因为如此,为了对自己负责任,女大学生尤其要正确认识并正确对待婚前性行为。

【案例】某校大二女生,恋爱不久即与男友多次发生两性关系,导致怀孕堕胎。尔后,该男友又与同班另一女生恋爱,但二人的性关系并未因恋爱关系的中止而停止,该女生错误地认为,既然已经委身于对方,就只能死心塌地跟着对方,而男生认为既然对方并未拒绝,自己也就没有什么不道德的,男生一方面与其保持不正当性关系,另一方面又约会新女友的行为该对女生身心构成极大伤害。在真正清醒之后,该女生跳楼自杀身亡。

二、性幻想的困扰

性幻想是指在某种特定因素的诱导下,自编、自导、自演与性交往内容有关的心理活动过程。它又称爱欲性白日梦。这是青春期常见的一种自慰行为,是一种正常的、普遍的性心理反应。美国的精神病学教授贺兰特·凯查杜里安曾经指出:"这种幻想是人人都随时准备进入的一种快乐源,也是对行动的一种替代——作为一种暂时的满足,同时等待更具体的幸福,或者是对不能实现目标的一种补偿。"随着性心理的成熟和性能力的发展,大学生有着强烈的与异性交往的愿望,对异性的爱慕也十分强烈,但由于社会环境的约束,不可能满足这方面的欲望。于是,便把自己在电影、电视、网络、小说及生活中看到、听到的恋爱故事,经过大脑的重新组合编成自己的性故事。通过这种自编自演的、不受时空限制的幻想来满足自己对性的心理欲求。大学生对性的幻想是丰富的,有很强的文学性和浪漫色彩。性幻想的内容因人而异,它与每个人的经历、爱好、思想意识或近期内阅读的书籍、观看的电影电视等有关。例如,喜爱看言情小说的,其性爱故事往往是"一见钟情,私订终身"。性幻想故事中的恋爱对象可以是任何一个自己崇拜、爱慕的异性。

青春期的性幻想是性冲动的一种发泄方式,适当的性幻想有利于释放压抑的性行为,但是,如果性幻想过于频繁且沉溺其中,以致影响正常的学习、工作和休息,甚至把幻想当成现实,那就会成为病态,则属于不健康状态,应加以调节和克服。

三、性梦的焦虑

性梦是指在睡眠状态中所做的以性内容为主的与异性交合的梦境,又称爱欲性睡梦。这是一种无意识或潜意识的性心理活动。其发生率男高于女,男性多发生在青春期,女性多发生于青春期后期或成年期。男性的性梦常伴有射精,又称梦遗。

大多数心理学家认为,性梦是自慰行为的一种形式。一个人有了性的欲望和冲动,如果客观现实不允许其实现这种欲望,就必须加以克制。这种欲望和冲动虽在意识层中被压抑了下去,却可能在潜意识中显露出来。于是,便在梦境中得到实现。因此,性梦与梦遗是正常的生理心理现象,是一种不由行为人自控的潜意识的性行为,故又称为非意志性的性行为。性梦是伴随着性心理活动的增多而产生的。据统计,在大学生中,有性梦者占70%以上,而且男生多于女生。性梦的内容十分广泛,性对象多为相识的,甚至是自己的亲人。梦境凌乱、模糊,所体验到的情绪大多是愉快的,少数为忧虑、恐惧等情绪。性梦的结局常以达到性高潮而破梦。男性的性梦醒后一般回忆不出细节,女性性梦在醒后一般能回忆出梦的内容,并可能影响自己的情绪和行为。经常会有些人想:"我都梦见她了,还有亲密的行为,这不是爱上她了吗?"也有人反过来想:"我这么爱她,可怎么就梦不见她呢?"有些人错把性梦当成了自己的愿望,认为"既然她能来到我的梦中,那么意味着她一定是对我有意的"。于是执著地开始寻找性梦中的她。具有癔病性格的女性往往把梦境当成实境。曾有一大二女生把梦中的性交确认为"梦中男人"强奸了她,醒来后惊恐万状、痛苦不已。

性梦给大学生带来一定程度的心理压力,特别是女生的心理压力超过男生,严重者可能会给与异性的正常交往带来障碍。其实,性梦是一种正常的自慰行为的形式。

四、性焦虑

广义上说,性心理矛盾、冲突以及各种性适应不良都会引起性焦虑,这里主要指对自己形体、性角色和性功能的焦虑。第二性征变化不仅将发育成熟者和未发育成熟者区分开来,而且将成熟男子和成熟女子区别开来,它不仅是区分不同性别的标志,而且是显示生殖系统开始运转的信号,同时又是两性相互吸引的一个重要根源。

如果认为自己第二性征为重点的体象不如己意,而且很难改变它时,就会出现烦恼和焦虑。如有的女生认为自己个子太矮、乳房太小或不对称、体毛过多、身材不佳等将影响自己的性吸引力。这些认识成为他们在性生理发育问题上一个十分主要的思想负担和心理压力。除了对形体不满带来心理上的不安外,大学生还为自己的心理行为是否与性角色相吻合而忧虑。不少男生常感到自己缺乏男子汉气质,一些女生则觉得自己温柔不够、细心不足。为此,一些人产生了"过度补偿",比如,有些男生为了使自己像个男子汉,而故作深沉,或表现出大胆、粗鲁的行为,甚至以打架冒险等来显示自己、证明自己。这些人追求的往往是外在的东西,而忽视了本质的内容。

在性生理发育问题上,一些大学生除了对自己的体象和性角色的不满而产生一些烦恼和焦虑外,有些人还怀疑自己的性功能有问题。这种焦虑并没有科学依据,因为他们中的多数人并没有生活的实践,也没有经过这方面的检查,只是捕风捉影地听人误说或看到书上讲到一些性功能方面的问题,就胡思乱想,杞人忧天。所以,这是一种自扰行为,是在对性问题似懂非懂的情况下出现的思想混乱。

五、性自慰的焦虑

手淫是指性欲冲动时,用手或其他物品摩擦、玩弄生殖器等性器官以引起快感、获得性满足的行为,是与青年性生理发育相适应的一种自娱自慰式的自限性性行为。手淫是人到了青春期后产生了性要求和一时不能满足此要求的矛盾的产物。只要自然的性活动受到限制,手淫就很容易出现。当有了社会性的性行为,就可能抛弃这种方式。研究表明,性自慰时所产生的生理变化,相当于性交时的生理变化,它是消除性饥渴和性烦恼的一种手段。通过性自慰或"手淫",可获得性欲的满足,缓解性的冲动和张力。手淫在大学生中是比较普遍的现象。

【案例】这是某高职大一学生小明同学的咨询信:"……我有多年的手淫恶习,可是2003年秋,我正在读高三的时候,却突然发现自己不再能正常勃起了。我胡思乱想,这是我长期手淫的恶果,还是别的什么病所导致的?从那天起,这个阴影就一直笼罩在我心头,我不敢向家里说,不敢去医院检查。现在到大学了,我想请教老师:我这病还有恢复的希望吗?……"小明真的患病了么?他的担心有道理吗?

可见,因手淫而产生心理压力的大学生也占有一定比例。据调查,产生心理压力的主要原因在于对手淫的错误认识。这种错误认识给手淫者带来了巨大的心理压力,使他们在每次手淫前后总是伴随高度的精神紧张、恐惧、焦虑、羞愧和耻辱甚至罪恶感。为了获得手淫的快感,在手淫时假想或再现记忆中性爱的情节,事后又感觉自己低级、庸俗。从而背上沉重的思想包袱,产生羞愧、焦虑。另外,有不少男生受传统错误观念的影响,担心手淫后耗精伤髓,损伤元气,从而产生恐惧等不良情绪。正如美国的艾迪在1930年所著的《情与青年》一书中所指出的:"如果手淫之事,一旦发生恶果,那必是恐吓与畏惧的结果,因为手淫本身不至于产生不好的影响。"如果大学生能以平静的心理去对待手淫,既不上瘾成癖,又不内疚懊悔,就不会引起性心理的异常。

六、性倒错

从近几年我国在大学生中开展性心理咨询服务所提供的信息来看,在大学生中,性变态的比例并不高,但这不意味着对这一问题可以忽视和回避。

性倒错即人们平时所说的性变态,性变态是指有性行为异常的性心理障碍,其共同特征是对常人不易引起性兴奋的某些物体或情境有强烈的性兴奋作用,或者采用与常人不同的异常性行为方法满足性欲或有变换自身性别的强烈欲望,以及其他与性有关的常人不能理解的性行为和性欲、性心理异常。性倒错的表现形式多种多样,包括同性恋、恋物癖、异装癖、虐待狂、露阴癖、窥淫癖、易性癖等。

性变态的异常性行为使其本人体验到极端矛盾和痛苦,这种痛苦是性欲和社会道德标准之间的冲突或本人认识到给他人带来了侵害,出现心理上的自责和内疚。由于性变态的异常性行为可能使性对象遭受到侵害,常常被视为危害社会性道德的行为,引起法律问题,但不是流氓犯罪行为,对性变态的异常性行为所造成的他人侵害应承担相应的社会责任。

心 理 测 试

大学生单相思心理测验量表

你是否"单相思"了?请你自己测一下。请对下列各题做出"是"或"不确定"或"否"的选择。选"是"画"√",选"否"画"×",选"不确定"画"0"。

1. 我十分崇拜某些偶像明星。
2. 最近我感到十分空虚。
3. 我常心烦意乱,什么事也做不下去。
4. 我常常在梦里与某个人谈情说爱。
5. 我是那么的喜欢他(她),可对方却没什么反应。
6. 最近我在学习时总是不能集中注意力。
7. 平时我喜欢的活动,现在兴趣也减少了。
8. 我常看描写情感方面的小说或电视连续剧。
9. 我常记日记来倾诉心事。
10. 我总是盼望他(她)能出现在我的面前。
11. 我希望他(她)能向我表白爱意。
12. 他(她)好像总是故意躲着我。
13. 我相信"心有灵犀一点通"。
14. 我最近饮食状况不太好。

15. 我喜欢打听有关他(她)的一切信息。
16. 他(她)好像挺喜欢我。
17. 听说他(她)已经有恋人了。
18. 爱一个人不需说出。
19. 我的桌上一直放着他(她)的照片。
20. 我常换新衣服和新发型,想引起他(她)的注意。
21. 昨天他(她)从我身边走过,态度不怎么热情。
22. 他(她)只要和我说话,我就有点紧张。
23. 他(她)好像只把我当普通朋友看待。
24. 我看见他(她)和别的异性在一起有说有笑,心里就不是滋味。
25. 多么希望他(她)能约我出去玩。

➢计分方法 选择"是"记2分,选择"不确定"记1分,选择"否"记0分。各题得分相加,统计总分。

➢结果解释 1~16分:说明你已经喜欢上对方了,找个方法试探一下对方是否也喜欢你;

17~33分:说明你已经爱上对方了,但对方好像没有给你同等的感情回报,使得你最近比较痛苦,也影响你的生活和学习;

34~50分:说明你已经深深爱上了对方,但对方好像只把你当成一般朋友。你不妨鼓起勇气去问问他(她),并做好准备承受被拒绝的痛苦。

大学生"一见钟情"心理测评量表

你容易产生"一见钟情"心理吗?请对以下题目做出选择,选"是"画"√",选"否"画"×",选"不确定"画"0"。

1. 我非常喜欢破解字迹。
2. 考试前,会一心一意去复习。
3. 我觉得有飞碟存在。
4. 我特别喜欢看言情小说。
5. 我做事有点冲动。
6. 我特别欣赏我的父亲(或认识的某一个人)。
7. 每逢假日,我总是出去旅游或参加团体活动。
8. 朋友的聚会基本上都去参加。
9. 我很喜欢写信。
10. 我对未来充满幻想。
11. 我比较好静,就算是节假日,也喜欢呆在家中。

12. 如果有约会,我会选择浪漫温馨的地方。
13. 我很崇拜某些偶像明星。
14. 看书时,我喜欢从内容概要开始看。
15. 我不太喜欢与人打交道。
16. 我相信真正的爱情应该是平平淡淡、从从容容的。
17. 我认为人无完人,每个人都是各有所长和所短的。
18. 见到英俊的男生(或漂亮的女生),我会心跳不止,为之陶醉。
19. 我非常渴望有一个人能来关心和体贴我。
20. 我挺在乎别人对我的看法。
21. 对于我喜欢的人,我会无怨无悔地奉献一切。
22. 每次考试前,我都会猜题碰运气。
23. 如果约会,我喜欢去引人注目的场所。
24. 我相信"灰姑娘"的故事。
25. 对于现在的处境,我非常不满意。
26. 我喜欢买奖券,万一中了大奖那就太好了。
27. 我认为人与人之间不必相处得太亲热。
28. 我最近看了三部以上的电视连续剧。
29. 我喜欢能拆能装的玩具。
30. 看到悲伤的场面,我会心酸。

▶计分方法 除了题 2,11,14,15,16,20,23,27 和 29(共 9 题),选择"是"记 0 分、"不确定"记 1 分、"否"记 2 分外,其余的 21 道题,选择"是"记 2 分、"不确定"记 1 分、"否"记 0 分。各题得分相加,统计总分。

▶结果解释 1～20 分:你对其他人兴趣不大,喜欢有条有理的生活,一见钟情的程度不大。即使看中了某一个人,由于会受到别人看法和意见的左右,几乎没有勇气去约他(她);

21～40 分:一见钟情的程度一般;

41～60 分:你很容易一见钟情。你的"情人眼里"总有"西施"出现。为了感情,你常会奋不顾身。

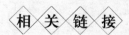

由性发育引起的困扰

某男生,20 岁,大学三年级学生。性格内向而稳重,身体匀称,发育正常。平时学习成绩良好,任系学生会干部。

一天,他来找校医求助。当他坐到了校医的面前时,却面无表情,低头不语。校医询问他的病情,他神色不安的沉默了一会儿,才用非常小的声音回答说:"我尿频,每次小便就尿一点,老尿不干净,还总觉得尿憋得难受。"校医问他发病多久了,他回答:"已经三天了。"当继续问他发病的原因时,他又吞吞吐吐,迟迟不愿意开口回答。于是校医就耐心的诱导他,最后他终于说出了发病的原因。

原来他曾多次偷偷地用一根塑料管插进自己的尿道里玩。而最后一次,由于插入太深,尿道把塑料管"吸"进去,拿不出来了。他心里很着急,又不敢对别人说。渐渐地出现了尿频、尿急、尿痛等尿道发炎和膀胱刺激症状。挺了三天,症状越来越重,心理负担也越来越大。不得已,只好前来就医。根据这一情况,校医在进行了必要的处理之后,立即将他转到市级医院的泌尿外科就诊,医生当场就让他住院进行手术。取出塑料管以后,又经过了一周的治疗,才让他康复出院。虽然尿道里的塑料管是取出来了,但是,校医认为他在心理上并没有得到康复。因此很有必要进一步对他进行心理方面的治疗。于是校医又约他来复诊。

这一次由于解除了身体上的病痛,所以看起来他的情绪要比以前轻松一些,但是还是不大自在。他对校医说:"这件事对我的打击太大了,真是没脸见人。大夫,你一定要为我保密呀?"可见,他的心理负担还是很沉重的。在逐步深入的交谈中,校医渐渐了解到了他心理方面的真实病因。他本来是一个生理发育正常的男孩子。但是到了青春期,他也和别的男孩子一样,开始对自己生殖器的发育特别留意起来。他总是感觉自己的阴茎发育太慢,似乎比别人的要小,于是自己"阴茎短小"的包袱就越来越重的压在他的心头。他觉得阴茎短小的人将来恐怕成不了男子汉,甚至会影响到今后的结婚、生育……后来他想到刺激阴茎说不定可以使阴茎长得大一些,于是他开始了手淫。但是,由于他得不到正确的性知识与心理上的引导,他的心理压力并没有减轻,还增加了"手淫有害"的精神负担。每次手淫以后,都像是干了坏事一样地出现罪恶感和自责情绪。去年暑假,他的爷爷因病住进了医院,他去陪床护理。当看到护士为爷爷导尿的时候,用一根橡皮管子插进尿道里,很是新奇,回来以后,他不满足于一般的手淫刺激,也试着找来一根塑料管,慢慢地往自己的尿道里插,觉得很好玩,也很刺激,有一种特殊的感觉。开学以后,在学生宿舍里也常常偷着进行,而且越插越深,以至出现上述的后果。根据这些情况,校医认为他的主要问题是,在他青春发育的阶段对自己的生殖器过分关注,因而产生了对阴茎大小的疑虑,并且越陷越深,以致不能自拔。这是由于他对性知识和生理知识的缺乏,又没有得到正确的性教育和及时的心理疏导所致。校医首先向他耐心地说明了有关青春发育的生理知识和有关生殖器的解剖学知识,告诉他不必为自己的阴茎大小而背上思想包袱。因为随着青春期和性成熟的过程,男孩子的阴茎也和生殖系统的其他部分一起发育起来,体积会渐渐地长大,这是很自然的事情。但是由于每个青年的个体差异,阴茎发育的快慢可能不一样,大小也会有所不同。而绝大部分人的阴茎,都是属于正常范围之内的,尤其是当阴茎勃起之后,差别就会更小。真正小阴茎的人是极个别的。并且校医还从解剖学与生理学的角度告诉他,一个男青年,只要有正常的性腺和性功能,就是一个正常的男性,阴茎的大小并不会成为问题,更不会影响以后的婚姻和生育。至于说到一个人的男子汉气概,更主要的是表现在他的气质和人格方面。

其次,校医告诉他对于手淫问题也要有正确的认识。其实,手淫是许多青年人关心和备受困扰的问题。不仅国内如此,在国外也是一个有影响的问题。根据不完全的统计,绝大部分男性和不少女性都有过手淫的经历。特别是对男青年来说,手淫是相当普遍的事。然而事实上,绝大部分的青年人都能健康的成长起来,并且能正常的结婚、生育、建立幸福的家庭,并没有显示出手淫有什么不良的后果。不过,也确实有一些青少年,由于对手淫缺乏正确的认识,频繁地手淫,导致神经过度紧张,又受到一些传统错误看法的影响,比如认为手淫是一种下流的、道德败坏的行为,是一种性变态,甚至认为是等于慢性自杀等,因而背上了沉重的精神包袱,造成心理上的罪恶感、自责感等,备受折磨,影响了身体健康、学习和工作,有的人还会因此而影响到婚后的幸福生活。其实这些影响并不是手淫本身带来的。也就是说,手淫的真正危害不是在生理上,而是在心理上。专家们明确指出,手淫是人的一种正常生理现象,是青少年性成熟的一种生理现象,是解除因性紧张而引起的不良躁动的一种自慰方式。但过度的手淫是不好的,应该避免。什么事都要有一个限度,正常的事做过了头,就会走向反面,比如体育活动和饮食,本来是身体的正常需要,但是过度的锻炼和暴饮暴食,对身体同样是有害的。

阅 读 材 料

婚前性行为的危害

爱是有制约性、排他性的;性也有有幸和不幸的。许多在校大学生并不了解婚前性行为带来的严重后果。

婚前性行为会带来剧烈的心理冲突。大学生发生婚前性行为一般是在一时冲动、失去自控的前提下发生的,没有避孕。事后容易处于惶恐、不安、自责悔恨的心理状态中。尤其女生既害怕怀孕,又担心学习的压力,一般又不敢告诉他人或父母。这种巨大的心理冲突严重的会形成某些性障碍或性变态,给未来美满的婚姻生活带来隐患。性科学工作者研究表明:最初的性体验对以后性生活有很大影响,初次性交形成的不良性心理和性行为将在很大程度上影响未来夫妻性生活的和谐与完美。

婚前性行为会导致感情变味。相爱的人之间保持一种朦胧、神秘、含蓄、神圣的美感,具有极强的吸引力,而婚前性行为很容易破坏这种感觉,两人的关系迅速发生了质的飞跃后,就会产生零距离。零距离容易因为小事而起磨擦,频繁的冲突,会使彼此不珍惜感情;猜疑和不信任会横亘在二人中间,长此以往,双方都会想:你这样轻率地与我云雨,也会和其他的人调情。尤其是男生受传统思想影响,会认为主动的女人不值得珍惜。

婚前性行为会使婚后生活质量下降。婚前性行为多数是在爱情没有成熟的条件下进行的,时间一长会发现对方并不适合自己,但交往了几年,物质、精神都耗费了许多,往往只好勉强维持关系。但这样的爱情已没有了昔日的光彩和美好,婚后或是在后悔中生活,或容易产生第三者,或者最终选择离婚。

婚前性行为给女生造成巨大的身心伤害。很多大学生由于对性好奇,不知道如何保护自己,不慎怀孕后,不敢去医院做人工流产;有的甚至不知道自己怀孕,二三个月后明白时,已不能做早孕人工流产,只能做大月引产。无论是早孕流产还是大月引产,给女生带来的身心伤害都很大,个别严重的已引起终身不孕。

婚前性行为也会带来性疾病的传播。一些大学生在卫生条件很差的地方发生性行为,往往引起生殖疾病。更严重的是,据联合国人口活动基金会称,全球每天大约有六千名年轻人染上性病、艾滋病,15~24岁的人占了一半,女性更容易受到艾滋病病毒的感染。女大学生一定要慎重对待婚前性行为。

在我国的传统文化里,性功能不仅仅是追求性快乐,更主要的是保持性健康和担负传承子孙后代的重任。为未来着想,家长、学校、社会都要引导大学生追求性科学、性文明、性健康之路。

◇ 学 生 活 动

1. 我说十分钟
(1)恋爱的目的是不是为了结婚?
(2)婚前性行为你能够接受吗,你认为有哪些利弊?
2. 多媒体展示
性疾病的传播途径和预防。

第七章 大学生职业生涯设计

你知道吗?

1. 高职大学生怎样进行职业生涯设计?
2. 大学生如何训练自己的职业能力?
3. 面对浩如烟海的各种就业信息,毕业生们应该如何去收集和处理这些就业信息?
4. 高职大学生职业设计的误区及矫正。

> **案例引入**

某高职计算机应用专业(电算财会方向)毕业生小熊和小倪是同班同学,分别来自浙江省温州市和丽水市,在温州市举办的一次大型人才招聘会上,经过用人单位的当场面试、考核,二人在众多本科生应聘的激烈竞争条件下,脱颖而出,双双被一家银行录用。

银行负责人在录用后对他们说:"我看中你们三大优点:

一是你们的计算机操作熟练,具有计算机系统操作中级等级证书,在现代银行业务来往中是不可缺少的一种技能,而一些本科财会专业的毕业生不具备熟练操作计算机这种优势;

二是你们所学专业方向是电算财会,三年来的各科成绩优良,基础扎实,正符合本银行的工作需要;

三是你们都担任过学生干部(班长、学习委员),组织管理能力一定很强,我们银行人手少,你们来正合适。"

➤**思考** 根据小熊和小倪求职成功的经验,高职院校的学生应做好哪些职业准备?

第一节 高职大学生职业生涯规划

一、职业生涯设计

1. 职业生涯设计

职业是指从业人员为获取主要生活来源而从事的社会性工作类别。职业须同时具备下列特征:

(1)目的性,即职业以获得现金或实物等报酬为目的;

(2)社会性,即职业是从业人员在特定社会生活环境中所从事的一种与其他社会成员相互关联、相互服务的社会活动;

(3)稳定性,即职业在一定的历史时期内形成,并具有较长生命周期;

(4)规范性,即职业必须符合国家法律和社会道德规范;

(5)群体性,即职业必须具有一定的从业人数。

所谓职业生涯,是一个人一生的工作经历,特别是职业、职位的变动及工作理想实现的整个过程。而职业生涯的规划与管理,就是具体设计及实现个人合理的职业生涯计划。

职业生涯设计的意义有以下几点：
(1)以已有的成就为基础,确立人生的方向,提供奋斗的策略；
(2)突破并塑造清新充实的自我；
(3)准确评价个人特点和强项；
(4)评估个人目标和现状的差距；
(5)准确定位职业方向；
(6)重新认识自身的价值并使其增值；
(7)发现新的职业机遇；
(8)增强职业竞争力；
(9)将个人、事业与家庭联系起来。

2. 职业生涯发展的阶段

职业生涯发展理论将人的职业生涯分为5个阶段：
(1)职业成长阶段(出生～14岁)：幻想、职业兴趣和能力阶段、综合决策期；
(2)职业探索阶段(15～24岁)：探索各种可能、做好工作的准备；
(3)职业确立阶段(25～44岁)：工作生命周期的核心部分；
(4)职业维持阶段(45～65岁)：建立一席之地,保住这一位置；
(5)职业衰退阶段(65岁之后)：接受权利和责任减少的事实,准备离休或退休。

二、高职大学生职业生涯设计

1. 大学生职业生涯设计的重要性

人是一个雕刻家,把自己塑造成可用之才。人的成长需要通过不断培养来实现增值。而每个人都要有"雕刻"人生的意识,有一种投资是绝对没有风险的,那就是对自己的投资。

青年时期是一个可塑性强的时期,往往有许多潜能,被自己以各种理由忽略或否定。假如一个人能干什么,却总认为"我不行",那就说明他有一个"心灵之套",需要通过各种方式解除。不管自己有何弱点和缺陷,还是应坚信只要自己努力,就能够取得非凡成就。

美国作家盖尔·希伊出版了一部畅销书,书名叫《开拓者们》,他在撰写这部书的时候,通过一份内容十分广泛的"人生历程调查问卷",间接地访问了6万多个各行各业的人士,他发现那些最成功和对自己生活最满意的人至少有两个共同的特点：第一,他们喜欢有更多的亲密朋友；第二,他们都致力于实现一个其实际能力所难以达到的目标。根据希伊的研究,这些开拓者们觉得他们的生活很有意义,而且比那些没有长远目标驱使其向前的人更会享受生活。正像西方有一句谚语所说的,"如果你不知道你要到哪儿去,那通常你哪儿也去不了"。

人生规划既是一个实现终生目标的时间表,也是一个实现那些影响你日常生活的无数更小目标的时间表。人生规划的设计是要使人的注意力集中起来,在一个特定的时间范围里充分地利用自己的脑力和体力。事实上,注意力越集中,脑力和体力的使用就越有效。人生规划可以合理地分配一个人的精力。

大学生在择业时,首先考虑的是自己的预期收益,这种预期收益要求你实现最大化的幸福,也就是使收益最大化。心理学家马斯洛将这种需求按先后次序排列成五个层次:生理需求、安全需求、爱的需求、自尊需求以及自我实现的需求。个人预期收益在于使这些由低到高的基本需求得到最大的满足,而衡量其满足程度的指标表现为收入、社会地位、职业生涯稳定感与挑战性等,不同的人有不同的偏好,每个人都会尽可能满足其所有的需求。

2. 综合评估

一个有效的职业生涯设计,必须是在充分且正确地认识自身条件与相关环境的基础上进行。对自我及环境的了解越透彻,越能做好职业生涯设计。因为职业生涯设计的目的不只是协助你达到和实现个人目标,更重要的是帮助个人真正了解自己。因此,大学生在职业生涯规划前,需要审视自己、认识自己、了解自己,并做自我评估。自我评估包括自己的兴趣、特长、性格、学识、技能、智商、情商、思维方式、思维方法、道德水准以及社会中的自我等内容。同时还要进行职业生涯机会的评估,详细估量内外环境的优势与限制。

(1)自我评估:①学习了什么。在学校期间,你从专业学习中获取些什么收益;社会实践活动提高和升华了哪方面知识和能力。努力学好专业课程是职业生涯设计的重要前提。②曾经做过什么。在学校期间担当的学生职务、社会实践活动取得的成就及工作经验的积累等。要提高自己经历的丰富性和突出性,你应该尽量有针对性地选择与职业目标相一致的工作项目,坚持不懈地努力工作,这样才会使自己的经历有说服力。③最成功的是什么。你做过的事情中最成功的是什么?如何成功的?通过分析,可以发现自己的长处,譬如坚强、智慧超群,以此作为个人深层次挖掘的动力之源和魅力闪光点,形成职业设计的有力支撑。④自己的弱点。"人非圣贤,孰能无过",人无法避免与生俱来的弱点,这就意味着,你在某些方面存在着先天不足,是你力不能及的。多跟别人好好聊聊,看看别人眼中的你是什么样子,与你的预想是否一致,找出其中的偏差并弥补,这将有助于自我提高。⑤经验或经历中所欠缺的方面。欠缺并不可怕,怕的是自己还没有认识到或认识到了而一味地不懂装懂。正确的态度是,认真对待,善于发现,努力克服和提高,趁着年轻,你可以打出"给我时间,我可以做得更好"的旗号。

(2)职业生涯机会的评估:主要是评估各种环境因素对自己职业生涯发展的影

响。每一个人都处在一定的环境之中,离开了这个环境,便无法生存与成长。所以,在制订个人的职业生涯规划时,要分析环境条件的特点、环境的发展变化情况、自己与环境的关系、自己在这个环境中的地位、环境对自己提出的要求以及环境对自己有利的条件与不利的条件,等等。只有对这些环境因素充分了解,才能做到在复杂的环境中避害趋利,使你的职业生涯规划具有实际意义。环境因素评估主要包括:组织环境、政治环境、社会环境、经济环境。

3. 确定志向

志向是事业成功的基本前提,没有志向,事业成功也就无从谈起。俗话说:"志不立,天下无可成之事。"立志是人生的起跑点,反映着一个人的理想、胸怀、情趣和价值观,影响着一个人的奋斗目标及成就的大小。所以,在制订生涯规划时,首先要确立志向,这是制订职业生涯规划的关键,也是你的职业生涯规划中最重要的一点。

4. 职业的选择

职业选择正确与否,直接关系到人生事业的成功与失败。据统计,在选错职业的人当中,有80%的人在事业上是失败者。正如人们所说的"女怕嫁错郎,男怕选错行"。由此可见,职业选择对人生事业发展是何等重要。如何才能选择正确的职业呢?至少应考虑以下几点:

(1)性格与职业的匹配;

(2)兴趣与职业的匹配;

(3)特长与职业的匹配;

(4)内外环境与职业相适应。

5. 职业生涯路线的选择

在职业确定后,向哪一路线发展,此时要做出选择。由于发展路线不同,对职业发展的要求也不相同。因此,在职业生涯规划中,须做出抉择,以便使自己的学习、工作以及各种行动措施沿着你的职业生涯路线或预定的方向前进。通常职业生涯路线的选择须考虑以下三个问题:

(1)我想往哪一路线发展?

(2)我能往哪一路线发展?

(3)我可以往哪一路线发展?

对以上三个问题,进行综合分析,以此确定自己的最佳职业生涯路线。

类型	典型特征	成功标准	主要职业领域	典型职业通路
技术型	选择职业时,主要注意力是工作的实际技术或职能内容。即使提升,也不愿到全面管理的位置,而只愿在技术职能区提升	在本技术区达到最高管理位置,保持自己的技术优势	工程技术、财务分析、营销、计划、系统分析等	财务分析员—主管会计—财务部主任—公司财务副总裁
管理型	能在信息不全的情况下,分析解决问题,善于影响、监督、率领、操纵、控制组织成员,能为感情危机所激励,善于使用权力	管理越来越多的下级,承担的责任越来越大,独立性越来越强	政府机构、企业组织及其部门的主要负责人	工人—生产组组长—生产线经理—部门经理—行政副总裁
稳定型	依赖组织,怕被解雇,倾向于按组织要求行事,高度的感情安全,没有太大抱负,考虑退休金	一个稳定、安全、氛围良好的家庭、工作环境	教师、医生、研究人员、勤杂人员	更多的追求职称,如:助教—讲师—副教授—教授
创造型	要求有自主权、管理才能、能施展自己的特殊才能,喜好冒险,力求新的东西,经常转换职业	建立或创造某种东西,他们是完全属于自己的杰作	发明家、风险性投资者、产品开发人员、企业家	无典型职业通路,极易变换职业或干脆自己单独干
自主型	随心所欲制订自己的步调、时间表、生活方式和习惯,认为组织生活是不自由的、侵犯个人的	在工作中得到自由与欢乐	学者、职业研究人员、手工业者、工商个体户	自由领域中发展自己的个人事业

6. 设定职业生涯目标

职业生涯目标的设定,是职业生涯规划的核心。一个人事业的成败,很大程度上取决于有无正确适当的目标。没有目标如同驶入大海的孤舟,四野茫茫,没有方向,不知道自己走向何方。只有树立了目标,才能明确奋斗方向,犹如海洋中的灯塔,引导你避开险礁暗石,走向成功。

目标的设定,是在继职业选择、职业生涯路线选择后,对人生目标做出的抉择。其抉择是以自己的最佳才能、最优性格、最大兴趣、最有利的环境等信息为依据。通常目标分短期目标、中期目标、长期目标和人生目标。短期目标一般为一至二年,短期目标又分日目标、周目标、月目标、年目标;中期目标一般为三至五年;长期目标一般为五至十年。

7. 制订行动计划与措施

在确定了职业生涯目标后,行动便成了关键的环节。没有达到目标的行动,目标就难以实现,也就谈不上事业的成功。这里所指的行动,是指落实目标的具体措施,主要包括工作、训练、教育、轮岗等方面的措施。例如,在业务素质方面,你计划学习哪些知识、掌握哪些技能来提高你的业务能力?在潜能开发方面,采取什么措施开发你的潜能等等,都要有具体的计划与明确的措施。并且这些计划要特别具体,以便于定时检查。

8. 评估与回馈

俗话说:"计划赶不上变化。"是的,影响职业生涯规划的因素有许多。有的变化因素是可以预测的,而有的变化因素难以预测。在此状况下,要使职业生涯规划行之有效,就须不断地对职业生涯规划进行评估与修订。其修订的内容包括:职业的重新选择,职业生涯路线的选择,人生目标的修正,实施措施与计划的变更等,让它更符合你的理想。

【案例】 张瑞是学计算机的,毕业后去了一家计算机公司搞软件开发。几年下来,尽管工作勤勤恳恳,可业绩不大,而且心情很压抑。后来他去做了心理测试,得知软件开发不是他的强项,他更适合做"营销"一类的工作。因此赶快转了行,在本单位从事软件销售,现在要准备自己去建立分公司了。张瑞对此颇有感触:"当初真是走了不少的弯路。"

三、如何训练自己的职业能力

1. 建立合理的知识结构

合理的知识结构是担任现代社会职业岗位的必要条件,是人才成长的基础。现代社会的职业岗位,所需要的是知识结构合理,能根据当今社会发展和职业的具体要求,将自己所学到的各类知识科学地组合起来的,适应社会要求的人才。因此,大学生应充分认识知识结构在求职择业中的作用,根据现代社会的发展需要,塑造自己,发展自己,建立合理的知识结构,使之适应现代社会就业的要求。

2. 培养勤于动手的实践能力

完成了学业的高职院校毕业生,虽然有了一定的知识积累,但并不等于有了各类岗位所需要的应用能力。知识不能和应用能力完全划等号,所以大学生在完成学习任务的情况下,应争取更多地培养一些适应社会需要的实际应用能力,获取相应的职业技能证书。从某种意义上讲,这些能力比知识更重要,因为只有将合理的知识结构和适应社会需要的各种能力统一起来,才能在求职择业中立于不败之地。

在现代社会中,社会上各类职业对从事本行业的工作人员,除应具有合理的知识结构以外,还应具备以下几种能力:

(1)创造能力。创造力是指人们在改造自然和改造社会中所应具有的能力。只有那些思维敏锐、能在自然和社会发展中的新问题面前充分地发挥其创造才能,以新颖的创造去解决问题的人,才称得上创造性人才。

(2)社交能力。所谓社交能力就是指与他人传递思想感情与信息的能力。在现代社会中,培养良好的社交能力是一个人事业成功的重要条件。通过交往,可以使自己的设想和创造得到实践的检验和认可。积极参加社会活动,是提高社交能力的基本途径。

(3)实际操作能力。操作能力是专业工作者必须具备的一种实践能力。在一切社会活动中,尤其是教学、科研、生产第一线,没有熟练的操作能力是难以胜任的。大学生为了提高自己的操作能力,应该多看、多学、多练。积极获取相应的职业技能证书,切实提高自己动手操作的技巧和能力。

(4)组织管理能力。组织管理能力是指成功地运用管理者的知识和能力影响机构的活动,并达到最佳的工作目标。现代科学技术已经综合化、社会化、科研规模日益扩大,协作趋势日益加强,这就有一个组织协调的问题。组织管理水平的高低,已经成为一项工作、一个单位工作好坏的重要因素。

3. 增强适应变化的自我发展能力

适应能力就是善于根据客观情况的变化及时反馈、随机应变地进行调节的能力。现代社会复杂多变,要适应这种情况,保证自己从学校到社会能够顺利过渡,大学生应提高自己的社会适应能力。要学会根据工作的需要去调整自己的知识结构、能力结构以及行为方式,尽快地培养自己适应社会的应变能力。

4. 做好特殊技能的准备

随着社会主义经济体制和政治体制改革的全面展开,用人单位在对毕业生的挑选上也和以往有了明显的不同,对有一技之长的毕业生格外青睐。许多大学生在一入学时,就着重加强了这方面素质的培养,比如很多大学生在毕业时都已取得国家计算机考试等级证书、营销师资格证、速录员资格证、电工资格证等。这对毕业生择业起着积极的作用,同时也受到用人单位的欢迎。拥有这些相关专业技术资格,也成为当今高职院校毕业生求职择业的有利条件之一。

求职择业的过程是对大学生综合素质的检验,大学生只有全面提高自己的综合素质,拥有真才实学,才能获得理想的职业,在激烈的竞争中取得成功。

第二节 就业信息的搜集和选择

临近毕业,面对浩如烟海的各种就业信息,毕业生们应该如何去收集和处理这些就业信息呢?如果不懂得收集就业信息,就会处于望洋兴叹的茫然境地,如果不懂得处理就业信息,就会陷于良莠不分的尴尬境地。因此,学会收集和处理就业信息应当是大学毕业生们的重要一课。

一、就业信息的搜集

就业信息是对与就业有关的所有信息的统称。

就业信息按形式分,可分为有形信息和无形信息。有形信息是指以特定物质为载体的文字或图片信息,如报纸杂志、因特网上发布的信息等,无形信息是指大家口耳相传的信息。

按信息的真伪分,可分为真实信息和虚假信息。求职信息的真实性是求职成功的根本保证,但由于各种原因经常会出现虚假求职信息的情况,从而误导求职者,因此每位求职者都应提高防范意识,避免受到这类虚假信息的误导,以致落入"求职陷阱"。

按信息的作用分,可分为有效信息、低效信息和无效信息。真实的信息不一定是有效的,信息的有效性是因人而异的。例如,一条招聘计算机软件工程师的信息对一个有志于将来从事对外贸易工作的人而言,这条信息就是低效或者无效的。

按信息的内容分,可分为背景信息和岗位信息。所谓背景信息是指有关就业的背景资料、政策规定、就业形势等。例如,全国各省市自治区对接纳高校毕业生的规定,高校毕业生报考国家公务员的规定、流程和要求,各地对高校毕业生自主创业的优惠条件等均属背景信息。而岗位信息是指与岗位直接相关的岗位需求、应聘条件、福利待遇等方面的信息,如用人单位或人才中介机构发布的招聘信息。

【案例】就业信息举例一

本报北京11月23日电(记者邓琮琮)记者今天从国家人事部获悉,"2004年高校毕业生就业服务周"将于12月1日至7日举办,届时将有280万应届毕业生以参会和上网的形式进入人才市场。

人事部副部长侯建良在介绍情况时透露:据教育部的统计,2004年高校毕业生将达280万,比2003年净增68万人。加上往年未就业的毕业生,估计2004年全国实际需要就业的高校毕业生将突破300万人。

据了解,截至11月21日,包括7大国家级区域性人才市场、15家专业人才市场在内,已有90余家人才市场、60余家人才网站参加本次"服务周"。"服务周"实行免费,所有参会单位的人才需求信息,将在各地参加承办单位的网站上同时发布。

招聘信息主要包括:面向应届高校毕业生招考录用公务员,事业单位专业技术和管理岗位,本地区、本部门选拔毕业生到基层和艰苦地区工作岗位,街道、社区工作岗位,以及国有企业、三资企业、民营企业、高新技术企业等用人单位的招聘信息。

人事部将在中国国家人才网和各地人才中心网站及有关媒体上,发布国家及各地有关高校毕业生就业方面的政策和措施。

资料来源:《中国青年报》2003年11月24日

【点评】这则来源于报纸的就业信息既有宏观形势的介绍,也有具体就业招聘网上"服务周"等信息的发布,高校毕业生平时多多留心这类信息无疑会对自己的就业大有裨益。

【案例】就业信息举例二

××计算机系统有限公司是民营高科技企业,主要从事系统集成、网络构建、软件开发,电子商务应用和技术咨询服务。

招聘:系统维护工程师2人

职责要求:计算机或相关专业大专以上学历,熟悉计算机知识,对网络应用有一定了解,工作认真严谨,诚恳热情,具有良好的沟通能力,能够独立处理问题。

薪水:1 000～2 000元/月

工作经验:不限

学历:大专以上

联系地址:×市×路×号×室

个人简历请发至E-mail:123@12345.com

毕业生若能充分利用上述各种就业信息,就可以更好地掌握和运用就业政策、可以更好地了解和融入人才市场、可以更好地寻找和确定就业单位。

二、常见的搜集就业信息的渠道

1. 各高校毕业生就业指导中心

学校的毕业生就业指导中心是为毕业生服务的常设机构,一般有专门的负责人和工作人员,他们都有较为丰富的就业指导经验,与各用人单位的人事部门保持有效联系和长期合作。他们通常会为毕业生提供与就业有关的政策咨询、前景分析、就业形势及用人单位的信息,等等。作为毕业生就业的重要中介机构,各高校毕业生就业指导中心与中央有关部委和各省市的毕业生就业主管部门以及有关用人单位保持着经常、密切的联系,国家有关就业政策规定、地方的有关政策、各地举办"双选"活动的信息、有关用人单位简介材料及需求信息等,学校的主管部门一般都能及时掌握。他们提供的信息无论是数量还是质量,都有明显的优势。另一方面,用人单位通常也会把各种招聘信息直接传递给学校的就业指导中心,要求学校协助推荐所需人才。

2. 各级毕业就业主管部门和就业指导机构

每年教育部都要制订毕业生就业的有关方针、政策,各省、自治区、直辖市的主管部门也要相应地制订实施意见;各地的毕业生就业指导机构也要开展信息交流和咨询服务。这些主管部门通常会发布一些指导性的文件,或举办大型的就业招聘活动,因此收集就业信息不可忽视了这一重要的就业信息渠道。

3. 亲朋好友

人是社会的人,我们反对"拉关系、走后门",但正常的人际网络是必需的和有益的。良好的人际关系不仅可以提高生活质量,有时还能帮助毕业生找到一个适合的工作,为将来的成功打下坚实的基础。亲朋好友对毕业生都比较了解,不管是个性、兴趣、能力,还是对未来单位和岗位的期望,他们都很清楚,因此在他们帮忙推荐的时候能够兼顾求职者与岗位这两方面的需求。同时来自于亲朋好友的就业信息相对来说其真实性和有效性更好一些。

4. 其他社会关系

除了亲朋好友以外,高校毕业生还可以通过其他的社会关系获取就业信息。比如说本专业的教师,他们对学生都比较了解,同时由于科研协作、兼职教学等原因与专业对口的单位有着广泛的接触,因此也是重要的信息来源。再比如说校友,他们大多在对口单位工作,不管是对所在单位情况,还是对本专业就业行情,都非常熟悉,通过他们可以获得许多具体、准确的信息。

5. 各地的人才市场和人才交流会

各地通常都有固定的人才市场,毕业生可以由此了解到就业形势、薪资行情等。但这类人才市场提供的岗位一般招聘有工作经验的,或具有一定社会经验的人才,因而它所提供的岗位并不一定适合应届毕业生。应届毕业生应该多参加由各地政府和人事部门举办的毕业生"双向选择"供需见面会。这种专门面向毕业生的供需见面会,有全国性的,有省级的,也有地方性的,还有一个或几个学校联合举办的。毕业生参加这种供需见面会的好处是显而易见的:一是用人单位数量较多,可以提供更多的工作岗位;二是这些单位和岗位都欢迎没有工作经验的应届高校毕业生;三是这些单位大多具备一定的资质,提供的岗位信息比较真实、有效。这类人才交流会时间上多数安排在秋、冬、春三季,毕业生在参加此类招聘会应充分准备好有关推荐材料,届时与用人单位直接见面,不仅可以直接获取许多就业信息,有时还可以当场拍板,签订协议,比较简捷有效。

6. 报纸杂志

报纸尤其是周末的报纸或就业类报纸杂志,比如教育部学生司和毕业生就业指导中心主办的《中国大学生就业》杂志以及各地人才市场报等,都是比较重要的就业信息来源,求职者可以由此了解有关就业政策、招聘信息,毕业生可以通过电话了解用人单位的基本情况,表达自己的求职意向。不过值得注意的是,对这类就业信息,求职者需要多了解一下相关的背景资料,以免浪费时间和精力,甚至上当受骗。

7. 电视广播

毕业生就业作为社会普遍关注的热点问题,近年来引起了新闻界的普遍重视,不少地方的电视、广播纷纷安排频道提供发布就业信息的服务,不少用人单位也会通过电视广播等手段介绍自己的经营现状、发展前景和人才需求等,广大毕业生也不妨根据这些线索进行求职尝试。

8. 网络资源

这是当前网络时代获取就业信息最丰富、最快捷的渠道之一。社会进入信息时代,人才市场也在发生着深刻变化。网上求职、网上招聘已逐渐成为一种时尚。特别是2003年中国遭遇"非典事件"期间,许多"集市"型的人才市场、人才交流会、供需见面会相继推迟或取消,为了将"非典"对高校毕业生就业工作的影响降到最低点,上海等地的政府和就业指导机构开始启动"就业网上行"计划。通过网络,求职者可以在几秒钟内查询到数万条信息,方便快捷地了解用人单位的背景资料、营运状况等,可以在各种人力资源网站上发布个人求职信息,也可以直接将求职信、履历表等个人资料用电子邮件的方式寄给对方,可谓省时、省钱、省力,方便、快捷、高效。订阅电子邮件是获取网上求职信息的另一个重要途径,很多网站都开辟了求职信息邮件服务,会定期或不定期向注册用户发布有关就业信息;还有一个很好的办法是建立一个自己的个人主页,将在校的学习、任职、获奖情况、自荐信、推荐书等都放上去,让有关单位全面了解你的情况。当然,计算机网络中有着丰富的信息资源,也存在着数不清的信息垃圾甚至有害信息,这些应引起广大毕业生的注意,在利用网络资源的时候,小心不要掉进虚假信息的陷阱。

【链接】 精彩就业网站一览

全国学校毕业生就业网站:http://www.gradnet.edu.cn
中国高校毕业生就业服务信息网:http://www.myjob.edu.cn
北京高校毕业生就业指导中心:www.bjbys.net.cn
上海市高校毕业生就业指导中心:http://www.firstjob.com.cn
东北高师毕业生就业协作网:http://www.dsjyw.net

成都人才市场：http://www.cchrm.com

南京毕业生就业网：http://www.njbys.com

西安人才市场：http://www.xa.col.cn/job

重庆市人才市场：http://infocp.cninfo.net

广州市高校毕业生就业信息网：http://www.gzbys.gov.cn

内蒙古高校毕业生就业信息网：http://www.nmbys.com

哈尔滨市高校毕业生就业信息网：http://www.hrbbys.gov.cn

安徽省高校毕业生就业指导中心：http://www.ahbys.net

广西壮族自治区高等学校毕业生就业指导中心：http://www.gxgradnet.com.cn

前程无忧网：http://www.51job.com

9. 利用社会实践、毕业实习或业余兼职获取就业信息

大学生通过社会实践、毕业实习或业余兼职，可以增加对社会、对职业和岗位的感性认识，加强与有关单位的联系，增进彼此间的了解，便于直接掌握就业信息。事实上，很多高校毕业生就是先在某个单位进行毕业实习，用人单位经过一段时间的考察就予以录用的。

10. 直接与用人单位联系获取就业信息

有的高校毕业生在经过初步的分析后，开始了"普遍撒网"式的求职方式，向自己认为适合的用人单位写自荐信，确定重要目标后，通过电话预约，然后亲自登门拜访，这种"毛遂自荐"的方式也不失为获取就业信息、获得就业成功的途径。

三、如何处理就业信息

1. 处理就业信息的基本心态

（1）实事求是，客观认清形势。近几年来，随着国家经济的快速发展，社会对人才的需要量大大增加，但由于连续几年高校招生规模的扩大，特别是受传统教育理念影响，有的专业设置不合理，招生时缺乏长远眼光，招生人数过多，有的专业课程设置过于陈旧，培养出的毕业生不适合社会的需要，导致近几年出现了人才的结构性矛盾，高校毕业生就业难问题日益突出，应届毕业生的薪资水平较前几年有下降趋势。

（2）摆正位置，正确评价自己。大学生面对严峻的就业形势，面对众多的竞争对手，要想获得择业的成功，首先就要摆正位置，正确评价自己。有的同学盲目自信，认为自己成绩优秀、专业需求旺、求职门路广，对未来就业的期望很高，而对自己的劣势和困难估计不足，在求职中高不成低不就。另一些同学则在求职中显得过于自卑、畏怯，他们尽管具备了一定的实力和优势，但总觉得自己这也不行，那也不行,缺乏竞争勇气和自信,一旦受挫,更加沮丧泄气。还有一些同学在择业时存在盲目的从众心理,缺乏对自己的正确评价,自己也说不清楚到底适合做什么工作,择业时人云亦云,什么岗位热门就往什么岗位挤,比如很多人一心只想进大城市,工资福利要好一点,工作压力要小一点,全然不顾自己的实际条件。

【案例】一名专科生与150多名本科生一起竞争一个岗位还能过关斩将、脱颖而出！小钟的一段成功的求职经历,使他成了某高职学院的"风云人物"。他回忆起11月的那次应聘经历时说:"当时等待面试的150多人中,几乎没有专科生。虽然已经觉得没戏了,但我一定要试试,什么岗位我都愿意做。"小钟表示,能在最后胜出,除了扎实的专业基础外,自己的优势还在于务实的作风,"我对工资、岗位、地方都没有特别的要求,这一点本科生很难做到。"弃高学历的本科生不选,而选专科生,精明的企业家自然有他们的理由:"专科生特别是高职生,心态务实又扎实肯干,还能留得下来,也易于管理",不少企业正是尝到了"甜头"才又频频吃"回头草"。

(3)"骑驴找马",先就业再择业。不少高职院校就业指导中心的老师都遇到过这样的奇怪现象,一方面有的毕业生迟迟没有找到工作,另一方面,有的用人单位主动提供的工作岗位却遭受毕业生的冷遇,很多同学面试都不愿意去,有的同学在面试通过后也不愿去上班,许多较好的就业机会就白白浪费了,很多老师的努力也付之东流,实在让人感到惋惜。造成这种现象的原因是多方面的,有的毕业生期望值过高,用人单位或工作岗位达不到自己的要求,就宁愿不就业。

针对大学生不肯屈居低就的心态,专家们分析,现在不少企业好一些的岗位在招聘时都是"有经验者优先",如果高职学生由于找不到最理想的职位而一再暂缓就业,不肯迈出第一步,又如何取得此类"优先权"呢？"骑驴找马"不失为一种聪明的策略,有了基础再一步步往高处走。

2. 信息陷阱的类型

如前所述,现在社会上的就业信息来源很广,但泥沙俱下、鱼目混珠,很多信息是虚假、无效或无价值的,甚至有些根本就是信息陷阱。有些人受利益驱使,有意设计骗局,制造就业信息的陷阱。

(1)骗财类信息陷阱。这是最为常见的信息陷阱。一些单位或个人打着招聘的旗号,收取高额报名费、介绍费、培训费、考试费、体检费、置装费、上岗押金等,或者要求必须购买一定数量的产品,他们还经常扣押求职者的身份证、毕业证以便日后进行要挟。

(2)黑心中介。有的中介公司以职业介绍为名,骗取职业介绍费,他们手上没有什么较好的工作岗位,有的根本就没有工作岗位,他们只是从报纸或网络上抄袭一些招聘信息欺骗求职者,以骗取介绍费。

(3)没人及格的考试。有些单位打着招工考试之名收取考试费,其实就算你题目全答对了,还是不会通过的,钱也不退还给你!

(4)招而不聘的岗位。有些单位其实不需要人,也没有办理劳动用工手续,但仍然长期对外招聘。当然报名者要交报名费、入行费、产品押金等。一些求职者发现上当后要求退钱,他们不是拖着不给,就是以暴力相威胁。

(5)子虚乌有的公司。有些不法人员到处贴一些"招聘启事"或在媒体刊登虚假广告后,临时在写字楼租一间(套)办公室,挂上"经理室""财务室"或"人事部"的招牌,进行虚假招聘,向应聘者收取名目繁多的各种费用后,人去房空。

(6)抵押陷阱。有的单位在录用毕业生之后,还要求将毕业生的身份证、毕业证作为抵押物,有的则收取一定的押金,一旦毕业生上班后发现单位真实情况想要离开,就要么失去押金,要么花费一定的金钱换取身份证或毕业证等。

(7)试用陷阱。有些单位在招聘人员时,规定了3~6个月的试用期,但往往是试用期即将结束时,便以各种理由炒求职者的"鱿鱼"。这样一来,求职者白白做了几个月的廉价甚至免费劳动力。

上述种种只是形形色色的骗财类信息陷阱中的一部分,其实就业是一种双向选择的行为,求职之初,无论是求职者还是招聘单位,并没有为对方提供任何具体的服务,根本不应涉及费用。因此毕业生但凡看到要汇款或者带现金给面试方的这种信息,就应多加警惕。如果是正规职业中介,收取费用时必须要有正规发票。至于收取押金或将身份证、毕业证作为抵押物的做法,更是一种违法行为,因为国家劳动部门早就明文规定,任何企业招聘员工时,不得以任何理由、任何形式收取求职者的押金,或者以身份证、毕业证等作抵押。

3. 如何避免就业信息陷阱

(1)通过正规渠道获取招聘信息。不同渠道获得的就业信息其真实度是不同的,对于那些真实度不高的信息,如网上的信息或街上乱张贴的小广告等,毕业生一定要擦亮眼睛,仔细辨别。比如有些小广告上所称的"某大绩优厂商"、"某上市公司"等,这些公司对他们的业务描述含糊其辞、遮遮掩掩,连企业名称都不敢公开,其可信度可想而知。因此想应征这类公司时,最好先查清楚该公司的背景。

(2)通过正规职介找工作。正规的职介机构具有合法经营资格及政府的严格管理,收费必须开具有效的票据。而那些不法分子打着职业介绍所的牌子,介绍工作是虚,骗取钱财是实。一旦钱财骗到手后,他们或者用种种借口将应聘者支走,或是假戏真做,把交了报名费的应聘者带到一个临时串通好的单位去做根本不适合应聘者的工作,迫使应聘者知难而退。

(3)不要缴纳诸如面试费等费用。凡是遇到要求交纳由招聘单位收取的某种费用的时候就要提高警惕。

(4)不要为职位的光环所迷惑。职位的名称只是一个符号而已,搞清楚具体的职位内容才最重要。现在许多企业在招聘中都将岗位"包装"得十分精美,毕业生上岗后才发现,原来所谓的"销售经理"、"客户总监"不过是来拉拉广告、跑跑直销,甚至是陪客户喝酒等。因此在求职者正式进入单位之前,想方设法加强对企业的了解,以免误入骗子设下的陷阱。

(5)加强对劳动法规和大学生就业政策的学习。毕业生在求职前或求职过程中,应主动加强对相关政策法规的学习,提高自己的法律意识,必要时懂得用法律武器保护自己的合法权益。比如,如果求职者知道"任何招聘单位以任何名义向求职者收取抵押金、风险金、报名费、培训费等都属于非法行为"这一规定,遇此情况就会知道坚决拒交。

(6)加强自我保护意识,防止个人资料泄密。在求职过程中,常会发生一些毕业生个人资料泄密的情况。如经常有些莫名其妙的电话会打到有的毕业生的家里,有的人手机上也会出现一些奇怪的短信息,有时候电子邮箱里也会塞满垃圾邮件。更有甚者,有的女同学的照片被人移头换足地放到了某些色情网站上。这些都提醒广大毕业生在求职时要注意保护自己,防止被一些不法分子利用。

第三节 高职大学生职业设计的误区及矫正

一、职业设计中常见的心理障碍及其矫正

据教育部高教司提供的数据显示:2001年有50%的专科生没有找到工作;2002年全国普通高校未就业的专科生就有34.8万人;2003年,全国高校的大专毕业生的就业率跌到最低点,仅有30%"暂时成功就业"。截至2004年9月1日,全国普通高校毕业生平均就业率为73%,其中研究生就业率达到93%,本科生为84%,高职高专生仅为61%。2005年高校毕业生中,高职生占到近一半的比重。2006年全国普通高校毕业生人数将从2005年的338万增至400万左右,这个数字已经是2001年104万的近4倍。从高职高专教育的发展情况和历年来的就业情况看,其就业形势依然是最严峻的。

1. 择业过程中的思维定势

心理学家告诉我们,每当人们采取一种思路后,通过思维活动强化了这种思路,下一次还会采取同样的思路,这就是所谓的思维定势。思维定势一般与人的阅历和经验有关。它有积极的一面,也有消极的一面。少数大学生在择业上存在着等、靠、要的心态,即依赖心理,最主要的原因是思想观念陈旧、保守。依赖心理具

体有以下几种情况:表现一,"守株待兔"。有些毕业生不愿、甚至不敢站出来向用人单位推销自己,希望天上能掉馅饼;表现二,寄希望于父母。有的同学认为,有好的成绩不如有个好父母,"大树底下好乘凉";表现三,寄希望于"学校安排"。有的毕业生一无推荐材料,二不收集需求信息,三不刻苦塑造自我,毕业时向学校、向政府主管部门要工作、等分配。

【案例】小章是生长在城市的独生女。父母都有一定的社会地位,出生"豪门"的她从来都是一帆风顺的,就连毕业前都比别人轻松。她说:"我参加过几场人才交流会,可都杳无音信,心里真是挺难受。我想现在竞争压力实在是太大了,再努力也是白费,还不如交给我爸。"

【点评】在求职期间,过分地依赖他人是思想上缺乏独立的表现。小章从小养尊处优,习惯性地依赖他人,以至求职压力一大,便马上把找工作的事推给了父母。这实际上也是自我挫败的行为表现。大学生在择业时,一般要经历新鲜兴奋—观察思考—协调发展这样一个变化过程,这就需要具备独立的思考能力和判断能力。可是有些学生缺乏独立性而显得软弱无能,根本无法适应自身与新环境之间的摩擦和碰撞,最终只会被环境所淘汰。

2. 自我条件评估的失当

这种自我评估失当一般表现在两个方面:一是对自我就业的条件评价过高,因而对择业自我挑剔;另一种是对自我就业的条件评价不高或过低,因而对择业信心不足。

前一种往往是一些学习成绩比较好、工作能力和社交能力比较强的学生,他们不太怕找不到工作。因而对就业要求比较高,地区、单位、职业、报酬、工作条件、发展前途等都在考虑之列,这是自大心理。自大心理的主要表现是固执己见和自命清高。表现在择业上就是主观意识非常强,不考虑需要,不考虑自身条件。后一种往往是一些学习成绩平平或较差、缺乏实际工作能力和社会活动能力的学生,他们对自身的条件缺乏信心,内心十分焦虑。他们不是主动出击,向用人单位推销自己,而是采取被动的态度等用人单位来相中自己。这种自卑畏缩的态度也往往使他们失去了本来可以就业的机会。

【案例】小李是某高职院校一名成绩十分优秀的学生。在求职期间,很多用人单位都抢着要她。但小李偏偏有自视过高的缺点,对那些令其他同学羡慕不已的单位不屑一顾,所以迟迟都不愿与之签约。最后当她有危机感时,以前的那些用人单位都拒她于千里之外。

【点评】小李就是一位典型的高自我价值者。虽然她是一名优秀的学生,可自负感和超优越感使她头脑发热,无法正视自己与用人单位,结果错失良机。

其实,高自我价值感是优秀生中一种较为普遍的心理。他们自信、有活力,并非坏事,但是在求职期间,人才济济,职位供不应求,用人单位的选择也决不会是唯一的,而且他们对这种缺乏自知之明、自视清高的毕业生是最有戒心的。因而毕业生需要正确地看待自己,权衡利弊,勿失良机。

3. 择业过程中的挫折心理

挫折心理是指人们在某种动机的推动下,在努力实现目标的过程中,由于受到阻碍和因无法克服这种障碍而产生的紧张心理和情绪反应。在求职就业问题上,毕业生往往会产生挫折心理,主要是由于他们在择业时,因各种原因不能被社会、亲友、老师、同学理解和接受而产生的一种怀才不遇的感觉。还有的是由于大学生自我评价、自我期望值和自我目标设置得过高,而对现实估计不足造成的。

在择业中要正确对待挫折,战胜挫折。首先,要面对现实,调整自己的期望值和自己的需要、动机、目的、情绪等;其次要对感情实行"冷处理",用理智驾驭情感,自我冷却;三是采取自我暗示法、减敏感法、升华法等调整自己的心态。

4. 择业过程中的嫉妒心理

嫉妒心理表现为对他人突出的品质、才能和成就高于自己所产生的想贬低或破坏他人的心理倾向。大学生在择业中,极易产生嫉妒心理。择业过程往往带有一些竞争性,一些心理不够健康的大学生,可能诱发出嫉妒心理。

要同嫉妒告别,关键是驱除私心杂念,开阔心胸。在竞争中,万事超人、样样不输,这是不可能的,别人在某方面优于自己,这是很正常的,应学会进行公平竞争。同时也可以运用"心理位置互换法",将心比心,逐渐调整自己的心态。

5. 择业过程中的从众心理

心理学上的从众,是指在社会团体的压力下,放弃自己的意愿而采取与大多数人的做法一致的行为。从众的原因,是由于实际存在的或头脑中想象到的社会压力与团体压力,使人们产生了符合社会要求与团体要求的行为与信念,促使其不仅在行动上表现出来,而且在信念中也改变了原来的观点,放弃了原来的意见。毕业生在择业问题上的从众心理表现如下:毫无主见,不能独立思考,依赖性强,容易接受别人的指点或受某种"思想"、"倾向"的影响,或是急于求成。许多毕业生凭着一知半解,为追赶潮流,不顾自己的专业、特长等,忽视了志趣、潜能在择业中的重要性。

6. 择业过程中的虚荣心理

虚荣心过强者,在择业中往往把注意力集中在社会知名度高、收入高的就业单位。这些大学生不从发挥自身优势出发,不考虑自己的竞争实力,甚至不考虑自己的专长爱好。他们选择职业是为了让别人羡慕,做给别人看,而不是为自己寻找用武之地,结果是曲高和寡,不能实现。

7. 择业过程中的攀比心理

有的毕业生择业时,缺乏对自我的客观分析,不是从自己的实际情况出发进行择业,而往往是以周围同学的择业标准来定位自己的就业标准,即使有单位非常适合自身发展,但因为某个方面比不上同学选择的就业单位,就彷徨、放弃。盲目攀比的结果只会错过成功的机会。

8. 择业过程中的羞怯心理

高职大学生在"双向选择"中普遍存在着羞怯心理,这直接影响到用人单位对他们的取舍。平时,我们说沉默是金,可在选择职业时沉默就不是黄金了,而是怯懦、麻木,甚至是一种自我毁灭。

以上列举的几种心理现象都是毕业生求职、择业过程中需要克服的心理问题。克服这些问题,主要是依赖于自我调节。

二、怎样步出职业性别化的心理误区

由于历史的和现实的、客观的和主观的种种原因,女大学生在职业选择中,在激烈的职业竞争中表现出如下特有的心理障碍:

1. 自愧不如的心理

不少女大学生容易在择业难的情况下产生自卑心理和示弱心态。"我能竞争过男同学吗?""万一失败怎么办?"这种自己给自己设置的心理障碍,往往使她们缺乏勇气和获胜的信心。所以说,女性成功的主要障碍不是别人而是自己。

【案例】某用人单位到学校来招毕业生时,女生小李去面试,可没有几分钟就被淘汰下来了。据了解,小李只是因为听说用人单位不想多录用女生,深信自己无用武之地,一时间信心全无,结果很快就被淘汰下来了。

2. 依赖心理

有的女大学生依赖学校分配工作、家长帮助找工作,总把自己当成弱者。试想,一个缺乏自立、自主、自强意识的大学生,怎么能做出符合自己特点的职业选择呢,又怎么能去主动地适应社会进而能动地改造社会呢?

3. 犹豫不决的心理

有的女大学生由于缺乏主见,在从学校到社会这个人生的重要转折时期,分不清主次矛盾,同时由于缺乏社会经验,再加上自卑心理作怪,一些女大学生在择业问题上,优柔寡断,产生困惑与迷茫,以致丧失择业的良机。

【案例】小刘是一位好胜心极强的女孩,在校期间品学兼优还入了党。她与一家公司谈好了条件,只差签字盖章了。这时,她曾实习过的单位,问她是否有意前去,小刘开始犹豫不决。没多久,她又听说南方一家公司要来招人,她更担心如果草率决定,可能会因遇到更好的选择而后悔。小刘的"这山望着那山高"的心态,使她在不断的比较中挑花了眼,而在这个过程中她又没有注意给自己留条后路,错失了许多良机,最后只能后悔不迭。

4. 自视过高的心理

一些女大学生或者因自己的学习成绩好,家庭条件优越;或者因自己的能力强,在同学中有一定的竞争实力;或者因自己容貌出众,有特长等,往往产生一种自命不凡的优越感,一种自视过高的心理。这种心理在择业过程中往往会导致失败。

女大学生要步出职业性别化的心理误区,关键在于正确认识自身。第一,性别优势:女性温柔,做事精细,善于体谅别人,适合从事公关、营销、文秘、导游、财会等工作。第二,在热门的职业和未来发展的职业中,女性更是炙手可热。从能力上讲,女性的语言表达能力、交际能力、忍耐力都较强,在文字、播音、解说、信息分析、资料整理等职业上有男性无法比拟的优势。

心 理 测 试

性格与择业测试

对下述问题,请你回答是与否(回答一个"是",打一个圆圈):

1. 读侦探小说时,你能事先猜到凶手吗?
2. 宁愿听音乐会,也不愿看摇滚乐队演出吗?
3. 你的拼读速度很快吗?
4. 如果画没挂正,你感到别扭吗?
5. 喜欢读杂文而非小说吗?
6. 常能想起读过或听过的东西吗?
7. 认为用不同的方法可以将一件事情做好吗?
8. 喜欢玩跳棋而非纸牌吗?
9. 借钱买某些急需的书吗?
10. 想知道机器,如发动机、开关、钟表等的工作原理吗?
11. 喜欢生活中的变化吗?
12. 有空余时间,宁愿参加体育锻炼而不读书吗?
13. 算术和数学对你来说很难吗?
14. 喜欢和比自己年龄小的人在一起吗?
15. 能说出你认为是朋友的人的姓名吗?
16. 喜欢节日、联欢会吗?
17. 讨厌要求精细的工作吗?
18. 阅读速度快吗?
19. 认为"不要把所有鸡蛋都放到一个篮子里"的谚语对吗?
20. 喜欢结交陌生人、见识陌生的地方或东西吗?

对于上述问题的回答没有正确与错误之分，你的回答只是表明你自己是一个什么样的人。

▶结果解释　数一下前10道题共有多少个圈，再数一下后10道题共有多少个圈，并比较这两组数字：

（1）如果前10道题的圆圈比后10道题多，说明你是一个紧张型的人，适合于要求精细的工作，如医生、律师、科学家、机械师、修理工、技术员、出版家、哲学家、工程师等。

（2）如果后10道题的圆圈比前10道题多，说明你是一个开拓型的人，适合做人事工作，如领班、接待员、出租汽车司机、服务员、售货员、广告宣传员等。

（3）如果两组圆圈不相上下的话，则说明你适合做一些需要集中精力，但人际关系好的工作，如护士、教员、秘书、美容师、艺术家、演说家、图书管理员、政治家等。

大学毕业生求职成功案例

1. 受得委屈，先抑后扬

小李，某高职院校经贸专业女毕业生。毕业后她与同班的几位女生一起去到深圳一家韩国老板开办的电子公司应聘。这个公司的待遇相当高，但是要求应聘者要先从清洁工做起——一幢八层高的大楼，几十人要将其清扫干净，需要起早贪黑地干上八到十个小时才能完成。其他几位女生都愤愤不平地走了，只有李留了下来。她每天手不歇、脚不停地埋头苦干，把整幢大楼打扫得清清爽爽，一点也不嫌弃自己手中的这份工作。她的勤恳态度得到了视察主管的高度赞扬和充分信任……10个月后，她升任了这家韩国公司的第二财务总监。

▶成功点　出于考察的需要，招聘单位有时会提出一些让求职者看似无法接受的苛刻条件。求职时，对此应该有一定的心理准备——若是已经认定了目标（当然应辨别是否为陷阱），那就应受点委屈，迎难而上，绝对不要轻率放弃！

2. 坚忍不拔，以诚感人

小张，某高职院校毕业生，脚带有先天性残疾。她毕业后回到家乡长沙找工作，应聘单位的人事部主管见她容貌一般，行动又有点不方便，便随意找了个理由用来推脱："现在我们这里不缺人，过一个星期之后再看吧！"一周之后，她如期而至，人事部主管只好推辞说："我今天很忙，确实没有空。"第二天，她再一次来到这家工厂，得到的是相同的答复。这样一连持续了五六天，人事部主管看着衣着朴素、真挚诚恳的她，感慨地说道："我工作这么多年来，头一次看到像你这样诚心诚意来找工作的,非常佩服你的勇气和韧性,我们现在不得不聘用你了。"

➢成功点 求职,谁都想一次成功,但在大多数情况下难以做到。小张一而再、再而三地承受委屈,终于靠自己的诚心和忍耐如愿以偿。

3. 爱我所爱,以优取胜

小林,某高职院校农学专业毕业生。他对摄影有着特别的爱好,一直梦想在摄影天地里一显身手。毕业后,他到海南谋职,此地几乎所有的影楼对这个毛遂自荐、但不是学艺术专业的小伙子,给予的都是冷嘲热讽。有一天,他看中了一家台资艺术摄影及广告公司后,就登门开诚布公地表达了自己的求职愿望。面试时,他递上了一叠自己平时拍摄的彩色人像和风景艺术照片。"这些摄影作品是否可以,是不是符合贵公司的录用标准?"门市经理赞叹:"这些摄影作品确实很优秀,我可以肯定地告诉你,只要这真的是你自己的作品,我们一定会毫不犹豫地录用你!"此时,他激动地说:"这真的是我自己的作品。但是,我学的是农学专业,并非科班。"经理听后笑着说:"你认为,文凭能决定你的命运吗?"

➢成功点 许多人对自己的专业不是很感兴趣,但将其与业余爱好统一起来呢?(例如:鲁迅学的是医学专业,却成了中国近代最伟大的文学家)只要做出成绩来,去相应领域求职,可能会闯出一片真正属于你的天空!

4. 置身其中,出奇制胜

小孙,一位哲学系毕业生。毕业时,他选择到北京谋职。他看中了一家跨国的日用品公司,但他并不贸然去参加招聘会——他用了将近一个月的时间,到北图查阅了这家公司发展的相关资料,在超市调查研究了该公司与其他类似公司的市场销售情况,并且拟定了几个相应的开发北京和异地市场的策划方案。等到一切准备就绪,他去参加了该公司每年举行一次的招聘会。在笔试时,他的成绩名列第一;在面试时,他坦率指出这家公司的若干不足,列举了相关的事例,提出了一套富有创意的新见解……

➢成功点 现代企业,需要能胜任工作的雇员,更需要对企业有亲和力、有认同感的新主人。试问,一个能置身于企业之中、熟知企业利弊并能出谋划策,一个只求找个工作解决饭碗,你会选择哪一位应聘者作为你的职员呢?

5. 相信社会,自强不息

小文是一个历史系毕业的女孩。毕业后,她选择到上海求职。正好有家非常好的单位刊登出一则招聘启事,需要面向社会公开招聘6名大学生,看到自己各项条件符合,她没有多想就去报了名。事后别人说她犯傻——那么好的单位,明摆着"肥水不落外人田",所有的名单肯定都是内定的。她有点后悔,但又想反正又不需要报名费,试试看也行!

考试那天,保安严把大门,该单位的负责领导亲临现场,密封的考卷当场拆封……一个星期以后,张榜公布,她竟名列榜首,面试时又排名第二,终于顺利地被这家单位录用。

事后从公开的信息中得知,这次招聘是公平、公正的,不仅没有对本单位内部的职工子女特殊照顾,而且对一些有大背景的人也一视同仁!

▶成功点 当今社会确实存在一些不正之风,引起人们的普遍不满和愤恨。现在社会上有一些舆论:若没有权势,没有后台,不拉关系,不送红包,就很难找到一份称心如意的工作。但是,事实上越来越多的决策者认识到,市场的竞争是人才的竞争,要想拥有优秀的人才,就必须在人才招聘中坚持公开、公平、公正的原则。

学 生 活 动

心理拓展活动设计

活动题目:我的未来不是梦

活动目的:我们每个人都有自己的理想,我们将踏上的某一个职业岗位,也许正是你的理想,也许和你最初的理想相差甚远。但无论你将来干什么,从现在起,在现实的基础上确立的理想才是真正可行的,有了理想才会有将来的一切。今天的活动,是帮助大家弄清楚自己的职业理想是什么,从而确定自己努力的目标。

活动过程:

(1)分组以简单动作表演"我的理想职业",其他同学猜测。

(2)小组讨论:如何培养兴趣、充实自我,实现自己的愿望?如果我们不能从事自己所向往的职业,应该怎么办?

(3)进行理想职业设计:写出自己将来想从事的工作、工作名称、工作要求、必须具备的能力以及自己的兴趣与专长。

(4)制订计划:为了实现将来的打算,现在需要做的准备。

# 第三单元　大学生心理问题调适篇

第八章　大学生情绪和情感的培养及挫折心理应对

你知道吗？

1. 什么是情绪，高职大学生情绪有哪些特点？
2. 高职大学生有哪些常见的情绪障碍？
3. 什么是挫折？挫折的成因有哪些？
4. 什么是心理防卫机制？怎样运用心理防卫机制来面对挫折？
5. 如果你在学习或生活中遇到了挫折，你会怎么办？

> **案例引入**
>
> 洪某，男，19岁，某高职二年级学生。他在上高中以前，身心状况良好，性格开朗，学习成绩良好。由于一些突然的变故，使其受到长时间的精神刺激，导致郁郁寡欢，兴趣索然。学习感到吃力，成绩下滑，对未来感到茫然而无信心，人际关系状况变差。心情甚为苦闷，时有轻生念头。上述症状已持续一年多，他很想尽快恢复正常身心状态。
>
> ▶**思考** 为什么洪同学会因变故性情发生这样的变化，他的问题主要是什么，他应该怎么办？

第一节 高职大学生情绪和情感的发展与特点

一、高职大学生情绪和情感的发展与特点

1. 情绪与情感

心理学认为：情绪是人对客观事物的态度体验及相应的行为反应。喜、怒、哀、乐、悲、惊、恐、爱、憎等均是情绪的不同表现形式。情感是人对客观事物是否满足需要而产生的态度体验。

情绪和情感既有区别又有联系。它们的区别在于：首先，情绪往往同生理需要相联系，如饿了得到食物就会体验到满意、愉快。情感则是与社会需要相联系，比情绪复杂，如深厚的友谊会带来愉快，学习失败会带来懊丧。其次，情绪具有情景性、冲动性、外显性和不稳定性。而情感则比较稳定、深刻、内隐。再次，一般情绪反应在先，情感体验在后。

情绪与情感又有密切的联系，一方面情感依赖于情绪，人的情感总是在各种不断变化的情绪中表现出来的；另一方面，情绪也依赖于情感，情绪的不同变化，一般都受已经形成的社会情感的影响。

从内容来分，可将情绪分为基本情绪和复合情绪。基本情绪是人和动物共有的、与生俱来的，一般把快乐、愤怒、悲哀和恐惧理解为情绪的基本形式。复合情绪是由基本情绪的不同组合派生出来的，如由愤怒、讨厌和轻蔑复合起来可以产生敌意的情绪，由紧张、恐惧、忧虑、内疚、焦急、痛苦和愤怒复合起来可以产生焦虑的情绪。

从状态来分，可将情绪分为心境、激情、应激。心境是一种微弱、持久而具有弥漫性的情绪体验状态，它不是对某一事物的特定体验，而是用同样的态度来对待所

有事物。激情是一种强烈的、爆发式的、激动而持续时间较短的情绪状态。激情往往由重大的、突如其来的事件或激烈的意外冲突引起。应激是在出现意外事件和遇到危险情景的紧张情况下所引起的情绪状态。

2. 大学生的情绪行为特点

情感的发展与需要关系密切。大学生的需要与中小学生、成人差别较大。大学时期是人生的重要时期,也是情绪丰富多变、相对不稳定的时期,随着社会地位、知识的提高与所处年龄段的影响,因而在情感表现上有其独特性,具体表现在如下几个方面:

(1)丰富性和复杂性。大学生的情绪活动非常丰富。随着他们自我意识的不断发展,各种新的需要强度不断增加,其情绪也日益丰富起来,几乎人类所具有的各种情绪都会在大学生身上反映出来,他们注重独立感,自尊心、自信心和好胜心增强;求知欲、好奇心强烈,热爱科学和真理,憎恨迷信和谬误。随着社会体验和内心世界的不断丰富,他们情感也不断丰富,他们在各种活动中对不同的事物有不同的体验,从而表现出不同的情绪。同时大学生的情绪还具有复杂性的特点。他们有时陶醉于某种愉快的、肯定性的情绪状态之中,有时沉溺于某种负性情绪状态中,有时又陷入某种想象性的忧虑之中,即时的情绪短时间难以被另一种情绪所代替。

(2)稳定性与波动性。大学生具有一定的自我控制情绪的能力,一般能用理智约束冲动,对不良情绪进行自我调适,并出现了心境化的情绪特点。所谓心境化特点是指情绪一旦被激发,即使外界刺激消失了,还会转化为心境,要持续一段时间。比起中小学生来,大学生的情绪在时间上有更长的延续性,他们的许多不良情绪如焦虑、自卑就具有这种心境化的特点。同时大学生的情绪与成人相比,波动性仍然很明显。表现为心境的变化比较频繁,情绪有较大起伏性,因学习、交友、恋爱、入党、生活、择业等问题产生挫折,都可能引起他们的情绪波动。

(3)外显性和内隐性。大学生对外部刺激的反应迅速、敏感,喜怒哀乐溢于言表。在一般情况下,他们由情绪引起的内心体验和外部表现是一致的,呈现出外显性特点。然而,在一些特定场合或特定的问题上,其外部表现和内心体验并不一致,甚至有的时候完全相反。例如,当他们感到受到了不友好、不公正的对待,得不到理解和尊重时,会把心扉紧闭,不轻易表露真情实感。有的男女同学之间,明明是很在意对方、有好感的,很希望在一起互相学习、交流思想,但由于自尊或者其他原因,反而在行为上有意表现出冷淡、回避的姿态,有时还会采用文饰、反向的办法来掩饰内心情感,显示出内隐性的特点。

(4)强烈性与细腻性。大学生的情感强烈,在外界刺激的作用下很容易产生激情。由于自我意识的发展,他们对各种事物比较敏感,精力旺盛,易处于激情状态下。如常常对喜爱的对象表示热衷，对感兴趣的事物表现出强烈的欲望，对不平之事表示愤慨或者是牢骚满腹。而消极的激情，也可能使他们做出不假思索、不听劝阻甚至不计后果的举动。尤其是发生在大学校园里的斗殴、自杀甚至杀人事件，大多是起因于对一些小事的不冷静、不慎重，发展到了激怒或绝望，情绪失控，导致意外事件发生。

（5）阶段性和群体性。大学阶段由于不同年级培养重点不同，教育方式和课程设置也有所不同，因而面临的问题也不完全相同。新生由紧张的高中生活来到一个全新的环境，对一切感到新鲜、好奇，但很快新鲜的刺激被紧张的大学生活所替代，加之对院校、专业不太满意，对学习不了解，学习动力不足，学习适应困难，人际关系不良，心理敏感度增加，有的随之会感到失望、迷惑，甚至自卑；中年级的学生情绪发展较为稳定，朝着理想的方向发展；高年级学生社会责任感明显增强，社会性情感日趋丰富，更多地关心个人与社会的关系、思考人生价值，同时因面临择业的压力，存在着紧迫感、忧虑感，情绪障碍明显增多。

二、高职大学生健康情绪和情感的培养

国际卫生组织提出的健康标准有三条，其中有两条标准是"身体、智力、情绪十分调和"、"心理健康的人应是情绪稳定、乐观、心情舒畅的人"。可见健康的人也必然是一个情绪健康的人。

1. 情绪健康的意义

正向的情绪也叫乐观的情绪，是身心活动和谐的象征，是心理健康的重要标志。乐观的情绪可以使人的神经系统、内分泌系统的自动调节机能处于最佳状态，有利于促进身心健康，也有利于促进人的知觉、记忆、想象、思维意志等心理活动。复杂的、艰巨的智力活动，离不开积极情绪的支持，而对大学生而言，保持健康的情绪有着十分重要的意义。

2. 情绪健康的表现

人的心理是复杂的，心理健康的界定也是多维的，一个人的情绪是复杂的，情绪健康的界定也是多维的。所以，情绪健康是一个动态的概念。评价一个人情绪是否成熟主要看有机体对自我意识支配和控制情绪的能力水平。一般来说，一个情绪成熟的大学生至少应具备如下几个方面的特征：

（1）控制情绪。指在遇到问题，至少是较重要的决策时，能够事先考虑到客观环境所允许的限度并加以适当的设计与控制，避免由于一时冲动"想干什么就干什么"，结果带来失败而导致情绪的波动。

（2）调适情绪。指个体在情绪反应的方式上，并不是遇事便立即采取"是对是错"的反应，而是使自己的情绪冷静下来后，再决定采取比较合理的反应方式。

（3）选择情绪。情绪是可以控制的，也是可以选择的。情绪成熟的大学生，一定能够经常提醒自己选择那些有利于自己身心健康的情绪状态，预防那些因疲劳或疾病引起的情绪不稳定。对于消极情绪，也能够选择积极的行为反应方式，使其向无害方向转化，并选择积极的方法将有害情绪及时排除。

（4）培养情绪。培养正确的人生观和生活洞察力。正确的人生观使大学生对客观现实持一种实事求是的态度，对自己的人生目标和处世方法也有一个正确的理解和与之相适应的系统化的行为准则。这样，就能使自己不轻易为一些次要的因素和琐事所干扰，进而妨碍人生理想的实现和高尚情操的发展。提高社会洞察力，使自己的身心做好相应的准备姿态，避免事到临头，仓促应付，结果顾头不顾尾，或者临场判断失误，导致产生挫折感和失败感。

3. 大学生负向情绪的影响

凡是不能满足人们需要的事物，都会引起否定的态度，并产生消极的、不愉快的情绪体验。这类情绪包括愤怒、憎恨、悲愁、焦虑、恐惧、苦闷、不安、沮丧、忧伤、嫉妒、耻辱、痛苦、不满等。这些都是与消极情绪状态密切联系的。因此，从某种意义上说，消极情绪是一种人体心理不良的紧张状态，往往会因过分刺激人的器官、肌肉及内分泌腺而损害人的健康。这种情绪的产生，一方面是机体为适应环境而做出的必要反应，它能动员机体的潜在能量，使自己适应环境的变化；另一方面，这种情绪的产生又会引起高级神经活动的机能失调，使人体失去身心平衡，从而对机体的健康产生十分不利的影响。

经常、持久地出现消极情绪所引起的长期过度的神经系统紧张，往往会导致心身疾病。如神经系统功能紊乱、内分泌功能失调、免疫功能下降，转变为精神障碍或其他器官系统的疾病。负向情绪，如愤怒、恐惧、焦虑的频繁出现，会促使人体抑制副肾上腺皮质激素的分泌，连带产生免疫力降低，引发头痛、失眠、气喘、胃肠溃疡、荨麻疹等疾病的发生。若负向情绪长期无法缓解，还易并发各种精神官能症，导致日常生活失序，破坏正常社会功能。

【链接】20世纪，一个独特的生命个体以其勇敢的方式震撼了世界，她就是海伦·凯勒——一个生活在黑暗中却又给人类带来光明的女性，一个度过了生命的88个春秋，却熬过了87年无光、无声、无语的孤独岁月的弱女子。然而，正是这样一个幽闭在盲、聋、哑世界里的人，竟然毕业于哈佛大学德吉利夫学院，并用生命的全部力量处处奔走，建起了一家家慈善机构，为残疾人造福，被美国《时代周刊》评选为20世纪美国十大英雄偶像。创造这一奇迹，全靠一颗不屈不挠的心。海伦接受了生命的挑战，用爱心去拥抱世界，以惊人的毅力面对困境，终于在黑暗中找到了光明，最后又把慈爱的双手伸向全世界。

三、大学生中常见情绪障碍与调适

情绪障碍是人的主要心理障碍之一。大学生的常见情绪障碍主要有情绪紧张、自卑、忧郁和焦虑。情绪障碍一旦发生,正常的心理和生理活动就会受到影响。了解大学生有哪些消极情绪,掌握如何自我调节不良情绪,对于保持愉快的心境,促进情绪的成熟、稳定,从而形成良好的情绪和情感有着十分重要的意义。

1. 焦虑情绪的控制及调节

(1)焦虑情绪的表现。焦虑是一种紧张、不安、害怕、担忧混合交织的情绪体验。往往表现出极度的情绪不安,有一种说不出的恐惧与难受,或情绪激动,失去平衡,经常无故地发怒,与他人争吵,对什么事情都看不惯、不满意;或整天忧心忡忡,唉声叹气,总担心有不好的事发生,有不幸的事情落到自己头上,对周围环境不能清晰地感知和认识,思维受阻变得简单和模糊,整天专注于自己的健康状态,担心疾病再度发作,身体不舒服、失眠;或常无意义地搓手顿足、坐立不安、心神不定、踱来踱去、小动作增多、难以安静、注意力无法集中、自己也不清楚为什么如此惶恐不安;或有躯体不适症状(已有焦虑症者)、心悸、胸闷、气短,心跳和呼吸次数加快,全身疲乏感,生活和工作能力下降,睡眠有障碍,而且颇为严重和顽固。

(2)焦虑的调节与控制:

自我放松法。具体做法是:保持坐姿,身体向后靠,松开束腰的皮带或衣物,将双掌轻轻放在肚脐上,要求五指并拢,掌心向下,先用鼻子吸足一口气,保持胀满状态两秒钟,再用鼻子慢慢、轻轻地呼气,反复多做几次,以使你能达到腹式呼吸的深度要求。接下来我们再学习控制呼吸的速度,你可以在呼吸时数数,"1、2、3、4…"你要自己慢慢地数数,用四个节拍吸气,再用四个节拍吐气,如此循环下去。下次连续做四至十分钟甚至更长,经常这样做深呼吸,对身心放松、缓解焦虑大有好处。

当你能在坐姿下熟练地运用深呼吸技术之后,你可以进一步增加操作难度,尝试在不同的姿势下运用。如果你能在各种复杂的场合都能运用自如,那么,在感到焦虑紧张时,运用起来就能更得心应手,更具效用了。

纵情想象放松法。想象放松法是通过对一些安宁、舒缓、愉悦的情景的想象,以达到身心放松的目的。要尽量运用各种感官,观其形、听其声、嗅其味、触其柔——恰如亲临其境。比如,可以想象在校园的林阴道上散步。晚饭后,夕阳西下,缕缕金黄色的阳光透过树丛,洒在林阴道上,你独自一人在宁静的林阴道上散步,一天的劳累与一天的收获让你感到很惬意,你信步往前走,心里没有任何负担,阳光不冷不热,空气中似乎能嗅到太阳光的香味,你舒展全身、慢慢地做深呼吸,感到无比的轻松舒坦(每天可用 5~6 分钟进行练习。做想象性放松之前,要求放松地坐好,闭上双眼,然后开始,先由指导教师给予言语性指导、进而由自己自行想象。指导者在出示指导语时要注意语气、语调的运用,节奏要逐渐变慢、配合对方的呼吸)。

2. 紧张情绪的表现与调节

(1)紧张情绪的表现。适度的紧张能使体内引起一系列生理变化,适度的紧张比松弛状态更能调动人的智慧,加速智能活动的运转,提高思维的效率,释放更多的能量来应对眼前的问题。它会使生命个体潜能得到充分发挥。不过,过度的紧张会使身体失去平衡处于不正常的状态,使人的记忆、思维、动作的准确性降低,导致一系列的行为紊乱。同时,由于自身控制与调节作用减弱,个体就会体验到心慌、激动、烦躁、不安,从而导致一系列的动作失调。如果这种过度的紧张情绪持续时间过长对人体是特别有害的。

(2)紧张情绪的控制与调节:

提高"心理抗压性"。情绪紧张主要是由精神上的压力造成的。一件事到底能给人造成多少精神压力,实际上是由各自不同的心理抗压能力决定的。同样的压力,同样的挫折,同样的困境,由于每个人的抗压能力不同,就会出现不同的抗压结果。因此,要做好经常性的抗压准备。在做任何事之前,要充分考虑可能出现的困难与问题,及时做好应对的准备,制订出解决问题的方案。这样一旦遇到困难,就不会有太大的心理压力,也不会过度地紧张。

建立适度的期望水平。如果一个人的期望水平过高,总是想达到自己实际上难以达到的水平,就会导致心理压力过重,情绪就会过度紧张。这种情况经常出现在考试、比赛、竞选及经常参加的实践活动中,总是想把事情做得更好,对自己提出很高的要求,结果却难以达到自己的预期目标,就会导致心理压力不断增强,如果经常处在这种高度紧张的状态,对一个人的身心健康是非常不利的。

不要过分注意自我形象。过分注意自己在别人心中的形象也是造成情绪过度紧张的一个重要原因。如有的同学总是过分注意自己的言谈举止在别人心中会留下一个什么印象,这样就会使自己经常处于紧张状态之中。

学会意念放松。人的一切成就,都始于一个意念。当自己感到心理压力过大、过重,导致情绪高度紧张时,可以进行各种意念的放松调节。如闭上眼睛深呼吸,想象自己正在做一件有意义的事,这样就有一种清凉的感觉弥漫全身,紧张的情绪就容易消除或者缓解。

3. 抑郁情绪的控制与调节

(1)抑郁情绪的表现。在行为方面,提不起精神,丧失学习兴趣,反应迟钝,无精打采,不愿意参加集体活动尤其是娱乐活动,对他人感到厌烦,严重者生活充满着痛苦,没有欢乐存在。在心理方面,对自己及整个世界均持有消极的看法,对未来充满绝望,对别人和世事冷漠。抑郁会使一个人的思维迟钝,性格内向孤僻,怀疑心重,自尊心过强,有不同程度的无价值感,常有一种无望和无助交织在一起的情绪体验。处于抑郁状态中的人就会无法集中精神去完成一些要求注意力长时间集中的任务,而大学生恰恰需要较强的注意力和记忆力集中思维,但抑郁的限制会给他们带来更多的烦恼。在生理方面,抑郁的学生食欲减退,体重下降,睡眠或多或少,以致影响正常的生活和学习。另外,还有一些同学可能会很容易入睡,但醒得很早,而且一旦醒后再也难以入睡。随着饮食和睡眠问题的出现会感到疲惫不堪,全身疼痛,甚至有身体要垮掉的感觉。

(2)抑郁情绪的控制与调节。下面介绍几种自我调节抑郁情绪的方法:

自勉法。自勉就是以积极的信念暗示自己,努力挖掘自己的优点与长处,而不是无意中把悲观沮丧、挫折感放大。只有在不幸与失败中奋起的人才能最终成大器。

倾诉法。心中的郁闷、悲伤等也可以向亲友、甚至向不相识的人倾吐,或通过记日记、写作等诉诸文字,通过"一吐为快"来排解心中郁闷。可以经常放声大笑,伟大作家高尔基说过:"只有爱笑的人,生活才能过得更美好。"笑对健康的促进作用已为越来越多的人们所认识,笑会向大脑传递感到快乐的信号,可促进血液循环,笑是健康的兴奋剂,是一种良好的健身运动,是一种最有效的消化剂,能提高机体的抗病能力。

转移法。情绪不佳时,转移自己的注意力,装作自己很快乐,是一种控制情绪的好办法。如苦闷、烦恼时,去听听音乐、看看电影、闻闻花香;尝试上台演讲,心情紧张就把注意力集中到讲话的内容上;也可以通过运动来转移注意力。在自己极度抑郁或愤怒时,猛干一阵活或狂欢等都有助于释放抑郁情绪积滞的消极能量。

反向心理调节法。反向心理调节法的成功关键在于思维方向的"趋利性"。就是遇事时要发挥自己丰富的想象力和多角度的思索力,极力从不利中挖掘、寻找到令自己信服的积极因素,用以说服自己。所谓"想开点"即是一种反向心理调节法,就是为自己的心理压力找一种"合理"的解释。"吃不着葡萄说葡萄酸",虽是一种精神胜利法,但总比懊恼、沮丧强。学会用积极的思想替代消极的思想,学会克制、宽容等消气艺术的确有好处。

升华法。把负性心理压力激起的能量引导到对社会、对自己都有利的方面,确实难能可贵。如居里夫人在丈夫横遭车祸的不幸后,用努力工作克制自己的悲痛,完成了镭的提取。这跟一个人的修养、觉悟密切相关,而且更需一颗奋发向上的心。遇到不愉快的事情,要乐观地展望未来。

▎相 关 链 接

抑郁症 9 种评估标准

1. 对社会活动和人际交往都没兴趣持续两周以上。
2. 身体明显消瘦或体重明显增加,持续两周以上。
3. 有睡眠障碍,常被噩梦惊醒,清晨四五点早醒,持续两周以上。
4. 经常烦躁,为一点小事争吵,时间持续两周以上。
5. 动作迟缓,说话缓慢,持续两周以上。
6. 经常感到疲倦,甚至长时间卧床,已持续两周以上。
7. 觉得自己活得没有价值,过低估计自己,事事缺乏自信,已持续两周。
8. 注意力不能集中,对什么事总是心不在焉,思维迟钝,已持续两周。
9. 经常想到死,有过伤害自己的体验,试图从不安全的、有危险的境地经过,持续两周以上。

四、情绪的自我调节与管理

当口渴的时候回到宿舍,发现只有半杯水了,有人说:"倒霉透了,只有半杯水了。"有人说:"真不错!还有半杯水!"。你是哪种人呢?

每个人都难免会体验到前面所提到的一些负向情绪。承认这些负向情绪的存在并使自己保持积极、愉快的情绪,需要不断地对情绪进行动态调节。如何让自己的内心与外在客观环境尽可能地保持和谐一致,应该学会一些情绪的调节方法。

1. 接受法

承认和接受自己的情感,我们所体验的情绪时刻都在发生,我们无法抗拒,事情已经客观存在,我们只能正确面对,坦然接受它。

2. 自我激励法

激励是人类活动的一种心理过程,自我激励是人的精神生活的动力源泉,用生活中的哲理、榜样的事迹或明澈的思想观念来激励自己,同各种不良情绪作斗争。无论发生了多么令自己后悔的事,都不要在意,我们年轻,有时间跌倒,也有时间爬起。

3. 合理宣泄

当我们的情绪处于压抑状态时,应该加以合理宣泄。当你情绪低落或不顺心时,可以通过向亲人、朋友倾诉或找个没人的地方哭一场或大叫几声来缓解心中的压力,也可以通过书写来表达自己的心境以达到宣泄的目的。有条件上网的同学,可通过网络与网友交流思想,排遣心中烦恼。假如你愤怒到了极点,你可以据理力争,还可以到操场这样空旷的地方大喊几声。当然,情绪的宣泄要有节制,要注意方式方法和时间、场合,尽量不影响别人,不损害自己,不然会带来新的情绪困扰。

4. 自我暗示法

即通过找一些理由为自己"开脱",以减轻痛苦,缓解紧张,使内心获得平衡的办法。弗洛伊德提出,常见的合理化有两种,一是希望达到的目的没达到,心里便否定该目的的价值或意义,俗称"酸葡萄效应"。任何事物均有利弊,没有达到目的时,可以强化弊的方面。二是未达到预定的期望或目标,便提高目前现状的价值或意义,俗称"甜柠檬效应"。如狐狸吃不到葡萄就说葡萄是酸的,只能得到柠檬,就说柠檬是甜的,于是便不苦恼。

5. 转移法

当情绪不佳时,可以通过转移自己的注意力来调节自己的情绪。如听听音乐、读读书、看场电影、参加体育运动,或者好好地睡上一觉,总之找些自己喜欢的事去做,将烦恼暂时放下,等到心情平静些时,再重新面对自己的难题。

有这样一则故事:一个老太太有两个儿子,大儿子卖伞,小儿子晒盐。无论天气晴还是阴,老太太都闷闷不乐,整日地唉声叹气,晴天替大儿子担忧,"天不下雨,大儿子的伞可卖不出去了",雨天替小儿子担忧,"天下雨,小儿子可晒不了盐了"。结果得了忧郁症,去看医生,医生问清缘由后告诉老太太"你为什么不倒过来看呢?晴天多好啊,小儿子可以晒盐了,下雨也不错,大儿子的伞可以卖出去了啊!"这则故事告诉我们这样一个道理:天下本无事,庸人自扰之。一个人情绪的好坏、心情是否愉悦,在很多情况下都是由自己决定的。面对激烈竞争的社会,面对无穷尽的挫折和不断的失败,一个人如果真能做到"宠辱不惊,看庭前花开花落;去留无意,望天上云卷云舒",说明他的自我调节达到了相当成熟的程度。

【链接】如何保持良好的情绪

(1)不对自己过分苛求。有些人把自己的抱负定得过高,根本无能力达到,却在别人面前天高海阔地谈论,受到别人嘲讽后,终日郁郁不欢;有些人做事要求十全十美,往往因为小小的瑕疵而自责。如果把自己的目标和要求定在自己的能力范围内,自然就会心情舒畅了。

(2)对他人期望不要太高。许多人把希望寄托在他人身上,若对方达不到自己的要求,便会大失所望,其实每个人都有自己的优点和缺点,何必要别人迎合自己的要求呢?

(3)疏导自己的愤怒情绪。当你勃然大怒时,很多蠢事都会干出来,与其事后后悔不如事前自制,把愤怒平息下去。

(4)偶尔也要忍让。要心胸开阔,做事从大处看,只要大前提不受影响,小事则不必斤斤计较,以减少自己的烦恼。

(5)暂时回避。在遇到挫折时,应该暂时将烦恼放下,去做些喜欢做的事,如做运动、看电影等。

(6)找人倾吐烦恼。如果把心里的烦恼告诉你的挚友、师长,心情就会顿感舒畅。

(7)为别人做些事。帮助别人不单使自己忘却烦恼,而且还可以确定自己的价值,更可以获得珍贵的友谊。

第二节 高职大学生的挫折心理及其原因

【案例】这是一位高职学生的咨询信:老师,我已经上大三了,本来我是勇于面对各种磨难的,这次我遭受了意外的挫折,我的专业技能鉴定没有通过。我们班没过的同学也就两三个!我本来专业动手能力还可以的,也是最努力的学生,但是到考试的时候我的心情特别紧张。下学期就要找工作了,真不知如何是好!现在只觉得压力很大,觉得人生没有什么意思,有自杀的倾向(但是不会,因为我还理性,这样做对不起所有关心我的人),失眠,心烦意乱。希望能得到老师的指引。

【点评】你好!你的心情我很理解!在学习的过程中碰到各式各样的困难是正常的。就像你,在技能考试上遇到了困难,感到压力很大也是正常的。但问题出现了,你就要积极面对。第一,你要有正确面对人生各阶段困难和挫折的态度。人生总会遇到各种矛盾与问题。第二,要认真地分析一下技能考试没有通过的原因所在,是什么原因呢,是基础差,还是操作不熟练,还是考试时的紧张所致?你对此应该分析一下。第三,找一下解决问题的办法,对症下药。第四,从你的描述来看,你个性内向,有了事情或困惑喜欢自己来解决。从心理学的角度来看,有了困惑或困难,应该找朋友来倾诉,宣泄一下心理的问题。第五,我建议你应该多交一些朋友,丰富一下自己的文体活动,你的情绪有些抑郁,如果你能正确地面对困难,迈过去,这些都不应该成为问题的,你会有这样的信心的。办法总比困难多,你说是吗?

一、挫折心理概述

1. 什么是挫折

挫折是指个人从事有目的的活动时,由于遇到无法克服或自以为无法克服的障碍和干扰,其需要不能得到满足时的消极情绪状态。人们的需要是不断发展和变化的,随着社会生活条件的变化和年龄的增长,其社会需要亦不断地变化与增长。人们的社会需要不可能不折不扣地全部得到满足,可能有些需要满足了,而另一些需要却未能满足。当个人主要的需要未得到满足时,就会产生"挫折"的情绪反应。

挫折包括三个方面的含义：一是挫折情境，即对人们有动机、有目的的活动造成内外障碍或干扰的情境状态或条件，构成刺激情境的可能是人或物，也可能是各种自然、社会环境；二是挫折反应，即个体在挫折情境下所产生的烦恼、困惑、焦虑、愤怒等负面情绪交织而成的心理感受，即挫折感；三是挫折认知，即对挫折情境的知觉、认识和评价。其中，挫折认知是核心因素，挫折反应的性质及程度，主要取决于挫折认知。一般来说，挫折情境越严重，挫折反应就越强烈；反之，挫折反应就越轻微。

【链接】蜘　蛛

雨后，一只蜘蛛艰难地向墙上已经支离破碎的网爬去，由于墙壁潮湿，它爬到一定的高度，就会掉下来，它一次次地向上爬，一次次地又掉下来……第一个人看到了，他叹了一口气，自言自语："我的一生不正如这只蜘蛛吗？忙忙碌碌而无所得。"于是，他日渐消沉。第二个人看到了，他说："这只蜘蛛真愚蠢，为什么不从旁边干燥的地方绕一下爬上去？我以后可不能像它那样愚蠢。"于是，他变得聪明起来。第三个看到了，他立刻被蜘蛛屡败屡战的精神感动了。于是，他变得坚强起来。

2. 大学生挫折发生的主要原因

(1) 身心发展的失调。心理学家称13～14岁和17～18岁的青少年时期为两次"心理断乳"期，而两次心理断乳的结果是青少年愈加走向"独立"。在心理断乳期间，独立倾向与依赖相矛盾（他们还没有真正长大成人）、理想与现实相冲突（他们此时对未来的憧憬过于美妙）、热情与冲动相随、自信与自负为伴，等等。再加上初涉人世，对挫折没有足够的精神准备，他们带着高昂的热情走向复杂的生活，而在现实中碰到不顺时又手足无措，最终败下阵来。

(2) 心理期望值过高。大学生是一个有理想、有抱负的群体，他们不断追求，勇于进取。但是有时对待社会和个人的希望值过高，一旦未能达到自己所期望的理想状态，就会导致挫折感的产生。

(3) 学业压力过大。大学时期是人的一生中学习时间最集中、学习最关键、最艰难的时期。这一时期，学习上的很多新问题、新情况需要青少年去面对、去适应，诸如学习内容的变化、课程与作业的增多、学习与考试中更加激烈的竞争、就业的压力，等等。这就要求青少年不断调整自己的学习方法，提高自己的学习能力，以适应新的学习要求。但受其心理调适能力的制约，当学习上遇到困难或考试失败时，就会产生强烈的挫折感。

(4) 人际关系紧张。来自各地的同学汇集成为一个群体，由于他们原来各自的生活习惯、性格、兴趣等方面的不同，在这个群体的人际交往过程中，不可避免地会发生一些摩擦、冲突和情感损伤,这一切难免引起一部分学生的不快。本来他们远离家乡和父母,就有一种孤独感,一旦出现人际关系不和谐或发生其他冲突,这种孤独感就会进一步加剧,从而产生压抑和焦虑,就会导致各种挫折心理的产生。

(5)情感受挫。大学生处于青春勃发、情感充沛的时期,在各种活动中都伴随着丰富的情绪体验,同时也伴随着较多的情感问题。在人际交往中,尤其在与异性的交往中,由于种种原因,情感一旦失落,就会引起强烈的挫折感。

(6)经济负担的压力。大学属非义务教育已经被社会所承认。据有关调查资料表明,高校中35%左右的学生来自农村,其中不少学生是贫困学生,来自城镇的低收入家庭者也不在少数。尽管国家充分考虑到大学生家庭的经济承受能力,而采取了各种帮困措施,但不少大学生仍然在经济上不堪重负,承受着家庭经济困难的压力,这些不可能不引起他们心理上的反应和波动。经济困难的学生因囊中羞涩而贬低自己,还有一些学生互相攀比,愈演愈烈,引起心理挫折。

(7)自身行为太差以及某些恶习。有的大学生不遵守学校纪律,经常遭到老师同学们的批评,甚至学校的处分,从而产生挫折心理;还有的大学生自身存在着一些恶习,如吸烟、酗酒、赌博、网络成瘾等行为,自己也无法摆脱,内心十分痛苦,自责、自怨,导致挫折心理的产生。

(8)双向选择所带来的择业就业压力。大学生的就业实行双向选择,无论是一般的学生还是品学兼优的学生都深切感到择业就业的压力,出现了新的难以摆脱的心理矛盾。他们认同竞争,赞成双向选择,但既担心机会不均,又害怕找不到符合自己心意的工作岗位,于是引起心理失衡,出现心理挫折。

【案例】1808年,贝多芬发表了《第五交响曲——命运》。在贝多芬的《第五交响曲——命运》里,"命运"是活生生的,它会"敲门",它会蹒跚,它会欢呼。短短的30分钟里,表现了个人的孤独感和人类社会的冲突。从音乐中我们听到了贝多芬与命运抗争的声音。他的做法体现了一位不屈的勇者在挫折面前的姿态。

【点评】贝多芬一生遭受到数不清的磨难。贫困,几乎逼得他行乞;失恋,简直使他绝望;双耳失聪,对他的打击更为惨重。他痛苦地把自己关在房子里,不愿与人见面。然而种种不幸、挫折磨砺了他的意志,激发了他的进取精神。

二、高职大学生挫折的特点与心理作用

1. 大学生挫折的特点

通过调查分析,近年来大学生遭受挫折的状况呈现出以下特点:

(1)受挫的人数增多。调查表明,20世纪90年代初,大学生中受挫严重的大约为十分之一,而到了21世纪初,已上升为四分之一。

(2)受挫的范围扩大。几年前,大学生受挫范围主要是校内生活中的学习受

挫、恋爱受挫、人际关系受挫等,而现在扩展到校外活动中的社会交往受挫、经商受挫等。

(3)受挫的后果加重。几年前多数受挫者表现为萎靡不振,现在发展到严重违纪或违法,甚至出现轻生或伤人的恶性事件。

2. 挫折对大学生的心理作用

挫折对人有很大的影响,影响的程度取决于个体对挫折情境的认知,一般来说挫折可能产生积极的或消极的心理反应。

(1)挫折的积极作用:

能增强大学生情绪反应的力量。挫折是一种内驱力,它能成为激发人积极向上的动力。

能增强大学生的容忍力。个体对挫折容忍力的大小与其过去的挫折经验有关,经历的磨难越多,人的容忍性就越好。如果一个人从小到大一帆风顺,畅通无阻,从未遇到失败与不幸(事实上这种人是没有的),或一遇挫折就逃避,则其容忍力极小,这类人极少会取得成就,是成不了大才的。个体经受挫折的锻炼多了,对挫折的容忍力就会增强。

能提高大学生的认知水平。社会不是象牙塔,生活中充满了坎坷,学生只有在不断的挫折中认识世界,锤炼自我,才能成熟起来。当一个人面对挫折与失败时,往往会总结经验,吸取教训,改变策略,最终实现目标。

(2)挫折的消极作用:

影响大学生实现目标的积极性。由于挫折使人的情绪处于不安、烦恼等消极状态之中,往往会过低估计自己的能力,或过高估计各种困难,从而降低个体的抱负水平,影响积极性,难以达到预期的目标。

降低大学生的创造性思维活动的水平。个体由于遭受挫折,引起情绪紧张、苦恼、失望等消极反应。如果是重大的挫折,则会引起情绪状态的剧变,就会直接使神经系统,特别是大脑功能处于紊乱、失调状态,当然无法进行创造性思维活动。

有损于大学生身心健康。个体由于遭受挫折,不能实现目标,会引起紧张、焦虑、矛盾冲突等心理状态,当情况严重而得不到解决时,就发展为应激状态。心理学研究表明,挫折所导致的应激状态对个体有威胁性的影响。

减弱大学生的自我控制能力,容易发生行为偏差。由于挫折而处于应激状态时,感情易冲动,控制力差,往往不能约束自己的行动,不能正确评价自己行动的意义,不能估计到自己行动的后果,以致言语偏激,甚至发生攻击行为,违反社会规范,严重的则会触犯刑律。

【案例】有一个人经常出差,经常买不到对号入座的车票。可是无论长途短途,无论车上多挤,他总能找到座位。他的办法其实很简单,就是耐心地一节车厢

一节车厢找过去。这个办法听上去似乎并不高明,但却很管用。每次,他都做好了从第一节车厢走到最后一节车厢的准备,可是每次他都用不着走到最后就会发现空位。他说,这是因为像他这样锲而不舍找座位的乘客实在不多。经常是在他落座的车厢里尚余若干座位,而在其他车厢的过道和车厢接头处,居然人满为患。

【点评】大多数乘客缺少一份寻找的耐心。眼前一方小小立足之地很容易让大多数人满足,为了一两个座位背负着行囊挤来挤去有些人也觉得不值。他们还担心万一找不到座位,回头连个好好站着的地方也没有了。与生活中一些安于现状、不思进取、害怕失败的人永远只能滞留在没有成功的起点上一样,这些不愿主动找座位的乘客大多只能在上车时最初的落脚之处一直站到下车。自信、执著、富有远见、勤于实践,会让你握有一张人生之旅永远的坐票。

三、高职大学生遭遇挫折后的消极情绪反应与调适

1. 大学生遭遇挫折后的消极情绪反应

由于大学生心理发育得不够成熟,在遇到挫折时往往会表现出较多的消极情绪反应,具体表现如下:

(1)自卑。有些大学生遇到挫折过度伤感,长期不能恢复,忧心忡忡,多愁善感,情绪悲观、沮丧,甚至伴有头痛、失眠、食欲不振等,严重影响了自己的身体健康。如有的大学生总觉得高考不是十分理想或进入高职后学习成绩总是不如自己在高中的时候,而觉得自己不如别人,产生自卑感。

(2)孤独。由于环境变迁或其他原因产生的心理挫折,感到自己与世隔绝,内心充满孤单、寂寞的心理状态。在新的生活环境里,旧的平衡被打破,新的平衡又未建立起来,有的同学茫然不知所措。他们在学习、生活和社交等各项活动中感到难以适应,造成心理上的"丧失",从而产生严重的失落感,生活不能独立自理的痛苦感,感情难以寄托的孤独感,理想破灭的失望感。

(3)焦虑。大学生心理的焦虑状态主要表现在学习和考试上。据有关调查发现,45.6%的学生有不同程度的学业受挫、焦虑不安、紧张恐惧的挫折心理体验。对大学生而言,虽说在考场上已经是身经百战了,但仍然会有少数学生怯场。有些是由于平时学习不认真、不刻苦,准备不足,考试前就开始紧张,几天睡不好,临场脑子发懵,产生焦虑。

(4)厌倦。有些大学生遇到挫折后,对一切都感到厌倦。常常表现为对生活、学习没有信心,缺乏动力,觉得活得太累,厌学、厌世等。

(5)冷漠。有些大学生遇到挫折后,变得意志消沉,郁郁寡欢,对事、对各种活动都漠不关心,没有喜、怒、哀、乐等情绪反应。

(6)嫉妒。不少大学生渴望被同龄人重视,但基于自己的能力限制,很难在各

项活动或比赛中出类拔萃。视别人的成绩或进步为自己的挫折,总感到自己不如别人,而产生嫉妒心理,甚至心怀怨恨,严重的导致心理变态。

(7)固执。有些大学生遭受挫折后,不能适应已变化的情况。对待任何事情,都我行我素、固执己见,无论是他人好言相劝,还是苦口婆心,均置之不理,一意孤行。

(8)狂躁。有的大学生由于受到挫折,心理严重失衡,稍不如意,便暴跳如雷,从不考虑做事的后果,出了问题又不敢面对,只是后悔不已。

【案例】某高职学院三年级学生,因大一时竞选学生会干部没有成功,自认为能力不行,学习成绩一年不如一年,情绪低落,在和心理咨询老师交谈时,反复说自己不行。

【思考】 想一想,谁没有遭遇过挫折?想一想,难道自己一点长处都没有吗?不要盲目和别人竞争,积极参加社会活动,扩大人际交往。

四、高职大学生挫折的防卫机制及其调适

1. 大学生挫折的防卫机制

挫折防卫机制是指个体处在挫折与冲突的情境时,在潜意识中渴望减轻内心的不安,自觉或不自觉地疏解焦虑或缓和紧张,以达到心理平衡的一种适应性倾向。人的挫折的防卫机制是缓解心理压力或适应环境而使用的一种精神上的自我保护机制,也是维护自身心理健康不可或缺的独特心理过程。挫折防卫机制分为消极性防卫机制和积极性防卫机制。

(1)消极性防卫机制。消极性防卫机制是指当人遭受挫折后所表现出来的带有强烈情绪色彩的非理性的心理倾向,如否认、推诿、逃避、压抑等机制。

否认机制。是指当遭受挫折后,自我透过潜意识否认现实来逃避那些产生痛苦或焦虑现实的心理倾向。它是一种将已发生的令人不能接受的事情在心理上完全予以否定,给自己一个合适的理由或自以为理想的借口来说服自己,借以隐藏自己的真实动机或愿望的行为方式。

推诿机制。是指在遭遇挫折时,不从自身寻找原因,加以客观的分析,而是将责任推向别人,以摆脱焦虑和不安的行为。

逃避机制。是指在遭遇挫折时,不愿意面对可能发生的挫折情境而选择逃避到自认为比较安全的环境中去的一种行为方式。

压抑机制。是指在遭遇挫折时,将一些意识主流不承认或引起罪恶感的想法以及无法忍受的痛苦等抑制到潜意识中,使自己不能意识到其存在。它是最基本的心理防卫机制,是其他机制存在和运作的基础。例如:在校园里碰到一个心仪的对象,但理智和修养使他或她不敢贸然表示爱意,只有亦步亦趋地跟随或在同一地

方期待再次的相逢。

(2)积极性防卫机制。积极性防卫机制是指当遭受挫折后,能够勇于面对挫折,正确分析挫折产生的主客观原因、总结经验的积极行为方式,如表同、补偿、幽默、升华等机制。

表同机制。是指在现实挫折情境中,利用模仿将受崇拜对象的言行、信念、世界观、价值观或者思考方式加于自己身上,或者直接将自己与受崇拜者视为一体,来提升自尊或自我价值感、减轻挫折感的一种心理防卫机制。

补偿机制。使用此机制使某一方面的缺陷通过其他方面的优势得到弥补,或者将暂时无法实现的目标以新的目标予以代替,以此来追求弥补真实或想象中的不如意。其方式可分为直接、间接、过渡三个方面。直接补偿是指希望失败或不足的部分重新获得成功。就像俗语说的那样。在哪儿跌倒就在哪儿爬起来。如有些学生期中考试失利以后,期末考试会来一次大翻身。间接补偿是指希望借由某个方面的成功,来补偿其他方面的失败。

幽默机制。是指用幽默的方式来化解难以改变的困境,可以使危机得到解决,使紧张的气氛和失去理性的冲动在幽默中缓解。幽默首先是一种积极的人生态度,那种含着泪花的笑是经历挫折和苦难之后对它们泰然处之的气度,是经过生活磨炼之后的豁达。

升华机制。是指将潜意识中无法被社会或超我接受的受压抑的欲望、冲动转换成社会所能容许的或有意义的行为方式。

除此之外,还有诸如转换机制、幻想机制、抵消机制、隔离机制等。对于上述机制,我们要根据自己的实际情况,对症下药,灵活运用,切不可照搬硬套;同时,也可以采取多种机制并用,以达到最理想的应用效果。

(3)合理运用防卫机制。在面对眼前的种种挫折时,如果你不了解挫折防卫机制,往往会手足无措;即使了解了,还存在选择的问题,否则就会难以入手。所以,当挫折来临时,首要的一条是要正确认识挫折防卫机制。挫折防卫机制带有自我保护、逃避现实的性质,在潜意识中自发、本能地形成并发挥作用,在一定范围内它是减轻焦虑和不安情绪、维持心理平衡所必需的,但超出一定的界限会引起病态反应,引发心理疾病。

挫折防卫机制更重要的是它的灵活性。同样是高考失利,有的学生通过自强不息的努力考上名牌大学的研究生,但也有自此患上考前综合焦虑征的学生。从辩证的角度看,挫折防卫机制虽有积极和消极两性之分,但尤为重要的是两者间的相互转化,将消极性的挫折防卫机制主动转化为对自己战胜挫折有利的积极性的挫折防卫机制,无疑是一个明智的选择。同时还应该意识到,挫折防卫机制可以单独表现,但也有可能叠加体现,要学会适时、适地、适度地对症下药,以有效摆脱焦虑、沮丧和烦恼等情绪的漩涡,量体裁衣地调控自我情绪。

只有在因人而异的合理运用挫折防卫机制的过程中,才能蕴涵战胜挫折、创造动力的最初源泉。因此,我们要积极构建良好心理品质,在冷静与热情之间学会选择,甄选适合自己的防卫机制,不要让挫折阻挡我们前进的步伐,在"一切思维活动的终极目标就是平衡"的全新理念下,我们来共同期待并且主动创造出一个真正属于自己的和谐社会。

2. 大学生对于挫折的调适

(1)以积极的心态面对挫折。既然生活中挫折无处不在,逆境无时不有,那么对挫折心理进行调适就极为必要了。在挫折面前,我们需要的是进取的精神和百折不挠的毅力,同时也更需要理智。具体说来,可以从以下方面着手:

科学地认识挫折。一是要认识到挫折在人生道路上是不可避免的。因为"没有危机就没有成长",一个人在生活和成长过程中,必然会遇到各种危机和挫折。二是要看到"挫折是一把双刃剑,既可以刺伤自己,也可以保护自己"。即挫折具有两面性,它可以给人带来痛苦和不幸,也可以使人在与困难的斗争中获得经验和信心。三是要明白"梅花香自苦寒来,宝剑锋从磨砺出"的道理。即确立正确的人生心态。一个人没有经过生活的磨炼,是很难对生命的顽强与伟大有真正的认识的。如果他能在挫折中奋进的话,那将是人生的一笔财富。

积极地分析原因。美国心理学家韦纳指出,人们一般把成功或失败的结果主要归于以下四种因素:个人能力、个人努力程度、任务难度、运气。把成功或失败归因于努力有助于激发人活动的积极性,是积极的。如果归因于能力、任务难度、运气,那么就会在一定程度上降低行为的积极性。因此,大学生在遇到挫折时,在分析客观困难条件的同时,更要分析自己的主观努力是否足够,做出更为积极性的归因,以激发自己的主观能动性。

合理地确定目标。应把目标限制在自己能力之内。目标太高,不停地追求自己能力不及的目标,结果只能是挫折及悲观失望,并随着自己的这种追求步步加深;目标太低,自身的能力则难以合理利用和充分开发,同样会产生能力受挫之苦。大学生要注意发挥自己的优势,并确立适合于自己的奋斗目标,全身心投入其中。如果在实施过程中,发现目标不切实际,前进受阻,则须及时调整目标,以便继续前进。

主动地参与实践。既然挫折在人生的道路上是不可避免的,那么大学生就应该大胆地面对。在学习和生活中有意识地为自己制订富有挑战性的目标,在实现目标的过程中不断地分析和总结,学会汲取他人的经验。这样就能逐渐提高大学生承受挫折、战胜困难的能力。

应善于化压力为动力。要有一个辩证的挫折观、经常保持自信和乐观的态度。

挫折和教训使我们变得聪明和成熟，正是失败本身最终造就了成功。我们要悦纳自己和他人他事。要能容忍挫折，学会自我宽慰，心怀坦荡、乐观向上、发愤图强、满怀信心去争取成功。其实，适当的刺激和压力能够有效地调动机体的积极因素。"自古雄才多磨难，从来纨绔少伟男"，人们最出色的工作往往是在挫所逆境中做出的。

适时地加以宣泄。在竞争日趋激烈、生活节奏不断加快的社会大背景下，加之学习本身就是一件异常艰苦的脑力劳动，大学生难免会产生孤独、失意、沮丧等消极情绪，因此有必要学会在适当的时机采取适当的方法宣泄一下自己的消极情绪，这样有利于恢复心理平衡，消除心中的痛苦。

【案例】邓小平三起三落

1933年初，王明"左"倾路线排挤了毛泽东对红军的领导，打击抵制"左"倾路线的同志。3月底，临时中央在江西开展了反对以邓小平、毛泽覃、谢唯俊、古柏为代表的所谓"江西罗明路线"的斗争。

1966年8月，邓小平和刘少奇遭到错误批判。在大街上，红卫兵举行反对他们的游行示威。刘少奇被打成"中国的赫鲁晓夫"和"中国最大的走资派"。邓小平被称为"第二号走资本主义道路的当权派"。其后，邓小平被逐出中南海，与夫人、继母一起被软禁在江西南昌的一间小房子里。儿女飘零四散，大儿子邓朴方被迫害致残。

1975年11月，一场新的"批邓、反击右倾翻案风"开始了。期间，"四人帮"是批邓的主角，"四人帮"倒台后，"两个凡是"派极力阻止邓小平出来工作和为天安门事件平反，继续"批邓、反击右倾翻案风"。

尽管经历了诸多磨难，邓小平始终坚韧不屈，从来没有放弃。1977年7月，邓小平顺应人民要求复出工作，开创了中国社会的新局面。

心理测试

忧郁症的自我测试量表

你是否患了抑郁症：美国新一代心理治疗专家、宾夕法尼亚大学的 D. Bums 博士曾设计出一套忧郁症的自我诊断表"伯恩斯忧郁症清单（BDC）"，这个自我诊断表可以帮助你快速诊断出自己是否存在着抑郁症，请在符合你情绪的项上打分。

1. 悲伤：你是否一直感到伤心或悲哀？
2. 泄气：你是否感到前景渺茫？
3. 缺乏自尊：你是否觉得自己没有价值或自以为是一个失败者？
4. 自卑：你是否觉得力不从心或自叹比不上别人？

5. 内疚：你是否对任何事都自责？
6. 犹豫：你是否在做决定时犹豫不决？
7. 焦躁不安：这段时间你是否一直处于愤怒或不满状态？
8. 对生活丧失兴趣：你对事业、家庭、爱好或朋友是否丧失了兴趣？
9. 丧失动机：你是否感到一蹶不振，做事情毫无动力？
10. 印象可怜：你是否以为自己已衰老或失去魅力？
11. 食欲变化：你是否感到食欲不振或情不自禁地暴饮暴食？
12. 睡眠变化：你是否患有失眠症或整天感到体力不支、昏昏欲睡？
13. 臆想症：你是否经常担心自己的健康？
14. 自杀冲动：你是否认为生存没有价值或生不如死？

➤ **计分方法**　没有 0 分，轻度 1 分，中度 2 分，严重 3 分。

➤ **结果解释**　请算出你的总分：0～4 分，没有忧郁症；5～10 分，偶尔有忧郁症；11～20 分，有轻度忧郁症；21～30 分，有中度忧郁症；31～45 分，有重度忧郁症。

学生活动

缓解紧张情绪的肌肉放松法

放松的方法很多，必须熟练掌握一种肌肉放松技术，并能在短时间内达到全身肌肉放松状态。常用的肌肉放松方法如下：

(1)以舒服的姿势坐下来，闭上眼睛，让自己尽量放松。仔细听你所能听到的声音，在心里把这些声音列出一份清单。你会感到惊讶：原来，周围有这么多种声音。确保所有的声音都已列入了你的清单。现在，握紧右手，其他部位仍旧放松。把右手握得越来越紧，注意体会右手和前臂的紧张感。然后放松，把右手手指松开，注意体验放松的感觉。最后全身放松，深深地吸气，深深地呼气。

(2)左手重复上述过程，体会手和前臂放松时紧张逐渐消失的感觉。随着紧张的消除，你会觉得手臂变得越来越沉重、越来越舒服。最后全身放松，深深地吸气，深深地呼气。

(3)前额皱紧，然后放松。放松前额，让头皮越来越平和。接下来，紧紧地皱眉，让额头也皱起来，体会紧张的感觉……再放松，消除紧张，让前额更松弛。随着紧张的消失，前额越来越放松。

(4)拉紧腹肌，使腹肌保持紧张，然后放松，让腹部完全松弛，紧张感逐渐离开你的身体。最后，你的全身非常放松，紧张感逐渐消失，继续放松，体会更深的放松。

(5)躺下,自然、平静地呼吸,让全身的肌肉都放松,放松再放松。深深地吸气,慢慢地把气变得放松和沉重。在这种深度放松的状态中,你觉得一点儿都不想动,不想移动你身体的任何部分。接着,设想自己要举起右臂。这么想的时候,你是否感觉到肩部和手臂隐隐地有些紧张,然后你决定不抬手臂了,继续放松,前臂的紧张逐渐消失……你会觉得很舒服,浑身越来越沉重、越来越放松。最后安静地躺在那儿,自然地呼吸,让惬意、温暖、舒适的感觉从全身散发出来,你会觉得很快乐。保持这种状态,继续放松……最后,从10倒数到1,然后起来,你会感到清醒、镇静、精神振奋。

第九章　大学生心理危机的干预

你知道吗？

1. 你了解大学校园里的心理危机吗？
2. 哪些大学生属于心理危机高发群体？
3. 大学生如何在心理危机中自我成长？

案例引入

某高职学院一年级男生肖某,平时少言寡语,性格内向,与其他系一女同学相恋,接触一段时间后,该女生不愿意与其继续交往。肖某不能接受,天天在女生楼守候、拦截该女生,要向女生表达爱慕之情。女生也千方百计回避他,不让他遇到。情急之下,肖某在一个中午爬上该女生宿舍对面的宿舍楼顶,高喊如果该女生不出来自己就跳下去,情绪十分激动。幸亏宿管人员及时和系部老师联系,赶到现场,在老师的真情劝慰下,肖某情绪逐渐稳定,最后自己从楼顶走了下来。

此后,辅导员、老师像挚友一样坦诚地反复和他谈心,谈情感、谈亲情、谈人生、谈前途,并请来家长共同关注,以亲情感化他。两个星期后,肖某虽然还情绪低落,但已经从危机中走了出来,能够客观地评价自己的爱情经历,认识到自己一时的情绪冲动是很不明智的、也不值得,幸亏老师及时来到,否则后悔都来不及了。现在的肖某已经走出危机,学习努力,成绩良好。目前已在一家公司实习,他认真细致的工作态度深受用人单位的好评。

▷思考 "人生逆境十之八九,顺境十之一二"。在生活道路上,随时都会遇到各种各样的困难。大学生的恋爱受多种因素的制约,因而在追求爱情的过程中遇到各种波折是在所难免的。如果承受能力较强,就能较好地应付挫折,否则就有可能造成不良后果。因此,提高挫折承受能力对大学生的心理健康是非常重要的。

第一节 大学校园里的心理危机

一、危机与心理危机

1954年,美国心理学家卡普兰首次提出心理危机的概念并对其进行了系统研究。他提出,心理危机是当个体面临突然或重大生活逆境(如亲人死亡、婚姻破裂或天灾人祸等)时所出现的心理失衡状态。他认为,每个人都在不断努力保持一种内心的稳定状态,使自身与环境相平衡与协调,当重大问题或变化发生使个体感到难以解决、难以把握时,平衡就会被打破,正常的生活受到干扰,内心的紧张不断积蓄,继而出现无所适从甚至思维和行为的紊乱,进入一种失衡状态,这就是危机状态。心理危机的提出,与二战以后人们心理的康复、社会竞争忽然加剧、东西方意识形态对峙的宏观背景,以及美国人开始将关注点由外部转向自我、生活结构发生变化等引起的内心冲突有关。在卡普兰提出心理危机的概念后,很多学者开始关注此领域并开展了广泛深入的研究。

一般认为,心理危机表现为静态与动态两种。静态强调心理危机是一种状态,主要表现为:个体运用惯常的应对方式无法处理所面临困境时的一种不平衡心理状态,它是一种过渡状态,人不可能长久地停留在危机状态之中,整个心理危机活动期持续的时间因人而异,短者仅24～36个小时,最长也不应超过4～6周。危机可以由重大突发事件引起,也可以由长期的心理压力所导致。在危机状态下,个体会出现一系列负性的生理、情绪、认知、行为反应,如果危机反应长时间得不到缓解,便会引发心理疾患和过激行为的产生。动态则强调心理危机是一种心理过程,主要表现为:危机具有心理状态的失衡、个体资源的匮乏、认知反应的滞后性等特征,是个体发展中原有平衡状态被打破,而新的平衡没有建立的过程。心理危机的动态与静态是相互转化的,当危机易感个体处于静态时,危机并未显示出来,当遭遇生活应激事件时,动态心理危机便爆发了。因此,在静态下,要启动心理危机预防机制,而在动态中,要启动心理危机干预措施。

危机中的心理行为反应是个体为减轻痛苦而采取的一种防御机制,大致可分为三类:一类是积极的反应,包括坚持、升华等,这些反应有助于恢复个体心理平衡,准确地评定事件的性质,做出合理的判断与决定,尽快走出危机。如司马迁"狱中著书"的事迹一直为后人所传颂,他因直言进谏而遭腐刑,"是以肠一日而九回,居则忽若有所亡,出则不知所往。每念斯耻,汗未尝不发背沾衣也",但他心中始终抱有一个信念,不惜忍辱负重,发愤著书,创作了名震古今中外的史学巨著《史记》,为中国乃至世界人民留下了一笔宝贵的文化遗产。第二类是消极的反应,包括否认、攻击、逃跑、放纵、退缩等,这些反应虽然有助于暂时缓解内心的冲突和紧张,但不利于问题的解决,妨碍个体正确地应对危机,甚至会给身心健康埋下隐患。如一名刚入大学的新生得知深爱他的父亲因车祸突然去世,他始终都不相信父亲已经永远离他而去,在天昏地暗的恸哭后,他每天都给父亲写信,相信奇迹会出现。第三类是中性的反应,包括转移、反向、压抑、倒退、合理化、投射等。例如,一女大学生与同宿舍同学吵架,像个孩子般哭泣,直到宿舍同学道歉为止。这实际上就是运用儿童的行为反应达到自我保护的目的。产生何种类型的心理行为反应与个体的个性特征、适应能力和以往生活经历等相关。

二、心理危机的极端表现:自杀与杀人

2004年,云南大学生物技术专业学生马加爵,这个平时默默无闻、少言寡语的学生,用极其残忍的手段将他的四名同学杀害!仅仅因为四名被害人在一次打牌中与他发生口角,他便产生杀人的念头。在争吵中,他们提到××过生日没有请他,××因此成为本案的最后一个受害者。一个处于心理危机无法自拔的人采取极端的手段剥夺了他人的生命,同时也为自己的人生画上了耻辱的句号。

马加爵一案,从案发到审理一直处于公众的视线之中,关于马加爵、关于此案的作案动机、实施手段和作案过程都有着各种各样的猜测和议论。中国公安大学犯罪心理学教授李玫瑾为马加爵进行了"心理画像":"马加爵在家里是最小的孩子,从小受到宠爱,学习成绩出色,存在任性、自我中心等问题;他是一个很聪明的孩子,但是家境贫穷、现实不尽如人意,所以容易有自卑、自怜的心理特点;进入大学后,城乡巨大落差又导致他心理上的不平衡,这就造成了他敏感、多疑、狭隘的性格特点,而这样一种性格和同学相处的时候就难免出现一些怪异的行为。他性格内向,不肯轻易说出内心的真实想法,而如果周围的人对他不在意一些、忽视一些,或者对他的表现做出过于简单的回应,他的行为就会更为怪异。慢慢地某些小的芥蒂也会形成一种仇恨,仇恨的积累导致了最后犯罪行为的发生。"李玫瑾教授认为这是一个比较典型的情绪型犯罪,"情绪型犯罪有两种,一种是激情型的,另一种就是仇恨累积型的。马加爵就属于第二种。这种类型有四个特点:第一,心理活动的发生是一个慢慢积累的过程,而不是因为一个事件,他所说的因为打牌只是一个导火线,背后一定有一个不良情绪积累的过程;第二,这类犯罪有一个预谋过程,不同于激情型的犯罪,这类犯罪都是指向性非常明确的,不会杀错,也不会'滥杀无辜';第三,这类犯罪不会自动停止,因为预谋时间很长,所以犯罪的时候就一定会做到底;第四,这个类型犯罪人行为都非常狠毒。"

就这样,马加爵选择了一条不归路,他以一种极端的方法发泄了内心无法排遣的情绪。马加爵在狱中的忏悔书中这样写道:"现在每天我都努力思索,试图从自己身上寻求原因,(寻求)一个合理的解释,但此刻我亦很糊涂,只能说当初很偶然!"从表面上看,这个事件似乎很偶然,但实际上,偶然之中蕴含着极大的必然性。马加爵长期处在巨大的心理压力之下,仇恨和不良情绪慢慢积聚,"打牌事件"成为"压死骆驼的最后一根稻草",使得心理危机一触即发,导致了他极端行为的产生。

今天,我们已经无法知晓马加爵曾经走过的心路历程和经历的心理危机,无法知晓一个不能自救的人如何走向一条不归路。马加爵案例留给世人的是无尽的警醒与反思。而令我们感到更为遗憾的是,马加爵这样的极端案例绝非个别。

2003年1月23日,浙江大学农业与生物技术学院学生周一超报名参加浙江省嘉兴市秀洲区政府招收9名乡镇公务员的考试,笔试排名第三,面试后总成绩排名第五。4月3日下午3时许,未收到录取通知书的周一超到区人事局询问经办人后,得知自己体检结果为"小三阳",不符合公务员体检标准,未被录用。于是他一怒之下用水果刀将经办人刺成重伤,并将同办公室的张某刺死。浙江省高级人民法院二审以故意杀人罪判处周一超死刑。

2006年4月25日,阜阳师范学院2002级体育教育专业一名女生,在回家途中遭两名歹徒砍伤致残。后经公安部门侦破,犯罪嫌疑人被抓获,交代了全部犯罪事实。经查,此次大学生遭砍杀事件,系因同学间竞争就业岗位引起。犯罪嫌疑人之一与受害者竟然是阜阳师范学院同班同学。在竞聘同一就业岗位时,犯罪嫌疑人的笔、面试总成绩落后于受害者,为取而代之,竟然不顾国法、良心,铤而走险,对同窗四年的同学进行砍杀。

除了这一桩桩攻击性的、反社会性的行为,那些不断见诸报端的大学生自杀事件,更让我们为如花生命的早逝而扼腕叹息。

2003年4月16日,北京师范大学的一名研究生跳楼自杀;

2003年7月15日中午,北京大学医学部一位能歌善舞、被人称为"鸽子"的大二女生,从宿舍楼九层一跃而下;

2003年12月5日晚,中国人民大学商学院二年级一名男生坠楼身亡,据人大商学院王老师介绍,该男生在留给父母的遗书中说,他喜欢尼采哲学,有厌世倾向,最终选择弃世;

2004年7月1日凌晨3时,北京中医药大学医学管理系研究生二年级一名女生从校园教学楼东侧坠下,被发现时已死亡;

2004年11月24日晚10时左右,北方工业大学男生从该校第四教学楼坠下,当场死亡;

2005年上半年,北京市高校有十余人自杀身亡;

2005年以来,全国高校博士生已有4人自杀……

我们不禁要问,是什么导致了大学生频频发生攻击性与自毁性行为,是什么使得大学生对自我乃至对他人的生命如此漠视?教育工作者、心理学工作者、学生管理教育工作者都从不同视角解读大学生的心理危机并进行积极的干预。

社会的急速发展,不仅带来了经济的发展和科技的进步,它的快节奏、高风险、强竞争在激发和调动人潜能的同时,也给很多人带来了沉重的心理压力,大学生这一群体尤其如此。他们经历了高考的厮杀,在为学业奋斗的同时,还必须为明天的就业和发展谋划,在巨大的精神压力下,一些相对脆弱的学生就难免陷入心理危机,出现过激行为。心理危机,这个不曾为人熟悉的词汇渐渐进入我们的视野,校园中的每个大学生都在不同程度地承受着心理压力,感受着成长的烦恼。

大学生是未来社会宝贵的人力资源财富。高等教育的目标是要把大学生培养成为面向21世纪的全面发展的高素质人才,其中必然包含着心理素质的全面发展。很多研究表明,大学生的心理健康状况不容乐观,而心理危机对大学生心理健康所产生的消极影响是不容忽视的。让大学生认识危机、管理危机进而更好地对危机进行干预,成为一项紧迫的任务。

【链接】珍爱生命

古人云:身体发肤受之父母,不可弃之。这意思是说,我们每个人的生命都是从父母那里承继来的,一旦来到这个世上,他的生命就不再仅仅属于他自己,在更大程度上属于他的家庭、他的社会、他的人民,无论在何种情况下都不可以轻易放弃。因此,我们每一个人都有千万种理由珍视生命、热爱生命、享受生命,而绝没有半点借口轻视生命、践踏生命、残杀生命。

生命如果不去珍惜、不去开拓,或者弃置不管,那生命也不算是生命了。所以,我们应该以一颗积极与平和的心去掌管我们的生命。即使遇上人生的暴风雨,也不要放弃,也不要丢失信心。不要对生命抱怨,我们要心存希望和向往,迎接一个又一个雨后灿烂的太阳。把每个黎明都看作是生命的开始,希望从来就没有消失过,只是我们没有发现。

珍惜生命不仅仅是指不放弃生命,不放弃生命只是最基本的一个条件。没有这个条件,一切都是虚无和没有意义的。可是有了这个条件也不完全代表着珍惜生命,借用惠特曼一句话:当我活着,我要做生命的主宰,而不做它的奴隶。我想这样就足够了,不做生命的奴隶就不会对命运束手无策;不做生命的奴隶就不会颓废地生活。

当我们每晚躺在床上时,我们有没有问过自己:我学到了什么,我得到了什么,我的生命有没有意义?

属于人的生命,也只有一次。在这短暂的生命历程中,交织着矛盾和痛苦,充满着求索和艰辛,遍布着荆棘和坎坷,这正如那不为人知、寂寞生长的野草,只有异常沉重的付出,才能换来无比丰硕的甜美。渺小与伟大、可悲与丰富、失意与重塑、挫折与幸运……只有珍爱生命,把握自己,才能抛弃渺小、可悲、失意和挫折,拥抱伟大、丰富、重塑和幸运。要知道,生命是这样的可贵,连小草也在不断挑战极限、完善自我呵!

希望大家珍惜生命,珍惜家人,珍惜爱人,珍惜身边的人,珍惜自然,珍惜有生命的和维护生命的一切! 生命不只是你自己的生命,它属于爱你和你爱的人,同样也属于我们的社会和全人类。所以为了善良的爱我们的人们,为了我们的社会,我们负起这最基本的责任吧!

三、心理危机在大学校园的普遍性

心理危机的产生、发展及激化经历着复杂而微妙的心理过程,几乎每个成长中的个体都不同程度地经历过心理危机,但心理危机并非必然导致极端行为。事实上,心理危机并不像我们想象的那般神秘和遥不可及,它就在我们身边,甚至存在于我们内心。危机带给我们的,大多数时候只是暂时的不适。实际上,没有人可以和危机绝缘,任何心理素质健全、受过良好心理训练的人都不可能终生免于危机的困扰。但不同的是,多数大学生通过自我调节或专业帮助,顺利地度过危机获得成长,而有的人却在危机中陷入困境甚至绝境,走上了一条不归路。

【案例】"刚入大学的我,满怀梦想,我梦想着聆听名师大家们的演讲,梦想在青青的草地上看书,梦想着漫步在幽静的小湖边,梦想着和许多朋友讨论、打闹……而一进校园,面对我的是严格的军训和严肃的教官,这打破了我脑海里种种浪漫,紧张的军训不容我有过多的想法,硬生生把一个真实的大学生活摆在我的面前。不容我有半点迟疑,一个巨大的漩涡把我卷进来,开始了大学生活。

这就是我的大学生活吗?平凡而普通的日子,破旧得有些令人生厌的教学楼,乱糟糟的小卖部,拥挤的食堂……这就是我理想中的大学吗?就连友情也变得虚假了,舍友在一起聊天,也仅限于无关紧要的闲言碎语,缺少共同的兴趣与话题,彼此间感觉到的是内心包裹着冷漠的客气与礼貌,刚开始还能和平相处,渐渐不满多了,暗中彼此埋怨中伤,谁也看不惯谁,几平方米的小屋寂静中却夹杂着浓烈的火药味,一点小事就能引爆一场争吵,之后是彼此表面上的妥协,面上是笑容,心里却怒视着,大家彼此客套,而心却早被锁上了。

还有学习上的困惑,大学中的学习是自主的,外面世界又充满太多的诱惑,于是有的人沉溺于网络与游戏……可我应该怎么办呢?一系列的问题全部摆在我面前,让我束手无策。以前只知道考大学,可大学上了,目标却没有了,'郁闷'成了我们的口头禅,甚至成了我一个同学的绰号。"

这是一位大学一年级新生对适应与交往问题的感受。大学生活适应、大学生涯规划与人际交往等问题经常会诱发潜在的心理危机。

【案例】这是一个即将走上工作岗位的毕业生的彷徨与担忧:"马上就要离开校园了,想想半年来一次次跑人才市场,一次次面对用人单位冷漠的脸,告诉自己要忍耐,却常常在笑容可掬接受被拒绝的残酷现实后,独自哭泣。第二天擦干眼泪,继续寻找能接受自己的单位。在一次次的拒绝与寻找中,曾经的辉煌与骄傲在现实面前被击得粉碎,难道16年的寒窗苦读、父母终身积蓄的代价和大学四年青春就为了一张毕业证书?高考扩招,带来更多的压力,面对就业市场真的无比伤感。为了获得父母的笑容、老师的夸奖和同学的重视,我一直努力学习,然而明亮的天空依旧撑不起我灰暗的心,转眼大学就要毕业,可我要什么?我又有什么?四年我都做了些什么?当我千转百回,走过很多的路,吃过很多苦,终于找到一个接受单位时,却没有想象中的轻松与开心,倒有些无奈与失落。马上就要踏入社会,想起找工作的境遇,忽然莫名地担心起来,我能适应吗?我恐惧进入社会,但我能拒绝成长与受伤吗?"

在成长的过程中,每个人或多或少都有过心理伤痕,重要的是我们有自我疗伤的能力。每个大学生也都无法免于心理危机的困扰,危机与成长伴随大学生走过青春岁月。

第二节 高职大学生中的心理危机高发群体

一、贫困生群体

随着社会的变革、高等教育体制的改革,大学校园里出现了一个特殊的群体——贫困生。1999年后高校的大规模扩招,推进了教育成本分担机制,贫困大学生的人数越来越多。2004年8月,教育部副部长张保庆指出,在校贫困生的比例为20%,已达240万左右,特困生为5%,约60万。社会经济地位的低下,使大学校园里这一特殊的"弱势群体"背负着沉重的生活负担和心理压力。一般说来,贫困生普遍存在以下不良的心理状态:

1. 自卑

目前,我国贫困大学生的主要构成来源有四种:一是来自老少边贫地区的学生,二是城市低收入家庭学生,三是多子女家庭与非核心家庭学生,四是遭遇疾病或重大家庭变故的学生。他们共同的特点是经济状况不良,家庭社会经济地位低下。他们家境虽贫寒,但在原有的环境中尚无明显的心理落差,而一旦来到繁华的城市,生存环境发生了很大的改变,这种环境的反差超出了他们的想象,与具有多方面才艺且家境良好的学生生活在同一屋檐下,他们才渐渐感觉到反差的存在与不容忽视,多数贫困生能够正确调整心态,积极适应大学生活。而当他们理智的调整心情,把更多的精力用于学习而不是相互攀比,试图通过优秀的学习成绩来改变自我时,却又不得不面对这样的现实:由于学习基础和知识储备上的差距、经济困难引发的生存和学习压力,使他们比普通学生多了一层生活的重压,而陷入深深的自卑中。贫困生的自卑情结往往潜藏于心中,并不全部在日常学习生活中体现出来,然而却是真实存在的,他们中的部分学生是心理危机的易感人群。

2. 强烈的自尊

自尊是指人们在社会比较过程中所获得的有关自我价值的积极的评价和体验,它是一种自我尊重并希望被人尊重的心理状态。对自尊的维护是人的需要和本能,而自尊也原本是个人素质得以良好发展的前提,是生活、学习、工作中奋发图强的强大动力,但过于强烈的自尊往往会造成心理的扭曲。贫困生一方面自卑感较重,另一方面自尊心又很强。虽然经济拮据,但他们有的却不愿接受帮助,不愿被别人看做"异类",于是有的高校便出现了"贫困生窗口无人站、寒衣补助无人领"的尴尬局面。他们越感到低人一等就越怕别人另眼相看,出于自我保护,他们为自己构筑起强烈自尊的外壳,但这个外壳是极其脆弱、不堪一击的。他们对触及自己痛处的事物极为敏感,一点小小的刺激就会让他们产生强烈的情绪、情感反应。

3. 孤僻

由于自卑心理严重,自我保护意识强烈,贫困生往往习惯于把自己封闭起来,不愿与人接触,独来独往、沉默寡言,很少向别人敞开心扉。长此以往,他们在心中筑起了厚厚的围墙,心里的积郁和苦闷得不到正常的宣泄和释放,问题越积越多,以至于到了无法摆脱的地步,甚至把别人的关心和帮助当成是对自己的嘲弄,对外界充满敌意。在如此强烈的心理负荷下,很小的事件都会使他们的心理防线崩溃,产生过激行为。值得关注的是,贫困生常常处于一种相对剥夺感之中,因此,他们极易产生愤世的倾向,对很多事情看不惯,感觉社会缺乏公平感,容易产生心理偏差。

二、独生子女群体

独生子女群体是我国20世纪70年代末实行计划生育政策形成的。90年代末,第一批独生子女陆续进入大学,构成了我国大学生中的特殊群体。这一人口群从出现便作为一个社会群体牵引着众多的目光,成为各方关注的焦点。与非独生子女相比,独生子女身上具有明显的时代特征,他们乘着改革开放的春风、沐浴着慈爱的阳光雨露、汲取着充足的养分,茁壮成长起来。随着计划生育政策的进一步落实,当前及今后,独生子女将逐渐成为大学生中的主体。由于与非独生子女在生存状态等方面存在一定差异,也就形成了这一群体普遍存在的人格特征和心理行为特点。

1. 依赖

独生子女一般家境较为优越,在成长的过程中得到较多的关注,他们从小独享家庭所有成员的爱,在长辈的过度宠爱下,易形成心理上的依赖性。进入大学以后,虽然他们的独立意识逐渐增强,但还不足以令他们摆脱对于家庭的依赖。远离家乡和父母,面对新的生活环境和生活方式,他们显得无所适从,一时难以顺利地实现角色转换,生活自理能力差、饮食不习惯、集体生活不适应,等等。种种不如意困扰着他们,出现孤独、苦闷、烦恼、忧虑、失眠、神经衰弱等症状。为了逃避面临的困境,他们往往表现出强烈的恋家和思乡情绪,留恋原先的生活环境,变得郁郁寡欢,严重的甚至出现退学的念头。

2. 自我中心

自我意识的成熟是大学生人格健康成熟的重要特征。科学合理的自我意识表现为正确认识自我,客观地评价自己,既不狂妄自大,也不妄自菲薄,自我调节和自我控制能力较强。独特的家庭地位和环境,使独生子女逐渐养成了自我评价较高、自我意识较强的"优势心理"。他们容易看到自己的长处,常常看不到自己的弱点,以自我为中心,唯我独尊、我行我素,凡事考虑自己的利益得失,缺乏对他人的理解、尊重和宽容,不愿接受不同的看法和意见,更接受不了批评与挫折,协调能力较差,稍有不如意,他们就会产生强烈的逆反心理。一定程度的自我意识,有助于自信心与自尊心的增强和积极人格的形成,但过强的自我意识,则导致自私、任性、专横、攻击性强等人格缺陷,有碍身心健康。

3. 情绪控制能力弱

情绪是人对客观事物态度的体验。对情绪的合理控制,对于强化动机、交流信息、发展智力及保持身心健康等都有着重要作用。家长对于独生子女过度呵护和溺爱,使他们的意志发展水平不够,遇事往往不知如何妥善处理,心中忐忑不安,稍有不顺心便大发脾气,易冲动、易感情用事,情绪控制能力及情绪稳定性较差,面对挫折和困难时应激反应较为强烈,表现出紧张、恐惧、焦虑、惆怅、猜疑甚至忧郁、沮丧、悲观、绝望等不良心境,严重影响其身心健康。

4. 心理承受能力差

独生子女大多成长环境较为顺利,又备受父母长辈的宠爱,较少经历逆境和挫折,心理上缺乏锤炼,心理成熟严重滞后,感情脆弱、意志薄弱、心理承受力差、受挫感强。当考试失利、评选落败、与同学闹矛盾等不如意接踵而来时,他们从小形成的优越感遭受严重打击,不能进行客观的评价和分析,自暴自弃、萎靡不振,产生强烈的心理冲突,导致心理与行为失常。

三、新生群体

经过了高考的洗礼,大学新生带着优胜者的微笑迈入了大学校门。他们对大学生活充满了好奇和憧憬,头脑中编织着诗情画意的梦想。然而他们并未完全意识到,从中学到大学是人生的一大跨越,在这一转折点上,有很多的人生课题摆在他们面前。大学新生大多18~19岁,这一时期正是青年人生理、心理迅速发展变化的时期,身心发展极不稳定,极易受外界环境变化的影响。当最初的新鲜感和激动情绪慢慢平静,正常的学习生活开始之后,出现了"理想真空带"与"动力缓冲期",使他们的心理冲突和动荡加剧,很容易陷入心理危机。

四、毕业生群体

大学毕业生是大学生中压力较大的一个群体。建立自己的生活模式、规划职业生涯是毕业生刻不容缓的任务。对于他们中的大多数而言,十几年的校园生活即将告一段落,面临着许多人生的转变和抉择,使他们承受着极大的心理压力。其中,择业过程中种种的心理不适对毕业生产生的困扰尤为巨大。随着高校毕业生就业制度的改革,毕业生就业由传统的计划分配转向市场调节,双向选择、自主择业,成为高校毕业生就业的主要形式。毕业生就业制度改革虽然为广大的大学生提供了公平竞争和施展才华的机会,但也给更多大学生带来了巨大的心理压力。自从高校扩招以后,我国大学毕业生的供给持续增长,2004年,全国共有280万高校毕业生,2005年已增至338万,增幅达20.71%。人数的增长必然带来就业环境的巨大改变,大学生已从"精英就业"步入"大众就业"时代。而与之相对的是,大学生的就业期望值仍然普遍偏高,这使一部分毕业生产生了严重的心理失衡。此外,对自身定位不足等原因的存在,也使大学生就业的心理问题激增。

五、有心理问题的学生群体

毫无疑问,有心理问题的学生是心理危机的高发群体。一般而言,多数大学生的心理问题是发展性的,与大学生的学业发展、个性塑造、品质培养、社会适应等有关,这类问题随着大学生的成长而自愈,这是由个体成长的动力所驱动的。少数是障碍性的,如神经官能症、人格障碍等,这些需要专业的心理治疗。还有一类介于正常心理与异常心理之间的过渡性问题或边缘性问题,这些问题可以通过心理咨询得以解决。此类学生的心理问题主要包括以下五类:

1. 行为问题

行为问题是指因自我调节困难、缺乏相应指导帮助,在一定诱因下引发的不良行为。主要有:不良生活习惯、出格行为、品行障碍等。其中不良生活习惯包括:吸烟、酗酒、网络成瘾等危险行为;出格行为包括:在学校惹事、无事生非、逃课、打架斗殴、离校出走等问题。

2. 品行障碍

品行障碍是指学生在品德上反复出现、持续存在并对外界构成不良影响的行为障碍。常见的有偷窃与攻击行为。前者的动机比较复杂,既有外在的占有欲,还有妒忌、报复或虚荣心等作祟。而攻击性行为是指向他人的有意侵犯、争夺或进攻,尽管大学生中具有品行障碍的学生并不多,但其社会危害大,突破性强,容易走上犯罪道路。

3. 性心理问题

性心理问题主要包括过度手淫、性幻想、同性恋倾向、恋物倾向、异装倾向与窥阴倾向等。性心理问题有着复杂的原因,既有不健康的文化传媒的影响,也与个体缺乏科学、健康的性生理、性心理知识有关,还与个体的价值观相关。

4. 神经症倾向

神经症倾向是指不存在器质性病变的一组轻度心理障碍,主要包括焦虑症、强迫症、恐惧症、抑郁症等。

焦虑倾向是指一组以担忧、失眠、恐慌为主要特征的情绪失调现象。有这种倾向的学生胆小、多虑、缺乏自信,常伴有睡眠不好、食欲不振、心慌心跳等生理反应。

强迫倾向是指在认识和行为上出现某种呆板的、机械的重复,并由此造成社会适应非常困难。大学生的强迫倾向主要表现为强迫观念与强迫行为。前者是强迫现象在认识上的表现,如杞人忧天就是典型的强迫观念;强迫行为的表现多种多样,如强迫性洗手、强迫性计数等。其形成与心理、社会因素有关,强烈的精神刺激或持久的剧烈的情绪体验是直接原因,主观任性、急躁好强、迟疑拘谨、刻板退缩等性格特征有重要作用,而刻板、严厉的家庭教育模式也是不容忽视的原因。

恐惧倾向是指对某种特定事物、情境或人际交往所发生的强烈恐惧及主动回避。大学生中最常见的是人际交往恐惧,在人际交往中害羞、笨拙、不能与对方目光相碰等,其产生同早期创伤性经历和社会学习有关。

抑郁倾向是指对某一种特定的事件或内心冲突所表现出的一种过度的、持久的心境低落状态,表现为易激怒、敏感、哭闹、好发脾气、情绪低落、倦怠、自我压抑等。众多研究表明,抑郁与自杀密切相关,还有的学生伴有一些不良行为。家族史、人格状况、精神刺激因素等都对大学生抑郁有一定影响,存在抑郁倾向的大学生常常无助、依赖、孤傲、执拗。还有的大学生因为严重的人际冲突特别是恋爱受挫而产生抑郁倾向。在学校处于劣势或对自己缺少控制感等都可能引起抑郁。

5. 人格障碍

人格障碍是指人格发展的畸形或偏离,是在没有认知或智力障碍的情况下所形成的意志、情感或行为活动的障碍。主要有反社会人格、偏执型人格、分裂型人格、强迫性人格等。人格障碍的形成原因较为复杂,既有遗传的因素,也有社会文化与教育环境的影响。

此外,我们普遍意义上的优秀学生,也就是老师眼中的"三好生"往往存在"优秀学生心理综合征"。主要表现在:过分追求完美,不允许自己失败;与此相反的是,关注自己的消极面,对自我评价和认知上过分关注弱点,对别人苛求,对挫折与失败承受力低,对他人评价过分关注等。

虽然我们列出了大学生心理危机的易感群体,但在现实生活中,一个人身上常常交织着各种群体的问题,如独生子女新生、有心理问题而学业失败的毕业生,等等。这几类群体是心理危机的高发群体,但并非必然,绝大多数学生可以通过自我调节与心理辅导成长为适应生活、人格健康的人,只有少数人成为罹患心理危机的个体。关注群体特征的目标在于建立健全心理危机的预防机制,有效减少与防止心理危机的发生。

第三节 高职大学生心理危机的干预

一、了解危机干预的基本知识

教师(包括学生的辅导员、班主任等)和学生骨干是危机干预的重要力量,特别是在提供预警信息、急性危机的临时救助以及自杀预防等方面发挥着不可替代的作用。因此,对于相关教师和学生的培训是高校危机干预系统工程中尤为重要的一个环节。培训工作可以由校内危机干预中心的专业人员进行,也可以聘请校外专家。心理危机的相关培训和讲座,主要包括六个方面:

(1)什么是心理危机;

(2)心理危机的成因和表现;

(3)心理危机的产生并不都是病态的表现,正常人在外来强烈和持久的刺激下也会陷入心理危机;

(4)大学生中常见的心理危机;

(5)心理危机是可以识别的,也是可以得到预防和治疗的;

(6)心理危机的干预和预防需要广大师生的共同配合。

二、心理危机的识别

只有了解危机的表现,才能对危机做出识别,以确定个体是否需要帮助。北京市教工委、教委、卫生局、团市委联合出台的《北京高校学生心理素质教育疾病预防与危机干预大纲》中认为,心理危机的干预对象包括以下12类:

(1)遭遇突发事件而出现心理或行为异常的学生,如家庭发生重大变故、遭遇性危机、受到自然或社会意外刺激的学生;

(2)患有严重心理疾病,如患有抑郁症、恐惧症、强迫症、癔症、焦虑症、精神分裂症、情感性精神病等疾病的学生;

(3)有既往自杀未遂史或家族中有自杀者的学生;

(4)身体患有严重疾病、个人很痛苦、治疗周期长的学生;

(5)学习压力过大、学习困难而出现心理异常的学生;

(6)个人感情受挫后出现心理或行为异常的学生;

(7)人际关系失调后出现心理或行为异常的学生;

(8)性格过于内向、孤僻、缺乏社会支持的学生;

(9)严重环境适应不良,导致心理或行为异常的学生;

(10)家境贫困,经济负担重,深感自卑的学生;

(11)由于身边的同学出现个体危机状况而受到影响,产生恐慌、担心、焦虑、困扰的学生;

(12)其他有情绪困扰、行为异常的学生。

尤其要关注上述多种特征并存的学生,其危险程度更大,应成为重点干预的对象。

我们认为,大学生若出现下列几种情况(包括个体所面临情境及其身心症状和行为表现等),则已处于心理危机中的可能性较大:

(1)重大丧失(如亲人死亡、人际关系破裂、考试失败、失恋、遭受拒绝等)后出现异常表现;

(2)遭受严重突发事件的刺激后有异常反应;

(3)明确或间接表露自己感到痛苦、抑郁、无望、无价值甚至流露出死亡的意图;

(4)孤僻、人际关系恶化;

(5)物质滥用量加大;

(6)易激怒、与人敌对;

(7)持续不断地悲伤或焦虑;

(8)依赖性加大;

(9)出现自毁性或攻击性行为;

(10)日常学习、工作、生活状况出现明显的负性改变。

三、自杀的识别和预防

1. 大学生自杀的危险征兆表现

(1)表示要自杀,如直接说出:"我希望我已死去","我再也不想活了";或间接说出:"我所有的问题马上就要结束了","现在没有人能帮得了我","没有我,别人会生活得更好","我再也受不了了";"我的生活一点意义也没有",等等;

(2)有自杀未遂经历;

(3)有条理地安排后事,将自己珍贵的东西送人;

(4)收集与自杀方式有关的资料并与人探讨;

(5)流露出绝望、无助、愤怒、无价值感等情绪;

(6)将死亡或抑郁作为谈话、写作、阅读艺术作品的主题;

(7)谈论自己现有的自杀工具;

(8)使用或增量使用成瘾物质;

(9)出现自伤行为;

(10)最近有朋友或家人死亡或自杀,或其他丧失(如由于父母离婚失去父亲或母亲);

(11)出现突然的性格改变、攻击性或闷闷不乐,或者新近从事高危险性的活动;

(12)学习成绩突然显著恶化或好转,慢性逃避、拖拖拉拉,或者离校出走;

(13)躯体症状,如进食障碍、失眠或睡眠过多、慢性头痛或胃痛、月经不规律、无动于衷。

2. 帮助有自杀企图的人的要点

(1)表达你的关心,询问他们目前面临的困难以及困难给他们带来的影响;

(2)保持冷静,多倾听,少说话,让其谈出自己内心的感受;

(3)要有耐心,不要因他们不能很容易与你交谈就轻言放弃,允许谈话中出现沉默,有时候重要的信息就在沉默之后;

(4)要接纳他,不对其做任何道德或价值评判(至少不要让他感受到);

(5)他们可能会拒绝你要提供的帮助,有心理危机的人有时会否认他们面临难以处理的问题,不要认为他们的拒绝是针对你本人;

(6)不要试图说服他改变自己的想法;

(7)不要给予劝告,也不要认为有责任找出解决办法,尽力想象自己处在他们的位置时是如何感受的;

(8)你也会有同样的感受,说出你的感受,让他们知道并非只有自己有这样的感受;

(9)不要担心他们会出现强烈的情感反应,情感爆发或哭泣有益于他们的情感得到释放;

(10)大胆询问其是否有自杀的想法:"你是否有过很痛苦的时候,以至于令你有想结束自己生命的想法?""有时候一个人经历非常困难的事情时,他们会有结束生命的想法。你有那种感觉吗?""从你的谈话中我有一种疑惑,不知道你是否有自杀的想法。"询问一个人有无自杀念头不但不会引起他自杀,反而也许会挽救他的生命,但不要这样问"你没有自杀的想法,是吧";

(11)相信他所说的话以及所表露出的任何自杀迹象;

(12)不要答应对他的自杀想法给予保密;

(13)让他相信别人是可以给予他帮助的,鼓励他再次与你讨论相关的问题,并且要让他知道你愿意继续帮助他;

(14)鼓励他向其他值得信赖的人谈心,寻求他人的帮助、支持;

(15)给予希望,让他们知道面临的困境能够有所改变;

(16)要尽量取得他人的帮助以便与你共同承担帮助他的责任;

(17)如果你认为他需要专业的帮助,请提供相关信息。如果他对寻求专业帮助恐惧或担忧,应花时间倾听他的担心,告诉他一般遇到这种情况的人都需要专业帮助,而且你向他介绍专业帮助并不表明你不关心他;

(18)如果你认为他即刻自杀的危险很高,要立即采取措施:不要让他独处;去除自杀的危险物品,或将他转移至安全的地方;陪他去精神心理卫生机构寻求专业人员的帮助;

(19)如果自杀行为已经发生,应立即将其送往就近的急诊室抢救。

四、利用各种形式开展危机干预

危机干预可以通过多种方式来开展,如个别干预、团体干预、网络干预、电话干预等,各种干预形式各有利弊,应探寻各种形式的有效结合,以期达到最佳的干预效果。

1. 个别干预

个别干预是危机干预最为常见的形式,也是最为传统的干预方式。危机干预工作者与当事人采用一对一的方式来进行交流。个别干预适用于心理危机比较严重或当事人对保密性要求较强的干预。依当事人的要求和危机的紧急程度,危机干预工作者可以进行上门干预、来访干预或在指定的地点进行干预。

个别干预有利于良好咨询氛围的营造和双方信任关系的建立,危机干预工作者也可以对当事人进行较为密切地关注,各种干预技术也可以得到很好的采用。因此,个别干预的效果通常较为理想。但目前我国面临的现实问题之一是专业咨询人员的比例严重偏低,而一对一个别干预的采用必然需要强大的专业人员队伍作为保障。因此,个别干预虽然是目前较为主流的干预方式,但必须依据实际情况辅以其他形式的干预。

【案例】消极暗示导致的心理危机的调适

这是一个大学女生的自述:大二时我有过一个很好的朋友,经常坐在一起上课、自习,还一起上街。但有一天她却开始躲我,我追着问为什么,她只说,和我在一起压力太大,因为我总是为她做这做那,连一些她可以干的小事,我都要替她做,再这么下去,她会变的什么都不会做的,所以我们还是少黏在一起好。记得她曾经开玩笑的跟我说:"你要有个男朋友就好了,就不会天天缠着我了。"我不知说什么好了。我想我的沉默也许证实了她说过的一句话:"我怀疑你是同性恋。"当时我很尴尬,但我没有辩解,我心里也在问自己:"我是吗?"她对我并不好,我们总会时不时吵一回,但总是我先道歉,因为我很在乎她,她不高兴了,我就会想办法让她开心。与她一起上街,我只是陪她逛,虽然很累,但却很开心,可是与别人逛,我就没耐心了,因为我本性就不是爱逛街的女孩子。我买了水果会想着给她送过去,她病了,我会走很远的路去为她买药。她总说我不注意穿着,打扮不淑女,动作像男生,我听了立即努力去改,若换成别人跟我说这些话我不会在意的,但只因为是她说的,我做这些就像是讨她欢心(虽然我心里一直不肯承认),在她面前我失去了自我,一切围着她转,我尽量按她的要求去做,虽然觉得挺累,但我却越来越离不开她了,见不到她的时候我就会心烦。女孩子之间难免搂搂抱抱,应该是很正常的事,可当她两个胳膊挽着我的脖子贴在我胸前时,我的心跳得厉害,感觉脸都红了,我的手不知该怎么放,不敢碰她的身体,紧张得要命。与她坐在一起,她总说我老看她,我死不承认,其实我是心虚,我有时会偷偷看着她发呆,不由自主地,根本就控制不住。

她不理我后,我挺不开心,就在心情最不好的日子里,试着与一个男孩交朋友,但过了大概两个星期,我就拒绝他了,我对他说我对他没感觉,其实我心里想说,与他在一起,我就想她,我想我交了男友,她怎么办。一次很偶然的机会,她突然跟我说,我与那男生相处的那段日子,她看我们上课时总坐在一起心里很嫉妒,嫉妒那男孩,因为他把我从她身边抢走了,丢下她一个人坐在那里上课,孤零零的。听到这些话,我没说什么,我觉得我承受不了,只为她这句话,我可以拒绝任何想追我的男孩子,她对我好也罢,坏也罢,我不在意,只要她需要我随叫随到,我竟是这样的想法。

我越来越怀疑我是那种人,我偷偷地上同性恋网站,但看的文章越多,我越害怕,他们这类人,是不会幸福的,我害怕成为这种人。老师,我不知道自己的未来会怎么样,我真是那种人吗,可我又是有理智的,我很矛盾,你能帮帮我吗?

从表面上看,这似乎是一个由于"同性恋"而产生心理危机的案例。实际上,这是一个自我迷失的女生遭遇另一个自恋女生并受消极暗示所产生的心理危机。当事人"我"因为还没有建立起真正的"自我",受到消极的自我暗示"我怀疑你是同性恋",而"我"与"她"的交往是从一切服从、顺从开始的,缺乏平等交往的基础,"我"成为"她"招之即来、挥之即去的"玩偶"。而当"我"与"她"有身体接触时,那个暗示又立即出现,便出现恋人之间的身体反应,如心跳、脸红等,使"我"更相信与"她"有恋爱的感觉,当理性思考时,那个真实的我又来到"我"面前:"我不希望成为那种人,那样不会幸福的。"而当"她"需要时,"我"又无法控制自己,"她"完全控制了"我"的生活与情感。"我"的权威感是混乱的,需要理出头绪,建立正确的权威感,不是失去自我与被控制而是平等的交流。

当心理咨询老师面对这个遭遇心理危机的美丽女生时,首先让她找回自我:你希望什么样的生活?什么样的友谊?什么样的爱情?你是如何拒绝别人的?你如何表达自己的需要、感情与情绪?然后运用"表象训练",让当事人想象下次遇到"她"时先表达自己的真实想法,从身体训练开始,想象"她"又开始命令、支配,从具体的情境入手,想象对方的表情、动作、肢体语言与言语信息,然后逐步深入,让当事人从不畏惧对方开始,从"她"的控制中走出来,也走过这段危机岁月,开始自己真正的生活。

在此基础上,再对其性取向进行澄清,"我"自我感觉有同性恋倾向,由于受到"我怀疑你是同性恋"的消极暗示,而"她"又在主宰与控制着"我"。此刻,尽管试着与一男生交朋友,实际上"我"仍然处于"她"的心理控制之下,因此,这样的恋情从开始就注定没有结果。当把这些问题澄清后,当事人认识到自己真正需要什么,性取向方面的忧虑也自然消除了。

2. 团体干预

团体心理咨询是20世纪初起源于美国的一种咨询形式,它是相对于一对一的个别干预而言的,即将心理问题相同或相似的人组成小组(几人至十几人)同时给予干预,让小组成员通过团体内人际交互作用,分享紧张和焦虑,进而接纳自己的危机反应,并通过观察别人的行为表现来反思自己,考虑应付危机的方法,解除心理困扰。

经历重大突发事件的危机人群适合于进行集体干预。如美国"9.11"事件、我国包头"11.21"空难、印度洋海啸等过后,对具有相似经历的罹难者开展团体干预效果较好。高校的危机干预在很多情况下也较适宜采用团体形式,如针对贫困生这一群体普遍的心理问题而开设的"贫困生成长辅导小组",利用约定的时间,进行团体心理干预;又如针对大学新生而开设的以解决大学生活适应问题而开展的团体干预;针对毕业生群体开设的以化解毕业生求职心理问题的干预,等等,都是切合实际并行之有效的方法。

3. 电话干预

热线电话是危机干预较为常见的方式之一,根据国内外有关报道,热线电话咨询对于自杀企图的危机干预和预防有很大帮助。1953年英国伦敦首次开通电话心理咨询服务,1968年电话干预又在美国兴起。我国于1987年在天津开设第一部心理热线电话咨询,此后,各地的"心理倾诉"、"午夜心语"等热线如雨后春笋般出现,但普遍存在的专业化程度不高的现实使得干预的效果受到影响,而真正从事专业心理危机干预的24小时热线更是少之又少。

电话干预采取边解答边记录的方式,内容主要包括当事人个人基本情况、主诉、咨询问题、有无自杀倾向、危机反应、提供建议等。由于电话咨询的心理干预活动排除了一切非语言如表情、手势和姿态等的交流,完全依靠有声语言如语调、语气和语速等迅速判断当事人的精神状态和情绪变化,因此对干预人员的素质要求更高,需要具有较高的交谈技巧和聆听能力、一定的临床经验和判断能力。危机干预工作者要耐心聆听并通过语言附和来表达自己对当事人的关注,当真正明白了当事人的处境和感受时,要表示理解、接纳,向当事人提供情感支持和鼓励,增强其自信心,改变非理性的认知,但不要急于向其提供解决问题的方法,也不要做没有把握的承诺或不切实际的安慰。

与面对面的干预方式相比,电话干预有其明显的优势:保密性和即时性更强,但其劣势也是不容置疑的。最好的处理方式是实现电话干预与其他干预形式的结合,起到初步收集信息,提供转诊建议等作用。

【案例】学业危机的调适

这是一位学生的咨询电话:我知道早就应该给您打电话,但由于我怕和老师交往,所以就一直拖到现在。首先,我要告诉您,我的物理挂了。现在高数和 VB 成绩还不知道,估计也会挂的。说到这里,您一定认为我是一个坏学生吧。但是,老师,我觉得自己确实不是一个坏学生呀,这学期我根本没怎么玩,远比上学期要累,但成绩还不如上学期,也许是上学期开课少而且考题简单的缘故吧。这学期我没看过电影、没打过游戏、没逃过课、没经常逛街、没找男朋友,我一直都想让自己学得很好,但是总是提不起兴趣,我好像对一切都失去兴趣,对一切都无所谓。虽然我知道这样做很不对,努力让自己打起精神来学习,但总是一次次地失败,我老是眼睛看着书本,思绪却不知跑到哪儿去了。我好讨厌自己,觉得自己好失败……假如这学期真的挂了 3 门课,天呀!我怎么承受得了,我好怕!我不知道如何面对这个现实,我觉得无法面对老师,更无法面对寄予厚望的父母。

我真的没想到大一会过得这样失败,没想到等待我的会是这样一种结果。我好想改变这个局面,可我应该怎么办呢?

这是一位刚刚升入大学二年级的女生的电话。从表面上看,这位女大学生面临的是学业问题,但实际上是自我同一性建立过程中产生的心理危机。她将"理想自我"变成"必须自我",在父母"你一直非常优秀"的暗示下,她无法接受一个真实的、可以偶尔失利的自己,不允许自己有脆弱与幼稚。其实,每个人的成长过程中都会面临挫折与失败,只是由于物理课没有顺利通过考试便自我怀疑"我是个坏学生吗",进而自我否定"我好讨厌自己,觉得自己很失败",并且推测后面的考试也会不及格,同时将这个假设提前,得出"我如何承受得了"的结论。

所幸的是,她觉察到自己的问题,并积极地寻求帮助,心理咨询老师通过理性情绪治疗对她进行了危机干预。

首先,确定引起情绪的事件。

事件 A:考试没有通过,即物理课考试不及格。

信念 B:①我一定要通过考试,好学生应该成绩优秀;②如果没有通过考试,就不是好学生,就是老师眼中的坏学生,家长眼中的坏孩子。

情绪 C:难过、焦虑、想哭、崩溃。

驳斥 D:驳斥非理性情绪:个人的成长都会面对失败,要看事情的方向与主流。

建立新的理性情绪 E:只要努力了,就不要太在意结果,让学习变得更轻松,心情变得更舒畅。

针对她的境况,心理咨询老师又对其进行了自我认知的专门心理辅导,教会她正确认识自己,学习不是为父母、为老师,首先是为自己。这样,她的心理负担减轻了,更深一步引发了对自我的认识,不会因为一次的失利而对自我产生怀疑甚至否定。

4. 网络干预

互联网作为先进的信息技术工具,是继报纸、广播、电视后的又一新兴媒体。互联网的应用和普及,为心理危机干预提供了更为广阔的空间,各种心理咨询网站也应运而生。目前在互联网上,主要通过电子邮件、网上聊天等方式等来实现心理干预。电子信件以其方便、快捷、保密性强及不易丢失等特点在一定程度上弥补了传统书信咨询的不足,是对书信咨询形式的一种有益补充及延伸;网上聊天咨询相对于电子邮件交流更为即时和顺畅,也是目前采用较为普遍的网上干预方式。

网络干预特别受大学生的青睐,与其他形式的干预相比,其优越性显而易见,如价格低廉、方便快捷、隐匿性较强等,但其弊端也是不容置疑的,危机干预工作者与当事人的交流通过文字、以计算机为界面来进行,传统干预中的有声语言及无声语言信息都无法从中获取,双方的信任难以建立,干预效果不尽如人意。但我们仍然欣喜地看到:随着互联网技术的飞速发展,如语音聊天、视频聊天等的普及,网络干预的不足正在弥补,网络终将在心理危机干预领域中大有作为。

心理测试

自我认同感问卷

你可以用这一测试来检测一下自己,看一看这些问题是否适用于你,根据下列标准给自己打分:1=完全不适用;2=偶然适用或基本不适用;3=常常适用;4=非常适用。

1. 我不知道自己是怎样的人。　　　　　　　　1　2　3　4
2. 别人总是改变他们对我的看法。　　　　　　1　2　3　4
3. 我知道自己该怎样生活。　　　　　　　　　1　2　3　4
4. 我不能肯定某些东西是否合乎道德或者是否正确。　1　2　3　4
5. 大多数人对我是哪类人的看法一致。　　　　1　2　3　4
6. 我感到自己的生活方式很适合我。　　　　　1　2　3　4
7. 我的价值为他人所承认。　　　　　　　　　1　2　3　4

8. 当周围没有熟人时,我感到更能自由地成为真正的自己。	1	2	3	4
9. 我感到自己生活中所做的事并不真正值得。	1	2	3	4
10. 我感到我对周围的人很适应。	1	2	3	4
11. 我对自己是这样的人感到骄傲。	1	2	3	4
12. 人们对我的看法与我对自己的看法差别很大。	1	2	3	4
13. 我感到被忽视。	1	2	3	4
14. 人们好像不接纳我。	1	2	3	4
15. 我改变了自己想要从生活中得到什么的想法。	1	2	3	4
16. 我不太清楚别人怎样看我。	1	2	3	4
17. 我对自己的感觉改变了。	1	2	3	4
18. 我感到自己是为了功利的考虑而行动或做事。	1	2	3	4
19. 我为自己是我生活于其中的社会的一分子感到骄傲。	1	2	3	4

▶ **计分方法**　1、2、4、8、9、12、13、14、15、16、17、18 为反向计分题,即选择 1,得 4 分;选择 2,计 3 分;选择 3,计 2 分;选择 4,计 1 分。其他问题按正向计分,最后将 19 个问题的得分相加。

▶ **结果解释**　奥克斯和普拉格(1986 年)发现,用这个量表对南非 15～60 岁的人进行测试时,他们的平均得分在正负 56～58 分的范围内,得分明显高于该数字的人,表明他的自我认同感发展良好;得分明显低于这个数字者,表明他的自我认同感还处于发展和形成阶段。

◆ 相 关 链 接

这是发生在合肥某高职学院校园里一例新生被骗的案例:2005 年 9 月的一个傍晚,受骗女生 A 在校园内正用手机发短消息,碰到二名学生模样的女青年向其借用手机,她们自称是北京某高校学生,办理了出国学习的手续正准备前往新加坡入学,返回北京途经此地。不料钱包被窃,急需买机票返回,于是前往××××大学找一位认识的同学借钱,但手机没有电了,和同学联系不上。A 同学把手机借给她们用,一女青年讲不能用 A 同学的钱,主动换上自己的手机卡拨打朋友的电话,对方说现在人已回家在外地,明天一早才能回到合肥接应她们;于是又给北京的家人打电话告诉情况,要父亲给她汇钱来,并要求把钱汇到 A 同学的银行卡上,接着陪 A 同学到宿舍里取银行卡,在短短几分钟的路途中对 A 同学大加赞赏,并说自己在新加坡的高校有亲戚,许诺也把她介绍到新加坡的学校读大学去,两人掏出身份证、学生证给 A 同学看,以人格担保不会欺骗 A 同学。后三人一起前往学院门口的储蓄所等待其家长往卡内打钱取钱,等待中家长电话称北京的银行已经下班不办理手续。两个人于是转而诚恳地向A同学借钱先买机票,在两个人的轮番劝说下,A同学取出卡内所有的6000元借给她们。她们把身份证、学生证交给A同学做抵押,后又拿回身份证说去买机票,约定第二天一早便和××××大学的同学一起来还钱。结果,当然是一去不返。A同学第二天在学校门口等了快一上午不见人影,遂报告辅导员报案,经查,学生证是伪造的,骗子早已溜之大吉。

学院了解了这位女生的成长过程:她出生在县城一个殷实的家庭,作为独生子女备受两代人的呵护,上大学前从未离开过家门,现在到省城来读大学,对她是一个不小的挑战。没有想到来到学校不到一周,送她的父母刚刚返回几天,就遭遇这样的应激性事件,她陷入深深的自责中,"我真傻,我真笨!"是她那些天谈得最多的话。从躯体、情绪、认知、行为都出现了相应症候。躯体上的感觉是四肢无力,常常胃疼,情绪反应为常常暗自垂泪,认知上的无能感与无助感控制着她。从前在父母的保护下学习、生活,从未理财,对经济完全没有概念,依赖父母打理除学习之外的所有事,面对这样的生活事件,她不知所措,完全没有心理准备。在她发生心理危机后,老师及时给予关注,从躯体训练开始到认知改变,使她从危机事件中看到成长的契机,启动自我成长的动力,度过了心理危机,顺利开始大学学习。

蝴蝶的启示

一天,一只茧上裂开了一个小口,有一个人正好看到这一幕,他一直在观察着,蝴蝶在艰难地将身体从那个小口中一点点地挣扎出来,几个小时过去了……

接下来,蝴蝶似乎没有任何进展了。看样子它似乎已经竭尽全力,不能再前进一步了,这个人实在看得心疼,决定帮助一下蝴蝶:他拿来一把剪刀,小心翼翼地将茧破开。

蝴蝶很容易地挣脱出来。但是它的身体很萎缩,身体很小,翅膀紧紧地贴着身体……

他接着观察,期待着在某一时刻,蝴蝶的翅膀会打开并伸展起来,足以支撑它的身体,成为一只健康美丽的蝴蝶……

然而,这一刻始终没有出现!

实际上,这只蝴蝶在余下的时间都可怜地带着萎缩的身子和瘪塌的翅膀在爬行,它永远也没能飞起来……

这个好心人并不知道,蝴蝶从茧上的小口挣扎而出,这是上天的安排,要通过这一挤压过程将体液从身体挤压到翅膀,这样它才能在脱茧而出后展翅飞翔……

有时候,在我们的生命中更需要奋斗乃至挣扎。

如果生命中没有障碍，我们就会很脆弱。我们不会像现在那样强健。我们祈求力量，上苍给我们以困难去克服，使我们变得更加坚强；我们祈求智慧，上苍给出问题让我们去解决；我们祈求丰盛的人生，上苍却赐我们以大脑和坚强的力量；我们祈求勇气，上苍便设置障碍让我们去克服；我们祈求爱，上苍指引我们去帮助需要关爱的人；我们乞求恩惠，而上苍却给我们机会。

从上苍那里，我们没有得到任何想要的东西，我们将永远不能飞翔……却得到了一切我们需要的东西。

学 生 活 动

联合国专家预言，从现在到 21 世纪中叶，没有任何一种灾难能像心理危机那样带给人们持续而深刻的痛苦。

你是如何理解这一观点的？

第十章　大学生病态心理的自我测试与调适

在日常生活中出现的不正常的心理活动,你能了解并且知道如何调适吗?

> **案例引入**
>
> 某高职学院的女生汪某来自农村，家中有姊妹四人，生活拮据、家境贫寒。可汪某来到学校后不仅没有申请困难补助，还对老师、同学说自己是独生子女，父亲做生意，家境富裕。平时与同学在一起时口气也很大，经常吹嘘自己家庭的富有，炫耀自己的服饰用品高档，甚至还嘲笑寝室其他同学买的衣物太廉价，逐渐引起了周围同学的反感。然而后来当同学们得知汪某家庭贫困的事实真相后，更觉得她是个不诚实、爱撒谎、自私虚伪的人，纷纷疏远她、回避她、排斥她，不愿与她交往。汪某一时四面楚歌，愧疚孤独，觉得在同学中抬不起头来，甚至产生了退学的念头……
>
> ▶思考　汪某膨胀的虚荣心使她忘却了父母期望的双眼和辛勤劳作的那双手，她怕同学知道自己的贫穷，怕同学鄙视自己的困窘，怕被人瞧不起，怕被人说寒酸，便装有钱，装潇洒，装挥霍。然而，一旦谎言被揭穿，她必然陷入更尴尬的现实，难以面对。有的时候，大学校园里的贫困生在承受着物质贫困的同时，也承担着心理压力，出现了心理贫困现象。

第一节　自卑心理

病态心理是指人们在日常生活中出现的不正常的心理活动。假如一个人的某些心理活动与正常人相比，出现了一些反常的、特殊的，或者过于亢奋，或者过于低沉的行为反应，我们就可以定义为病态心理。通常意义上的病态心理包括：自卑心理、虚荣心理、嫉妒心理、空虚心理、吝啬心理、自私心理、逆反心理、逃避心理、恐惧心理，等等。

一、自卑心理

自卑，就是自己轻视自己、看不起自己。自卑心理严重的人，并不一定就是他本人具有某种缺陷或者短处，而是不能悦意容纳自己，自惭形秽，常常把自己放在一个低人一等，不被自己喜欢，进而演绎成别人看不起的位置，并由此陷入不能自拔的境地。

自卑的人心情低沉，郁郁寡欢，常因为害怕别人瞧不起自己而不愿意与别人来往，只想和人疏远，缺少朋友，甚至内疚、自责；他们做事缺乏信心，优柔寡断，毫无竞争意识，享受不到成功的喜悦和欢乐，因而感到疲劳，心灰意懒。

著名的奥地利心理学家阿德勒认为：人类都有自卑感，以及对自卑感的克服与超越能力。小的时候,看到别人长大而自卑;长大后,发现别人比自己有钱自卑;有钱的时候,看到别人比自己更年轻力壮也自卑。这样看来,自卑其实是不可怕的,从某种程度上讲,自卑也是推动一个人不断自我完善的动力。但是,如果你已经认识到自己的自卑,而不愿意去进行自我突破的话,那么自卑对你来讲就是非常有害的。

二、测试:你有自卑心理吗

对下列题目做出"是"或"否"的回答。

状 态 描 述	是	否
1. 你觉得像自己这样的年龄身材应该更高一些吗?		
2. 你对自己的容貌满意吗?		
3. 你是否不太喜欢镜子中看到的自己?		
4. 你觉得自己的身体不够强壮吗?		
5. 别人给你拍照时,你对拍出使你满意的照片没有信心吗?		
6. 你觉得自己比其他人笨一些吗?		
7. 你相信自己十年后会比其他人过得好吗?		
8. 你是否常被人家挖苦?		
9. 是否看上去很多同学或者同事不太喜欢你?		
10. 你常常有"又失败了"的感觉吗?		
11. 你的老师对你学习成绩感到失望吗?		
12. 做错什么事之后,你常常会很快忘却吗?		
13. 与同学或者同事、朋友在一起的时候,你是否常常扮演听众的角色?		
14. 你经常在心里默默祈祷吗?		
15. 你认为自己使父母感到失望吗?		
16. 你是否经常回想并检讨自己过去的不良行为?		
17. 当与别人闹矛盾时,你通常总是责怪自己吗?		
18. 你是否不喜欢自己的性格?		
19. 别人讲话时,你经常打断他们吗?		
20. 你是否从不主动向别人挑战?		
21. 做某件事时,你常常缺乏成功的信心吗?		

续表

状 态 描 述	是	否
22.即使不同意对方的观点,你也不习惯当面提出反对意见,对吗?		
23.你是否自甘落后?		
24.你对未来充满信心吗?		
25.在班级里,你对自己的成绩进入前几名不抱希望吗?		
26.参加体育运动后,你总是感到自己不行吗?		
27.遇到困难时,你常常采取逃避的态度吗?		
28.当你提出观点被人反对时,你是否马上会怀疑自己的正确性?		
29.当别人没有征询你的看法,你会主动发表自己的意见吗?		
30.对自己反对做的各种事情,你总是充满自信吗?		

➤计分方法 每题选择"是"记1分,选择"否"不记分。将各题得分相加,算出总分。

➤结果解释 如果你的总分在0~5分之间,那么你充满了自信,只要注意别自满和自负;

6~10分之间,总的来说你并不自卑。在环境出现变化的情况下,你最终能够恢复自信;

11~20分之间,只要一遇到挫折,你就会感到自己不行。你最好降低一下自己的期望值,调整自己追求的目标,以便从每次小的进步中享受成功的欢乐,逐步建立自信。

三、自卑心理的表现

(1)消极地看待问题,凡事总往坏处想。自卑者最难忘怀的便是失望与厄运。他们整天想着消极的事情。

(2)总是自怨自艾与自责。

(3)意志消沉。自卑者的意志是消沉的,他们心情沉重的原因之一是"背负情感包袱"。他们像负重的牲畜一样,把没有解决的老问题、老矛盾背在身上,天天翻来覆去地念叨那些烦恼的事情。

(4)多疑,对别人和自己的信心都不足。

(5)高兴不起来。如果你对于生活前景的看法是消极的,你就不可能快乐。对于情绪消极的自卑者来说,几乎根本没有过欢笑愉快的经历。他们把现实可能享受的欢乐也失去了,因为他们还在回味昨日不愉快的经历,沉溺于痛苦之中。

(6)老是想着扫兴的事情,一旦看到别人热情地去做某件事,会觉得不可思议。

(7)不愿意改变,不愿意尝试新鲜事物。

四、自卑心理的调适

1. 勇敢地战胜自卑

战胜自卑,首先要承认,自卑情绪人皆有之。实质上,一个人并非在每个方面都能出类拔萃,因为天外有天,人外有人。所以,在某些时候的某些方面有不如意的感觉,出现自卑也是正常的,大可不必以此为耻而自暴自弃,更犯不着用狂妄自大、目中无人去掩饰,那只是自欺欺人。

(1)要正确地评价自己。人贵有自知之明。所谓"自知之明",不仅表现在能如实地看到自己的短处,也应能恰如其分地看到自己的长处,切不可因自己的某些不如别人之处,而看不到自己的如人之处和过人之处,这才是正确的与人比较。马克思曾说过,伟人之所以高不可攀,是因为你自己跪着。

(2)要正确地表现自己。心理学家建议:有自卑心理的人,不妨多做一些力所能及、把握较大的事情,这些事情即使很"小",也不要放弃争取成功的机会。任何成功都能增强自己的自信,任何大的成功都蕴藏于小的成功之中。换言之,要通过在小的成功中表现自己,确立自信心,循序渐进地克服自卑心理。

(3)设法正确地补偿自己。盲人尤聪,瞽者尤明,这是生理上的补偿,人的心理也同样具有补偿能力。为了克服自卑心理,可以采用两种积极的补偿:其一是勤能补拙,知道自己在某些方面有缺陷,不背思想包袱,以最大的决心和最顽强的毅力去克服这些缺陷,这是积极的、有效的补偿。华罗庚说:"勤能补拙是良训,一分辛苦一分才。"其二是扬长避短,"失之东隅,收之桑榆。"我们读达尔文、济慈、歌德、拜伦、培根、亚里士多德的传记,就不难明白,他们的优秀品质和一生的辉煌成就,从某种意义上来说,都有缺陷的帮助,缺陷不是绝对不能改变的,关键是自己愿不愿意改变,只要下定决心,讲究科学方法,因势利导,就会使自己摆脱自卑,逐渐成熟起来。

2. 从自卑中超越自我

(1)要有意识地选择与那些性格开朗、乐观、热情、善良、尊重和关心别人的人进行交往。在交往过程中,你的注意力会被他人所吸引,会感受到他人的喜怒哀乐,跳出个人心理活动的小圈子,心情也会变得开朗起来。同时在交往中,能多方位地认识他人和自己,通过有意识的比较,可以正确认识自己,调整自我评价,提高自信心。

(2)增加成功经验。一个人成功经验越多,他的期望也就越高,自信心也就越强。可见,通过一次又一次微小的成功,可以使自信心得到增强和升华。对于自卑的人来说,重要的是建立起符合自身实际情况的"抱负水平",增加成功的经验。这可以由小由少做起,确保首次努力的成功,形成良性循环。如果已遇到困境,感到自卑时,则可改做一件比较容易成功,或者自己愿意并有兴趣的活动或工作,以便增强信心,免除自卑。

(3)多向名人学习。多读些有关名人成功的书籍,尤其是那些曾被自卑感困扰的名人的事迹,从中获得克服困难的经验,进而鼓励自己自强自信,发挥所长,集中精力,矢志不渝地达到目标。这样,自卑心理也会不驱而散。

(4)学会深层冥想法。日本精神疗法研究所所长小林英夫认为,此法能充分运用潜能抑制自卑感。方法是:配合腹式呼吸,集中想想自己的长处,例如想想小学时期那些令人高兴的事,想想别人的赞美,就拥有越多的自信,不要羞于承认自己的长处,以零为基点,不断去增添它。

第二节 虚荣心理

一、虚荣心理

在现实生活中很多人都具有虚荣心,虚荣心理是指一个人借用外在的、表面的或他人的荣光来弥补自己内在的、实质的不足,以赢得别人和社会的注意与尊重。它是一种很复杂的心理现象。法国哲学家柏格森曾经这样说过:"虚荣心很难说是一种恶行,然而一切恶行都围绕虚荣心而生,都不过是满足虚荣心的手段。"

虚荣心强的人喜欢在别人面前炫耀自己昔日的荣耀经历或今日的辉煌业绩,他们或夸夸其谈、肆意吹嘘,或哗众取宠、故弄玄虚,自己办不到的事偏说能办到,自己不懂的事偏要装懂,一切都为了提高自己在别人心中的形象。虚荣心强的人喜欢炫耀有名有地位的亲朋好友,希图借助他人的荣光来弥补自己的不足,而对于那些无名无分、地位"卑微"的亲朋则避而不谈,甚至唯恐避之而不及。

二、你有虚荣心理吗

对以下各题做出"是"或"否"的选择。

状 态 描 述	是	否
1.喜欢欣赏自己的照片吗?		
2.经常花时间与金钱去整容美容吗?		
3.喜欢别人称呼自己的头衔吗?		

续表

状 态 描 述	是	否
4. 喜欢向人介绍自己家庭成员或亲戚中较有地位的人物吗?		
5. 不愿意同家庭经济困难的同学来往吗?		
6. 稍有成绩便自吹自擂,唯恐他人不知道吗?		
7. 考试成绩不佳就常找借口吗?		
8. 有欺上瞒下、沽名钓誉的行为吗?		
9. 在与同学谈论中,常强词夺理、文过饰非吗?		
10. 不顾家庭实际情况,硬撑阔气,摆出一时的"豪爽大方"吗?		
11. 常常掩盖自己的短处吗?		
12. 喜欢受表扬且沾沾自喜吗?		
13. 穿着打扮以及学习用具喜欢讲高档次,并有炫耀感吗?		
14. 对批评耿耿于怀,过分爱面子吗?		
15. 夸夸其谈,不懂装懂,多次出过洋相吗?		

➢计分方法 每题选择"是"记 1 分,选择"否"不记分。将各题得分相加,算出总分。

➢结果解释 0～5 分:你有一定程度的虚荣心,但比较轻微;
6～10 分:你有较严重的虚荣心;
11～15 分:你的虚荣心十分严重。

三、虚荣心理与自尊心理辨析

所谓虚荣心,从心理学角度来说是一种追求虚表的性格缺陷,是一种扭曲了的自尊心。在社会生活中,人人都有自尊心,都希望得到社会的承认,但虚荣心强的人不是通过实实在在的努力,而是利用撒谎、投机等不正当手段去渔猎名誉。

虚荣心的产生跟自尊心有极大的关系。按照发展心理学的理论,随着生理发育,虚荣心才介入人的情感世界。一般来说儿童少年的自尊心不明显。但是随着社会的影响,青少年虚荣心的表现也越来越明显,随着人的生理与心理成熟,人的社会认识能力与自我意识也逐步提高,开始了个体的社会化。自尊心强的人,对自己的声誉、威望等等比较关心;自尊心弱的人,一般对这些都不在意,但也不能因此就认为,虚荣心强的人一般自尊心强。因为自尊心同虚荣心既有联系,更有区别,虚荣心实际上是一种扭曲了的自尊心。就拿表扬后的情感体验来说,一个人做了好事,受到表扬,心里高兴,这是有荣誉感的表现,珍视自己的荣誉,顾全自己的面子,这也是一切有自尊心的人都会有的正常要求。但是,若对表扬沾沾自喜,甚至为了表扬才去做好事,为了面子不惜弄虚作假,那就不是正确的自尊心了。人是需要荣誉的,也该以拥有荣誉而自豪的。可是真正的荣誉,应该是真实的,而不是虚假的,应该是经过自己努力获得的,而不是投机取巧取得的。面对荣誉,应该是谦逊谨慎,不断进取,而不是沾沾自喜,忘乎所以。可见,当人对自尊心缺乏正确的认识时,才会让虚荣心缠身。

四、虚荣心理的调适

1. 改变认知,认识到虚荣心带来的危害

虚荣心强的人,在思想上会不自觉地掺入自私、虚伪、欺诈等因素,这与谦虚谨慎、光明磊落、不图虚名等美德是格格不入的。虚荣的人为了表扬才去做好事,对表扬和成功沾沾自喜,甚至不惜弄虚作假。他们对自己的不足想方设法遮掩,不喜欢也不善于取长补短。大学生正处在生理和心理的成熟期,这种虚荣的心态对迫切要求上进、正处于成长之中的大学生是十分有害的。虚荣的人外强中干,不敢袒露自己的心扉,给自己带来沉重的心理负担。虚荣在现实中只能满足一时,长期的虚荣会导致非健康情感因素的滋生。

2. 端正自己的人生观与价值观

自我价值的实现不能脱离社会现实的需要,必须把对自身价值的认识建立在社会责任感上,正确理解权利、地位、荣誉的内涵和人格自尊的真实意义。

中学阶段,学生开始为追求一定的价值目标而学习,学习成为自觉、主动而持久的活动。但进入大学后,不少学生对生活、前途、人生的态度过分追求外在的虚华,认为讲排场、摆阔气、大吃大喝、攀比是时髦的象征,否则就会由于跟不上形势而遭讥讽,这都为虚荣心的滋长提供了土壤。只有着眼于现实,把自己的理想与国家、民族的前途结合起来,通过艰苦努力,克服前进道路上的困难和障碍,才有可能实现自己的远大理想和抱负。

3. 摆脱从众的心理困境

从众行为既有积极的一面,也有消极的一面。虚荣心理可以说正是从众行为的消极作用所带来的恶化和扩展。所以我们要有清醒的头脑,面对现实,实事求是,从自己的实际出发去处理问题,摆脱从众心理的负面效应。

4. 调整心理需要

需要是生理的和社会的要求在人脑中的反映,是人活动的基本动力。人有对饮食、休息、睡眠、性等维持有机体和延续种族相关的生理需要,有对交往、劳动、道德、美、认识等的社会需要,有对空气、水、服装、书籍等的物质需要,有对认识、创

造、交际的精神需要。人的一生就是在不断满足需要中度过的。在某种时期或某种条件下,有些需要是合理的,有些需要则是不合理的。对一名大学生来说,对正常营养的要求是合理的,而不顾实际摆阔的需要就是不合理的。对干净整洁、符合大学生身份的服装需要是合理的,而为了赶时髦,过分关注容貌而去浓妆艳抹、穿金戴银的需要就是不合理的。要学会知足常乐,多思所得,以实现自我的心理平衡。

第三节 嫉妒心理

一、嫉妒心理

嫉妒是一种比较复杂的心理。它包括焦虑、恐惧、悲哀、猜疑、羞耻、自咎、消沉、憎恶、敌意、怨恨、报复等不愉快的情绪。别人天生的身材、容貌和逐日显示出来的聪明才智,可以成为嫉妒的对象,其他如荣誉、地位、成就、财产、威望等有关社会评价的各种因素,也都容易成为人们嫉妒的对象。

嫉妒是一种负性情绪,是指自己的才能、名誉、地位或境遇被他人超越,或彼此距离缩短时所产生的一种由羞愧、愤怒、怨恨等组成的多种情绪体验。它具有明显的敌意甚至会产生攻击诋毁行为,不但危害他人,给人际关系造成极大的障碍,最终还会摧毁自身。地位相似、年龄相仿、经历相近的人之间容易产生嫉妒。

嫉妒几乎人人都有。它是人们普遍存在的病症。从本质上看,嫉妒心理是一种不健康的心理。无论是何种形式和内容的嫉妒,都有害于保持正常的人际交往及健全的社会生活。在日常生活中,我们不知不觉地受到别人的嫉妒,或自己本身也不知不觉对别人产生嫉妒之心。被嫉妒的人常常是自己周围熟识的人。有时,明知道是嫉妒,是不应该的,却无法消除。

二、你有嫉妒心理吗

这里为你提供一份"嫉妒心理诊断量表",共八个问题,每个问题的后面有 A、B、C、D 四种可选择的答案。请你认真阅读每个题目,在符合自己情况的答案上打钩。

1.你的同学穿件过时的服装,却又洋洋得意,问你:"这件衣服漂亮不?"那么,你如何回答?

  A. "……"(不吭声,暗自发笑)

  B. "不错!前些时期穿更好。"

C."不错,很漂亮!我也想有这么一件。"
D."不大适合,过时了。"

2.同学带来了极为漂亮的钢笔,你也想买这么一支。那么,你怎么办呢?
　　A.询问是在何处买的。
　　B.自己找一支与之相似的钢笔来。
　　C.婉转地打听是哪家商店出售的。
　　D.放弃打算。

3.班会上,一位看上去并不比你强的同学提出了比你高明的建议,当老师问你意见如何,你怎样回答?
　　A.赞成这条意见。
　　B.不赞成,并提出其他意见。
　　C.回答"我没有看法!"
　　D.一声不吭,事后发牢骚。

4.著名的电影导演的周围簇拥着许多你的同学,要求为他们签名留念。你看到时怎么办?
　　A.挤进去也让导演给你签一下。
　　B.站在那儿看热闹。
　　C.说一句"哼,瞎起哄,真没意思。"
　　D.不吭一声地走了。

5.你被同学奚落了一番,你会怎样?
　　A.在什么时候也刁难对方一下。
　　B.感到心里很不好受,却发作不得。
　　C.决定和这种人断交。
　　D.自我解脱。

6.你喜欢的一位异性同学在校门口和人亲切交谈,但你看不到那人的样子,这时你会认为这位异性同学最可能在和谁谈话?
　　A.老师。
　　B.你的同性同学。
　　C.你的异性同学。
　　D.肯定是他(她)的那一位。

7.平时成绩一直与你不相上下的那位同学,这次由于某种原因而成绩比你差,你是如何对待这件事的?
　　A."他本来就不如我嘛。"
　　B."哼,活该!最好下次也这样。"

C. "要不是因为这件事,他准会考得更好。"

D. "他真够可怜的。"

8. 本来你和另一位同学都有条件被评为三好学生,但由于名额有限,老师决定让那位同学获得这一荣誉,这时你的态度是:

A. 衷心地为那位同学鼓掌。

B. 心里愤愤不平,认为老师偏心。

C. 认为自己确实不如人。

D. 背后到处去揭那位同学的短。

答案记分表

试题 \ 答案	A	B	C	D
1	1	2	3	1
2	5	2	2	5
3	3	1	3	1
4	3	2	5	4
5	2	3	5	1
6	5	2	3	5
7	1	6	1	3
8	2	5	7	3
总分				

▶结果解释 得分在32~40分之间,属于强烈型。你比一般人更容易产生嫉妒心理,你相当敏感,稍稍感到自己被歧视或不如别人时,就会产生较强的嫉妒。你即使处于优越的地位中,也会担心别人随时夺去这个位置。你常疑神疑鬼,胡乱猜测,结果适得其反。当你有了嫉妒心时,你往往就会有一种强烈的外泄心理。有了这种嫉妒心,常会给你带来不快的心情。尽管你在许多方面都高人一筹,也备受器重,但你往往不会合群,心胸不够开阔,因此你得到的虽多,但失去的也不少。

得分在24~31分之间,属于时发型。你具有一般人容易产生的嫉妒心理,但平时你不会轻易产生,通常也不影响同学之间的交往和你的生活,但对特定的事,或在一定的时候,你也会产生强烈的嫉妒心。处理得好时,嫉妒会成为你上进的动力,让你获得成功;处理得不好时,你往往会以狂风暴雨式的姿态不择手段地拆别人的台。但你又有较强的反省力和较大的勇气主动认错,因而事后你不会怨恨在心,反而会主动地找人和好。

得分在 16~23 分之间,属于克制型。你常有自我满足感,平时很少让别人觉察到你的嫉妒心理。你也会在某些场合产生嫉妒的心理,只是你能够克制忍耐,情绪决不外露,并常用其他事情来冲散抵消。一般说来,你不仅能自我控制,而且富于理智,能听进别人的话,因此你往往能把嫉妒的心理化为上进的力量。但你也会有处理不好嫉妒,而弄得自己和别人都不痛快的时候,幸好这种局面只是短暂的。

得分在 8~15 分之间,属于平和型。你很少有嫉妒的心理,独自悠然自得,对小事毫不介意,通事达观,不自寻烦恼。可能是由于你对周围环境无动于衷,根本不想把自己同别人作比较,也可能是由于你对自己抱有极大的自信,认为嫉妒是愚蠢的表现,是不体面的,即使有些事让你感到意外和委屈,但你能在产生嫉妒的初期就采取调节或转化的措施,所以你很少有嫉妒别人的言行,与人的关系融洽。

三、嫉妒心理的特征

嫉妒心理总是与不满、怨恨、烦恼、恐惧等消极情绪联系在一起,构成嫉妒心理的独特情绪。不同的嫉妒心理有不同的嫉妒内容,但主要是在四个方面表现得尤为突出,这就是名誉、地位、钱财、爱情。有的还表现为一种综合性的笼统内容,即只要是别人所有的,都在其嫉妒之内。以下为具体特征:

1. 明显的对抗性

古希腊斯葛多派的哲学家认为:"嫉妒是对别人幸运的一种烦恼。"嫉妒心理的对抗特征具有明显的攻击性,其攻击目的在于颠倒被攻击者的形象。甚至本来关系密切,由于嫉妒使道德天平倾斜。往往不看别人的优点、长处,而总是挑剔别人的毛病,甚至不惜颠倒黑白,弄虚作假。

2. 明确的指向性

嫉妒心理的指向性往往产生于同一时代、同一部门的同一水平的人中间,主要是因为嫉妒心理是一种以极端自私为核心的绝对平均主义者。因为曾经"平起平坐"过,或是曾经"不如自己"过,如今成了"能干"者,使嫉妒者产生抵触和对抗。

3. 不断发展的发泄性

一般说来,除了轻微的嫉妒仅表现为内心的怨恨而不付诸行动外,绝大多数的嫉妒心理都伴随着发泄性行为。主要有三种方式:一种是言语上的冷嘲热讽;一种是行为上的冷淡,疏远被嫉妒者;一种是具体行为,或是攻击性强的行为。

4. 不易察觉的伪装性

由于社会道德的威力,嫉妒心理被大多数人所不齿,使嫉妒心理者一般都不愿将其直接地表露出来,千方百计地伪装,企图使人不易察觉。如本来是嫉妒某人的某一方面,却不敢直言,故意拐弯抹角地从另一方面进行指责或攻击。

从心理学角度分析,嫉妒是一种病态心理:当看到别人在某些方面高于自己时(有时候仅是一种相似的感觉),便产生一种由羡慕转为恼怒嫉恨的情感状态。现代精神免疫学研究揭示,脑和人体免疫系统有着密切的联系。嫉妒导致的大脑皮层功能紊乱,可引起人体内免疫系统的胸腺、脾、淋巴腺和骨髓的功能下降,造成人体免疫细胞与免疫球蛋白的生成减少,从而使机体抵抗力大大降低。

嫉妒心理是一种破坏性因素,对生活、人生、工作、事业都会产生消极的影响,正如培根所说:嫉妒这恶魔总是在暗暗地、悄悄地毁掉人间的好东西。

四、如何与有嫉妒心理的人相处

1. 走自己的路,让别人去说

与有嫉妒心的人相处时,最好不要特意采取一些方式来对待他们。因嫉妒心理本身就是多疑的、爱猜忌的。所以,倒不如将有嫉妒心的人当作普通人来看待。俗话说,见怪不怪,其怪自败。与其费尽心思去琢磨,不如来个"无为而治",落得"无为而无不为"的效果。

2. 采取妥协和退让的必要策略

(1)大智若愚,难得糊涂。孔子曾说:聪明圣智,守之以愚;功被天下,守之以让;勇力抚世,守之以情;富有四海,守之以谦。这不仅是一种单纯的策略,事实是,当一个人在鲜花与掌声中时,更需谦虚、谨慎,这不仅防备被嫉妒,而且能从根本上调整自己。

(2)以爱化恨,以让抑争。以爱化恨法主要是以真诚的爱心去感化嫉妒者,从而消除和化解嫉妒。人们常说,"恨是离心药,爱是胶合剂"。因此,当你遇人嫉妒时,如果能够以德报怨,用爱心去感化嫉妒者,恩怨也就自然会化解了。以有原则的忍让来抑制无原则的争斗,这是根治双向嫉妒和多向嫉妒的关键之举。如果嫉妒者向你发出挑战,你不但不迎战,反而退避三舍,以不失原则的适度忍让来求大同存小异,或是求大同存大异,都不失为化解嫉妒、免遭嫉妒的好方式。

3. 说服、鼓励的对策

有些嫉妒是因误会而产生,就需要进行说服和交流。否则,误会越来越深,以致严重干扰和破坏人际关系的正常化。在说服时要注意心平气和,也要做好多次才能说服的准备。

对嫉妒者还要采取鼓励的态度。因为嫉妒者是在处于劣势时产生的心理失落和不平衡,虽表面气壮如牛,但内心是空虚的,且隐含着一种悲观情绪。所以对嫉妒者采取鼓励的态度十分必要,主要是客观地分析他的长处,强化他的信心,转变他的错误想法,而且还要在力所能及的情况下,为嫉妒者提供一些实质性的帮助,使嫉妒转向公平竞争。

五、嫉妒心理的化解

1. 胸怀大度,宽厚待人

19世纪初,肖邦从波兰流亡到巴黎。当时匈牙利钢琴家李斯特已蜚声乐坛,而肖邦还是一个默默无闻的小人物。然而李斯特对肖邦的才华却深为赞赏。怎样才能使肖邦在观众面前赢得声誉呢?李斯特想了个妙法:那时候在钢琴演奏时,往往要把剧场的灯熄灭,一片黑暗,以便使观众能够聚精会神地听演奏。李斯特坐在钢琴面前,当灯一灭,就悄悄地让肖邦过来代替自己演奏。观众被美妙的钢琴演奏征服了。演奏完毕,灯亮了。人们既为出现了这位钢琴演奏的新星而高兴,又对李斯特推荐新秀深表钦佩。

2. 自知之明,客观评价自己

当嫉妒心理萌发时,或是有一定表现时,能够积极主动地调整自己的意识和行动,从而控制自己的动机和感情。这就需要冷静地分析自己的想法和行为,同时客观地评价一下自己,从而找出一定的差距和问题。当认清了自己后,再重新认识别人,自然也就能够有所觉悟了。

3. 快乐之药可以治疗嫉妒

快乐之药可以治疗嫉妒,是说要善于从生活中寻找快乐,正像嫉妒者随时随处为自己寻找痛苦一样。如果一个人总是想:比起别人可能得到的欢乐来,我的那一点快乐算得了什么呢?那么他就会永远陷于痛苦之中,陷于嫉妒之中。快乐是一种情绪心理,嫉妒也是一种情绪心理。何种情绪心理占据主导地位,主要靠人来调整。

4. 少一份虚荣就少一份嫉妒心

虚荣心是一种扭曲了的自尊心。自尊心追求的是真实的荣誉,而虚荣心追求的是虚假的荣誉。对于嫉妒心理来说,它是要面子,不愿意别人超过自己。以贬低别人来抬高自己,正是一种虚荣,一种空虚心理的需要。单纯的虚荣心与嫉妒心相比,还是比较好克服的。而二者又紧密相连,所以克服一份虚荣心就会少一分嫉妒心。

5. 自我转换法可以消除嫉妒心理

嫉妒可以使一个人萎靡不振,但是如果合理地自我转换,不把时间浪费在抱怨外在环境,就能变为发愤图强。作家爱德蒙德·威尔逊在看到同行写的《伟大的盖茨比》时,非常嫉妒其对戏剧场面的营造,但他马上将嫉妒转换成发奋,写出了许多充满激情、技巧高超的作品。

6. 自我抑制,是治疗嫉妒心理的苦药;自我宣泄,是治疗嫉妒心理的特效药

嫉妒心理也是一种痛苦的心理,当还没有发展到严重程度时,用各种感情的宣

泄来舒缓一下是相当必要的,可以说是一种顺坡下驴的好方式。

在这种发泄还仅仅是处于出气解恨阶段时,最好能找一个较知心的朋友或亲友,痛痛快快地说个够,暂求心理的平衡,然后由亲友适时地进行一番开导。虽不能从根本上克服嫉妒心理,但却能缓解这种发泄性朝着更深的程度发展。如有一定的爱好,则可借助各种业余爱好来宣泄和疏导。

第四节 空虚心理

一、空虚心理

空虚是一种病,是一种危害健康的心理上的疾病,是指一个人没有追求,没有寄托,没有精神支柱,精神世界一片空白。空虚的心理,来自对自我缺乏正确的认识,对自己能力的过低估计,终致整天忧郁,思想空虚;或是因自身能力和实际处境不同步,陷入"志大才疏"或"虎落平川"的窘境中,常常感到无奈、沮丧、空虚;或是对社会现实和人生价值存在错误的认识,以偏概全地评价某一社会现象或事物,当社会责任与个人利益发生冲突时,过分地讲求个人的得失,一旦个人要求得不到满足,就心怀不满,"万念俱灰"。

二、测试:你有空虚心理吗

你对目前的生活满足吗?你的精神生活充实吗?请坦率回答以下问题。

状 态 描 述	是	否
1. 不大和友人交往。		
2. 没什么特殊的爱好。		
3. 不大喜欢单位(学校)的领导(老师)和同事(同学)。		
4. 经常与其他家庭成员发生口角。		
5. 吃饭时不感到愉悦。		
6. 对工作(学习)感觉很痛苦。		
7. 常常一有钱便购买想要的东西。		
8. 对将来并不怎么乐观。		
9. 无论干什么都不值得高兴。		
10. 不大希望受到别人的重视。		
11. 经常埋怨单位(学校)离家太远。		

状 态 描 述	是	否
12. 虽然生活不错,却不太快活。		
13. 常常因零钱少而感到不满。		
14. 常常想改变目前的工作单位(学校)。		
15. 认为各方面有很多不如意的地方。		

➢ **计分方法** "是"计 0 分,"否"计 1 分。

➢ **结果解释** 积分 0～2 分、3～5 分、6～9 分、10～13 分、14～15 分,则空虚度为高、较高、一般、较低、低。

6～9 分以下,生活充实度不够,比较空虚,对生活和工作多有不满,难以感觉到生活的乐趣。但因态度坦诚,从而表明这种人具有改变生活、工作现状的愿望。有这种愿望还应认真分析不满的原因,并积极想办法加以解决。

6～9 分以上,对生活工作现状满意,精神上较充实,往往生活态度乐观,充满热情。但如果答题时不够诚实,则说明对生活、工作中的种种不满被隐瞒了起来,也许这种人没有改变这种现状的愿望,因此很难自我改善。

三、摆脱空虚感的途径

1. 及时调整生活目标

空虚心态往往是在两种情况下出现的:一是胸无大志,二是目标不切实际,使自己困难以实现目标而失去动力。因此,摆脱空虚必须根据自己的实际情况,及时调整生活目标,从而调动自己的潜力,充实生活内容。有人说,一个人的躯体好比一辆汽车,你自己便是这辆汽车的驾驶员。如果你整天无所事事,空虚无聊,没有理想,没有追求,那么,你就会根本不知道前进的方向,就不知道这辆车要驶向何方。这辆车也就必定会出故障,会熄火的。

2. 求得朋友支持

当一个人失意或徘徊之时,特别需要有人给予力量和支持,予以同情和理解。只有在获得很多人支持时,你才不会感到空虚和寂寞。

3. 读几本好书

读书是填补空虚的良方。读书能使人找到解决问题的钥匙,使人从寂寞与空虚中解脱出来。读书越多,知识越丰富,生活也就越充实。

4. 忘我地学习

劳动是摆脱空虚极好的措施。当一个人集中精力、全身心投入学习时,就会忘却空虚带来的痛苦与烦恼,并从工作中看到自身的社会价值,使人生充满希望。

5. 转移目标

当某一种目标难以实现,受到阻碍时,不妨转移目标,如除了学习或工作以外培养自己的业余爱好(绘画、书法、打球等),使困扰的心平静下来。当有了新乐趣后,就会产生新的追求,有了新的追求就会逐渐完成生活内容的调整,并从空虚状态中解脱出来,去迎接丰富多彩的生活。

第五节 自 私 心 理

一、自私心理

自私是一种较为普遍的病态心理现象。"自"是指自我,"私"是指利己,"自私"指的是只顾自己的利益,不顾他人、集体、国家和社会的利益。自私有程度上的不同,轻微一点是计较个人得失、有私心杂念、不讲公德;严重的则表现为为达到个人目的,侵吞公款、诬陷他人、铤而走险。贪婪、嫉妒、报复、吝啬、虚荣等病态社会心理从根本上讲都是自私的表现。

二、测试:你有自私心理吗

1. 家里就剩下一个苹果了,你会(　　)
   A. 与家人分享。　　　　　　　　B. 独自享用。
2. 办公室里或者家里的地很久没有打扫了,你会(　　)
   A. 主动打扫。　　　　　　　　　B. 让别人去扫。
3. 领导或者老师公开表扬其他同事或同学时,你会(　　)
   A. 很高兴。　　　　　　　　　　B. 没感觉。
4. 现在你的皮夹里有多少钱?(　　)
   A. 不知道,不过肯定够用的。
   B. 知道有多少钱,甚至几毛钱都记得。
5. 办公室的窗户被风吹开了,你会(　　)
   A. 主动去关上。　　　　　　　　B. 假装没有看见。
6. 壶里的水烧开了,你会(　　)
   A. 主动去灌。　　　　　　　　　B. 等其他人灌。
7. 办公室或教室里的一把扫帚倒在了门口,你经过门口会(　　)
   A. 主动扶起它。　　　　　　　　B. 不管它。
8. 你坐在公共汽车上,遇到老弱病残孕的人没有座位,你会(　　)

　　　　A. 主动给他们让座。　　　　　　B. 假装没有看见。
　　9. 有人晕倒在路边,你会(　　　)
　　　　A. 帮助他(她)去医治。　　　　　B. 视而不见。
　　10. 你会为别人的利益而去牺牲自己的利益吗？(　　　)
　　　　A. 会。　　　　　　　　　　　　B. 不会。

➤ **计分方法**　　选择"A"得 1 分,选择"B"得 2 分。

➤ **结果解释**　　得分在 14～20 分之间,你有比较严重的自私心理；得分在 1～13 分之间,你的自私心理还可以容忍。

三、自私心理的特点

1. 深层次性

自私是一种近似本能的欲望,处于一个人的心灵深处。不顾社会历史条件的要求,一味想满足自己的各种私欲的人就是具有自私心理的人。

2. 下意识性

正因为自私心理潜藏较深,它的存在与表现便常常不为个人所意识到,有自私行为的人并非已经意识到他在干一种自私的事,相反他在侵占别人利益时往往心安理得,也因为如此,我们才将自私称为病态社会心理。

3. 隐蔽性

自私是一种羞于见人的病态行为,自私之人常常会以各种手段掩饰自己,因而自私具有隐秘性。

四、自私心理的表现

自私作为一种病态社会心理,有很强的渗透性。大多数社会公民在不同程度上都存在私心杂念。主要有以下表现形式：

(1)不讲公德；

(2)嫉妒他人；

(3)感情自私；

(4)技术垄断或剽窃；

(5)以钱谋私或者以权谋私。

五、自私心理的调适

自私作为一种病态社会心理,是可以克服的。作为自我来说,最有效的方法就是心理调适。具体来说有如下方法：

1. 内省法

这是构造心理学派主张的方法,是指通过内省,即用自我观察的陈述方法来研究自身的心理现象。自私常常是一种下意识的心理倾向,要克服自私心理,就要经常对自己的心态与行为进行自我观察。观察时要有一定的客观标准,这些标准有社会公德与社会规范和榜样等。加强学习,更新观念,强化社会价值取向,对照榜样与规范找差距,并从自己自私行为的不良后果中看危害、找问题,总结改正错误的方式方法。

2. 多做利他行为

一个想要改正自私心态的人,不妨多做些利他行为。例如关心和帮助他人,给希望工程捐款,为他人排忧解难等。私心很重的人,可以从让座、借东西给他人这些小事情做起,多做好事,可在行为中纠正过去那些不正常的心态,从他人的赞许中得到利他的乐趣,使自己的灵魂得到净化。

3. 回避训练

这是心理学上以操作性反射原理为基础,以负强化为手段而进行的一种训练方法。通俗地说,凡下决心改正自私心态的人,只要意识到自私的念头或行为,就可用缚在手腕上的一根橡皮筋不停弹击自己,从痛觉中意识到自私是不好的,促使自己纠正。

第六节 浮躁心理

一、浮躁心理

浮躁,辞书上解释为轻率、急躁。在心理学上,浮躁主要指那种由内在冲突引起的焦躁不安的情绪状态或人格特质。

浮躁作为当今社会的一种病态情绪,在大学生的身上表现得尤为突出。比如有的大学生平时学习不用功、不钻研,虚荣心又强,考试还"不甘落后",就挖空心思在考场上玩弄手段,具体表现为考试中的弄虚作假和论文写作中的东拼西凑。再者,大学生的浮躁心理在恋爱中的表现就是见异思迁。很多人把谈恋爱作为游戏,并且不断变换着游戏对象,在游戏中寻找异样的刺激,打发自己的空虚和无聊。另一种情况是找不准自己认可的目标,在对方的身材、人品和学识上反复琢磨,结果只能是在一厢情愿中饱尝失恋的痛苦。

大学生的浮躁心理在社交中表现为急功近利。他们总是渴望和力求结识比自己优越的人,而对不如自己的人则爱理不理,他们希望从交往对象那里获得种种好处。这种具有明显功利性质的交往毫无真诚可言。另外,浮躁者多想获得眼前利益,往往把兼职赚钱看得过重,往往为了金钱,耽误过多的学习时间。

有浮躁心态的大学生,在毕业求职中往往向往大城市、大企业、大单位钻,往收入高、地位高的地方挤。但自己又才疏学浅,不能正确估价自己的分量,结果自然是折腾了好几个月,却连连碰壁、无功而返。而后还难以反省原因,不清楚是自己志大才疏、眼高手低的必然结果,总以为是怀才不遇、社会不公,因而怨天尤人、愤世嫉俗。

二、测试:你有浮躁心理吗

状 态 描 述	是	否
1. 做事没有恒心,经常见异思迁。		
2. 经常心神不宁和焦躁不安。		
3. 总想投机取巧,成天无所事事,脾气大。		
4. 经常头脑发热,有盲从心理,譬如对于炒股票、期货和房地产等。		
5. 好高骛远,不切实际,经常跳槽换工作。		
6. 遇到事情好发急躁,不能控制感情。		
7. 恋爱时经常见异思迁,把恋爱当成好玩的游戏,寻找异样的刺激,打发自己的空虚和无聊。		
8. 求职中往往想着大城市、大企业、大单位,向往高收入、高地位,不能正确评估自己的分量,结果处处碰壁。		
9. 总是渴望和力求结识比自己优越的人,而对不如自己的人则爱理不理,希望从交往对象那里获得好处。		

▶结果解释 如果你对上述九个问题至少有六个问题回答为"是",那么毫无疑问你有浮躁心理。

三、浮躁心理的特点

浮躁指轻浮、轻率、急躁,做事无恒心,见异思迁,不安分,总想投机取巧,成天无所事事,脾气大。浮躁是当前普遍的一种病态心理表现,其具有以下特征:

1. 心神不宁

面对急剧变化的社会,没有信心。

2. 焦躁不安

不知所为,心里无底,慌得很,对前途在情绪上表现出一种急躁心态,急功近利。在与他人的攀比之中,更显出一种焦虑的心情。

3. 盲动、冒险

由于焦躁不安,情绪取代理智,使得行动具有盲动性。行动之前缺乏思考,只要能达到目的,违法乱纪的事情都会去做。这种病态心理也是当前犯罪违纪事件增多的一个重要原因。

浮躁心理是当前一些大学生的通病之一,表现为行动盲目,缺乏思考和计划,做事心神不定,缺乏恒心和毅力,见异思迁,急于求成,不能脚踏实地。比如,有的学生看到歌星挣大钱,就想当歌星;看到企业家、经理神气,又想当企业家、经理,但又不愿为了实现自己的理想努力学习。还有的同学兴趣、爱好转换太快,干什么事都没有长性,今天学绘画,明天学电脑,三天打鱼两天晒网,忽冷忽热,最终一事无成。

四、浮躁心理的调适

1. 在攀比时要知己知彼

"有比较才有鉴别",比较是人获得自我认识的主要方式。比较要得法,要"知己知彼",否则就无法去比,得出的结论也会是虚假的。知己知彼才能知道是否具有可比性,就不会出现人的心里失衡现象,产生心神不定,无所适从的感觉。

2. 自我暗示

自我暗示是控制情绪的一个简捷而实用的好方法。例如你可这样暗示自己:无论面对怎样的处境,总会有一种最好的选择,我要用理智来控制自己,决不让情绪来主导我的行动。只要我善于控制自己的情绪,我就是一个战无不胜、快乐的人。

3. 务实

开拓当中要有务实精神,要实事求是,不自以为是,踏踏实实,做好每一件事情。

4. 遇事要善于思考

考虑问题应从现实出发,不能跟着感觉走,命运应掌握在自己手里。道路就在脚下,做一个实在的人。

第七节 逃避心理

一、逃避心理

你是否经常听到有人在问"这是谁的错呢?"即便这种话不是每天都能听到,你也会看到许多人在抵赖、狡辩，或者为了推卸责任而指责别人。也许你会发现你自己也有这种习惯。

生活中的事情没有尽善尽美的，每一天你都会遇到麻烦。有时你就会想："为什么倒霉的又是我呢？"你犯了错误、判断失误、记错事情、受人干扰分了心，你没办法做到无所不知，因而有时会在常识方面有所欠缺。诚然，有许多在所难免的错误可以澄清、解释并改正。但是，人们有时还会故意捣乱，然后再编造借口或寻找漏洞以逃脱惩罚。如果指责无关痛痒，人们就不必为那些小小的失误或错误行为解释开脱了。

但是，指责往往会引起不快和惩罚。为了避免这些不快与惩罚，许多人想尽办法逃避责任，比如转移批评、推卸责任、文过饰非，等等。

避免或逃脱责罚是人类的一种强烈本能。多数人在"有利"与"不利"两种形势的抉择中都会选择趋吉避凶。通过各种"免罪"行为，人们可以暂时逃脱责罚，保持良好的自身形象。

二、测试：你有逃避心理吗

状态描述	是	否
1. 与人约会，你会准时赴约吗？		
2. 你认为你这个人可靠吗？		
3. 你会因未雨绸缪而储蓄吗？		
4. 出外旅行，找不到垃圾桶时，你会把垃圾带回家去吗？		
5. 遇到麻烦时，你会想方设法为自己开脱责任吗？		
6. 你永远将正事列为优先，再做其他休闲吗？		
7. 收到别人的信，你总会在一两天内就回信吗？		
8. "既然决定做一件事情，那么就要把它做好。"你相信这句话吗？		
9. 与人相约，你从来不会耽误，即使自己生病时也不例外吗？		
10. 小时候，你经常帮忙做家务吗？		
11. 自己犯了错，你会把责任推脱到别人的身上吗？		
12. 在求学时代，你经常拖延交作业吗？		
13. 碰到困难的事情，你会知难而退或者一推再推吗？		
14. 对于自己不愿意做的事情，你会千方百计地逃脱吗？		
15. 考试没有考好，你会为自己找个漂亮的借口吗？		

> **计分方法**　选择"是"得 1 分,选择"否"得 0 分。

> **结果解释**　分数为 10～15 分:你是个非常有责任感的人,你行事谨慎、懂礼貌、为人可靠,并且相当诚实。

分数为 3～9 分:在大多数情况下,你都很有责任感,只是偶尔有些逃避,没有考虑得很周到。

分数为 2 分以下:你是个完全不负责任的人,一次又一次地逃避责任,造成每个工作经常干不长,手上的钱也老是不够用。

三、逃避不是好办法

在竞争激烈的现代社会,如何保持健康的心理状态是相当重要的。许多研究心理健康的专家一致认为,适应良好的人或心理健康的人,能以"解决问题"的心态和行为面对挑战,而不是逃避问题,怨天尤人。

然而,在现实生活中,能够以正确的态度和行为面对挫折与挑战其实并非易事。我们可以看到周围的不少人,他们或因工作、事业中的挫折而苦恼抱怨,或因家庭、婚姻关系不和而心灰意冷,甚至有的因遭受重大打击而产生轻生念头,生命似乎是那么脆弱。

有这样一个故事:住在楼下的人被楼上一只掉在地板上的鞋子所惊动,那种声音虽然搅得他烦躁不安,可是真正令他焦虑的却是不知道另一只鞋什么时候会掉下来。为了那只迟迟没有落下来的鞋子,他惶恐地等待了一整夜。

在实际生活中也常常这样,往往是高悬在半空中的鞭子才给人以更大的压力,真正打在身上也不过如此而已。由此我们可以得到什么启示呢?等着挨打的心情是消极的,那种等待的过程与被打的结果都是令人沮丧的。一个人在心理状况最糟糕的状态下,不是走向崩溃就是走向希望和光明。有些人之所以有着不如意的遭遇,很大程度上是由于他们个人主观意识在起着决定性作用,他们选择了逃避。如果我们能够善待自己、接纳自己,并不断克服自身的缺陷,克服逃避心理,那么我们就能拥有更为完美的人生。

四、敢于承担责任,获取信任

人们在逃避指责时,经常会含糊其辞,或者故意隐瞒关键问题,或者干脆靠撒谎来逃脱批评与惩罚。编造借口可以博取同情,一旦赢得了同情,那些工作拖拉的人们就能免受惩罚并因此自鸣得意。但是,随着编造借口逐渐习惯成自然,撒谎的技巧渐趋熟练,你也就积习难改了。养成为逃避公正的谴责而撒谎的习惯,等于做出了一个危险的选择。踏上这条不归路,你就很难再有其他的选择了。如果你对事态的发展真的无能为力,大多数明白事理的人是不会苛责你的。只有当一个人明知故犯并造成恶果时，人们才会对他进行谴责。

人生在世，孰能无过。从你出生时起，你就在与周围的世界产生积极的互动。环境对你产生影响，但是你往往更会对周围的事物产生影响。你能够在众多选择中做出自己的决定，这就是所谓"自由意志"。这说明你拥有主宰自身行为的能力，因而完全能够对周围环境产生影响。

如果是这样，你就应该为自己的行为负责。你做出决定，就理应承受相应的责备与赞扬。但是，有时人们在做决定时确实会受到种种客观情况的干扰：比如信息不通、缺乏常识、时间紧迫或者精神不够集中等。所幸人类具有创造力，因此你有办法逃避应当承担的责任。当然，如果你真是无辜的，你经常能够通过事实、证据和逻辑驳斥对你的指责。但是，如果你真的有责任，就应该接受别人的责备。

如果你辜负了朋友的信任，继而若无其事地对他们撒谎，你们之间的关系就会遭到毁灭性的破坏。为了免受应得的责备，有些人会掩盖真相、敷衍搪塞、编造借口、无中生有、言不对题或者真真假假、闪烁其词。这些欺骗伎俩并非总能奏效，但是其目的却已昭然若揭：不过是想方设法逃避谴责与惩罚罢了。承认"我错了"，意义非常重大，因为人人都难免犯错，所以大多数人都能原谅别人的过失。勇于承认自己的错误可以提高一个人的信誉，并且有助于自我完善。

第八节 恐惧心理

一、恐惧心理

恐惧是有害的负性情绪，它诱发极大的紧张度和激动性，对知觉、思维和行动均有显著的影响，在全部基本情绪中，恐惧具有很强的压抑作用。在强烈恐惧的情况下，知觉管道强烈收缩，变得极为狭窄，大部分视野变成盲区，导致视野狭窄、思维缓慢、活动刻板、肌肉紧张、行动僵化，影响操作活动的成绩。恐惧情绪还会带来不肯定、不安全感和危机感，使人的自信度大大降低。

这里讲的恐惧是指有病理性特点的恐惧，即对常人一般不害怕的事物感到恐惧，或者恐惧体验的强度和持续时间远远超出正常人的反应范围。它是对某一类特定的物体、活动或情境产生持续紧张的、难以克服的恐惧情绪，并伴随着各种焦虑反应，如担忧、紧张和不安，以及逃避行为。恐惧心态常常有明显的强迫性，即自知这种恐惧是过分的、不必要的，但却难以抑制和克服。

二、测试：你是否有恐惧情绪

1. 你对包括双亲在内的长辈有没有害怕或敬畏过？

(1)对其中之一有过害怕。(1分)
(2)有时会有。(2分)
(3)不记得有。(3分)

2.你总是对某件事存在力不从心的感觉吗?
(1)当碰到无法处理的事,自己完全解决不了时会有。(2分)
(2)只要遇到困难我都会有此感觉。(1分)
(3)我很自信,处理问题从来没有力不从心的时候。(3分)

3.你害怕过自己某天会失业吗?
(1)从未有过这种担心。(3分)
(2)有时会。(2分)
(3)我经常为此忧心。(1分)

4.你总是很在乎别人对自己形象的看法吗?
(1)偶尔会的。(2分)
(2)是的,这对我很重要。(1分)
(3)别人的看法对我没任何影响。(3分)

5.你对具有权威的人有何感受?
(1)总是感到恐慌,不想多见。(1分)
(2)对他们没什么特别的惧怕。(3分)
(3)不愿意与其多接触。(2分)

6.你对别人养的小宠物有什么想法?
(1)感到害怕。(1分)
(2)它们让我有些不自在。(2分)
(3)很可爱,从不害怕。(3分)

7.你忧虑过有一天你的恋人会离你而去吗?
(1)的确,我一直忧虑。(1分)
(2)有时会担心。(2分)
(3)我对彼此的感情非常自信。(3分)

8.你对自己的健康持什么样的观点?
(1)我一直在害怕自己会在不久之后得某种难以根治的病。(1分)
(2)我有时会因自己生些小病而忧虑。(2分)
(3)我一直很健康,没有这方面的忧虑。(3分)

9.你一般以什么样的心理状态为自己拿主意?
(1)很自信,认为不会有问题。(3分)
(2)偶尔会有身心不宁之感。(2分)

(3)总是在担心会出问题。(1分)
10.你对任何该做的事情都能负起责任吗?
(1)基本不是,责任能推就推。(1分)
(2)如果应该是我的责任,我都愿意承担。(2分)
(3)我愿意负起全责。(3分)

➤ **计分方法** 选项后对应的是选择该选项的得分,将各项得分相加得出总分。

➤ **结果解释** 得分在 10～14 分:你时常被恐惧情绪所打扰,这会让你的生活少了很多平静和快乐,你可能因以前的某些失败,产生了一定的自卑心理,从此几乎害怕做任何事情。

得分在 15～24 分,你在一些关键的场所或面临重大选择时会有恐惧感,这在一定程度上也左右了你的生活。

得分在 25～30 分,你的心理是健康、大度的,勇往直前无所畏惧,你应该能成就大事。

三、造成大学生恐惧心理的原因

造成恐惧心理的原因比较复杂,一般都认为与以前生活中的不良经历有关,或者是通过条件反射作用而建立的一种不适应的行为,此外,有恐惧心理的大学生也常常表现出一定的性格特点,如胆小、孤僻、敏感、退缩和依赖性等。

四、大学生恐惧心理的表现

常见的大学生恐惧心理主要表现为社交恐惧。这是一种在大学生人际交往,特别是与异性交往过程中产生的极度紧张、畏惧的情绪反应。有些大学生在与人交往时,会不自觉地感到紧张、害怕,以致手足无措、语无伦次,有些甚至发展到害怕见人的地步。有社交恐惧的大学生往往表现出明显的焦虑和回避的行为。当他们意识到将要接触到其所恐惧的交往情境时,首先会产生紧张不安、心慌、胸闷等焦虑症状。有些大学生的社交恐惧常常是以同异性交往的情境为恐惧对象,随着症状的加重,恐惧对象还会从某一具体的异性或情境泛化到其他异性,甚至其他无关的人或情境。

五、恐惧心理的调适

有恐惧心理的大学生可以通过系统脱敏法来克服和消除自身的各种恐惧反应。这种方法包括 3 个步骤:首先是学会使全身肌肉放松,可以通过自我暗示或放松的音乐来使肌肉放松,也可在别人的帮助下进行。第二步,将恐惧的刺激和情境按照引起恐惧体验强度大小排列成一个等级表,等级最低的一端是引起恐惧情绪最弱的刺激,等级最高的一端是引起恐惧情绪最强的刺激。第三步的做法是想象等级中最低一级的恐惧刺激,当出现恐惧反应时,便结合以前学会的松弛训练,使之与恐惧情绪相对抗,直到恐惧感消失。然后接着想象下一等级的刺激,逐级脱敏,直到呈现引起恐惧体验最强的那种刺激,而不出现恐惧反应为止。

有恐惧心理的大学生可以到心理咨询中心,接受心理咨询老师的帮助以克服和消除恐惧反应。在社交恐惧中,一些大学生经常明显表现出缺乏交往技巧,因此在克服社交恐惧时,也应注意学会各种社交技巧,提高与人交往的能力。

事实上,不良情绪类别很多,应根据具体情况,分别予以处理。但总的说来,至少要把握三个方面:

(1)承认不良情绪人人都存在的事实。不承认不良情绪反而会带来更多的不良情绪,如同面对已经动荡的湖水,越是用力按住起伏的水波不让其荡漾,就越会加强它的波动幅度,经久不息。既然人生不如意事十之八九,也就是说人的很多需要是无法得到满足的,自然就会有消极的情绪产生。因此,不要奢望自己永远快乐,也不必对自己的消极情绪耿耿于怀,关键是在情绪低落或消极的时候如何学会调节自己的心态。知道这一点,我们就可以在更多的时候忍受和忽视不良情绪的存在,使自己的身心能够顺应自然,做我们该做的事情。

(2)利用积极的心理防卫机制。在人们的精神生活中,存在着一种倾向,即自觉或不自觉地把主体与客观现实之间所发生的矛盾和问题,用自己较能接受的方式加以解释和处理,以减少痛苦和不安。这种在人的内部心理活动中所具有的自觉或不自觉地摆脱烦恼,减少不安,远离痛苦,以恢复情绪上的平衡并保持心情安稳的反应形式便是心理防卫机制。心理防卫机制是个体心理适应机制的一种,有积极的,也有消极的。消极的心理防卫虽然可以暂时缓解焦虑,远离痛苦,但就像失眠者久服安眠药,副作用极大。个体应尽量采取积极的心理防卫机制。积极的心理防卫机制主要包括:转移(注意、行为)法、顺其自然法、自我安慰法、转换认知法、升华法、补偿法、合理宣泄法、借助社会支持,等等。

(3)自助和他助结合。一般的不良情绪可以通过个体自行采取有效方法加以调适,各种方法概括起来有:以辩证、灵活、理性的认知引导不良情绪;以有效的行为、活动、运动宣泄不良情绪;以适当的其他情绪来冲淡不良情绪;以有利的自然环境或人文环境来消减不良情绪;以性格来驾驭不良情绪;以榜样的鼓舞、感染、启迪来战胜不良情绪。

参考文献

[1] 樊富珉.大学生心理健康与发展[M].北京:清华大学出版社,2001.

[2] 孙智凭.大学生心理健康概论[M].北京:北京工业大学出版社,2005.

[3] 陶国富.大学生积极心理[M].上海:华东理工大学出版社,2005.

[4] 郑日昌.大学生心理诊断[M].济南:山东教育出版社,1996.

[5] 郑日昌.大学生心理卫生[M].济南:山东教育出版社,1996.

[6] 韩永昌.心理学[M].上海:华东师范大学出版社,1990.

[7] 杨琴珠.大学生心态调节[M].合肥:安徽教育出版社,1993.

[8] 祝蓓.青年期心理学[M].上海:上海人民出版社,1986.

[9] 王传旭.大学生心理健康教育概论[M].合肥:安徽大学出版社,2005.

[10] 刘俊英.大学生心理学[M].北京:中国石油大学出版社,1996.

[11] 杨建萍.大学生心理健康指导[M].长春:吉林人民出版社,2001.

[12] 杨丽君.新编大学生心理健康[M].大连:大连理工大学出版社,2004.

[13] 段鑫星.大学生心理危机干预[M].北京:科学出版社,2006.

[14] 牧之.心理健康枕边书:现代人常见心理困惑、心理疾病的自我测试与调节[M].北京:新世界出版社,2005.

[15] 何向荣.纵横职场:高等职业教育学生就业与创业指导[M].北京:高等教育出版社,2004.

[16] 陈英和.认知发展心理学[M].杭州:浙江人民出版社,2004.

[17] 冯国宾.大学生心理咨询[M].北京:中国社会出版社,1998.

[18] 杨广学.心理学[M].沈阳:辽宁人民出版社,1998.

[19] 杨树春.大学生心理咨询[M].沈阳:辽宁大学出版社,1994.

[20] 罗国杰.思想道德修养[M].北京:高等教育出版社,2001.

[21] 孔燕.大学生心理健康教育[M].合肥:安徽人民出版社,1998.